A. Pletsch und C. Schott (Hrsg): Kanada – Naturraum und Entwicklungspotential

D1697588

Z - 175
Verw.: Am-NA-6

MARBURGER GEOGRAPHISCHE SCHRIFTEN

Herausgeber: C. Schott
Schriftleiter: A. Pletsch

Heft 79

Geographisches Institut
der Universität Kiel
Neue Universität

Alfred Pletsch und Carl Schott (Hrsg):

Kanada

Naturraum und Entwicklungspotential

Geographisches Institut
der Universität Kiel
ausgesonderte Dublette

Inv.-Nr. A 19890

Marburg/Lahn 1979

Im Selbstverlag des Geographischen Institutes der Universität Marburg

ISSN 0341-9290
ISBN 3-88353-003-4

gedruckt bei Wenzel, Marburg

Vorwort

In der Zeit vom 10. bis 12. November 1978 fand im Fachbereich Geographie der Universität Marburg ein Symposium mit dem Thema:"Das nördliche Kanada - Naturraum und Entwicklungspotential" statt. Die Anregung zu einem solchen Fachsymposium erfolgte während des Kolloquiums über Kanadische Studien in der Bundesrepublik Deutschland im Februar 1978 in Gummersbach, als der Wunsch nach fachspezifischen Veranstaltungen zur Vertiefung der dort andiskutierten Problemkreise geäußert wurde. Das Symposium in Marburg sollte ein erster Versuch sein, diese Anregung in die Tat umzusetzen.

Das große Interesse, das von deutschen wie kanadischen Fachkollegen, von der Kanadischen Botschaft, vom Auswärtigen Amt in Ottawa und von der Philipps-Universität Marburg für das Symposium bekundet wurde läßt es wünschenswert erscheinen, daß in Zukunft in angemessenen zeitlichen Abständen ähnliche Veranstaltungen an anderen Instituten, in denen die Arbeitsrichtung Kanadistik vertreten ist, folgen sollten.

Die Veranstalter sind besonders glücklich über die relativ große Zahl deutscher und kanadischer Kollegen, die an der Veranstaltung teilnehmen konnten. Allen Institutionen, die das Symposium ideell und finanziell unterstützt haben, sei hiermit herzlich gedankt. Besonderer Dank gebühren dem Ministerium für External Affairs in Ottawa und der Kanadischen Botschaft in der Bundesrepublik Deutschland, die auch durch einen Druckkostenzuschuß die Herausgabe dieses Bandes ermöglicht haben.

Alfred Pletsch

Carl Schott

Seite

INHALT

Seite

UNIQUELY CANADIAN PROBLEMS IN THE DEVELOPMENT OF THE CANADIAN NORTH

John G. McConnell, Saskatoon

The purpose of this paper is to present a framework for the examination of resource development in Canada. The study arises out of a geographer's desire to understand the character of the region he studies, that is, to see what is homogeneous in it, what makes it different from other regions, what continuing trends in the relationship of people to environment have given it its special character, and will continue to influence the direction of change and development. It also arises from a Canadian's desire to understand the paradoxes and contradictions which his country seems to present, and to create, if possible, some kind of set of guidelines for development which will benefit Canadians by resolving internal conflicts, providing goals which Canadians can willingly pursue, and most important, I feel, giving Canadians some control over their own country and its future.

I do not apologize for the apparent grandiosity of this design. I think that a perspective on resource development in Northern Canada can only be drawn from an analysis of the pattern of development of Canada as a whole, and from an examination of the factors - economic, political and social - which shape this pattern.

Dr. Harold Innis and his associates at the University of Toronto in the twenties and thirties of this century gave a new interpretation to Canadian history, economic, social and political. Their studies were not only germinal to a new look at the history of Canada and other "colonial" regions, but also served as tools whereby present and ongoing currents in Canadian politics, society and economy could be identified and analysed. A clear indication of the extent of this revolution in academic outlook can be gained by comparing the studies in the *Chronicles of Canada* series published 1914-16 with the crop of Canadian books published in the two decades after the second world war. The first series of books is characterised by an emphasis in the political field on the gradual acquisition and adaptation of British style democratic political institutions, on the economic side by a view of the Canadian economy as a retarded small scale image of the American model, and on the social side by the imagined evolution of a tolerant law-abiding society which strove to epitomise the best values of the British Imperial tradition. After Innis' work, politics was seen more in terms of the emergence of national selfconsciousness in an arena dominated by regional indentity, regional self-interest and interregional conflict. The economy was seen as intrinsically different from that of the United States, dominated by what Innis termed a staple theory of economic growth. The society was viewed as a home-grown product produced primarily by involvement in these political and economic currents in Canada.

The purpose of this paper is to outline some of the major currents in Canadian life and to show how these influence the development of Northern Canada, especially the Northwest Territories. While it is not intended that any paramountcy in importance be given to economic over political or social aspects of life it will be clearer to begin with an outline of economic patterns in Canada, and then to relate the political and social to these.

Canada was built by the exploitation of staple products for foreign markets. This involved the application of known technology to virgin, and, in economic terms, largely unlimited resources. Fish and fur were the first. European techniques of fishing and trading were applied to the resources of Canada. The capital invested was largely for the means of production of boats, tradegoods, etc., and was invested in Europe. The only investment in Canada was that which was necessary to maintain access to the resource. The only settlement consistently encouraged was that which would facilitate the exploitation of the resource. Hence the growth of settlement was slow (in Newfoundland, the Maritimes, Hudson's Bay and Quebec). The next stages of Canadian development, those associated with the expansion of the fur trade to the west and the exploitation of forest resources, were not different in kind than the first development. The settlement required for the establishment of a transport route from Quebec to the west and for the economic exploitation of forest resources was more extensive that that required for coastal fishing or trading but did not significantly exceed that needed for exploitation of the staple. The development of an agricultural staple in southern Quebec and Ontario led to extensive rural settlement but did not immediately breed an urban infrastructure larger than was necessary to maintain the rural population and move the staple products to market. Nevertheless the development of a necessary infrastructure for the western für trade and the forest industry did lead to some capital accumulation in Canada, and this in turn led to the first major change in the colonial staple economy.

The periods before and after confederation are marked by an effort on the part of Canadian capital to patriate control of further staple development. Indeed confederation itself can be viewed as a response to a desire for the institutional structure necessary for patriation of control of staple development, specifically the agricultural staple. The building of the C. P. R. and subsequent transcontinental railways is the expression of Canadian investment in primarily the agricultural staple. Thus settlement in the west was organised so as to facilitate the exploitation of the grain land for external markets, and settlement growth in the east was a response to the requirement to sustain this western rural settlement. Manufacturing growth, in so far as it occurred, was directed toward the requirements of this western population, and was a device to keep as much of the earnings from the staples as was possible in Canada. It did not attempt to produce for external markets or to create technological growth. Slowly within the last century and at an ever increasing rate in this century mineral exploitation was added to the list of staple products.

Two factors, one geographical and one historical, have interfered with the smooth growth of a national economy based on staple exploitation. The first is the size and regional variety of Canada. Access to the various staple resources of the country differs from region to region, and the relative values of the various staples have changed over time. The maritime provinces for example were by location and endowment precluded from participation either in agricultural growth or development of an infrastructure for supporting growth elsewhere. The prairies were prevented by the existence of a sustaining infrastructure elsewhere and the distance to foreign markets from accumulating the savings generated by the agricultural staple within their own boundaries. Two strategies have been developed by regions which feel themselves underprivileged in the national staple economy. One is to attempt to move control of staple development to within their borders. The other is to attempt to promote economic growth on a basis other than staple exploitation. Generally this has been by attempting to stimulate growth in manufacturing for foreign markets and necessarily technological growth.

The second factor was the impact of two world wars on the Canadian economy. To a small degree in World War I and to a greater degree in World War II the Canadian manufacturing sector was forced to produce for foreign markets, and to develop technologies adequate both for this large demand and for previously unidentified products and processes. That is, it was forced to pursue technological innovation and to achieve a high degree of technological skill. The result of this was the development of a manufacturing sector, and a population of technologists more than adequate to meet the demands of the staple economy. This has tended to exacerbate the problems of regional disparity and to create large problems of un- and under-employment within the economy. These problems have been heightened by the fact that expansion within all the staple sectors except minerals and power production is largely no longer possible, and technological innovation in staple production has everywhere reduced the return to labour and increased the return to capital.

In the years since the second world war the demand for all Canadian staple products, save fish, has been growing. In particular the demand for power and fuels has shown phenomenal growth. This factor has led to a tension in the Canadian economy between the proponents of a continued expansion of staple production and the proponents of the development of high technology industry. While neither model is espoused as the sole basis of the economy the staple model has tended to predominate in economic decisions. A classic example of this dominance was shown in the first six months of Mr. Diefenbaker's government when the support of the Avro Arrow was cancelled, and decisions to build the South Saskatchewan Dam for supposed expansion of agricultural production, and to institute an extensive program of northern development were taken. During the sixties a series of measures to encourage mineral exploration and development and to provide an infrastructure for the exploration of northern resources demonstrated clearly that the staple mode was paramount in guiding economic decisions.

The present economic development of the Canadian north must be seen in the light of this staple model of the Canadian economy. For growth on the basis of staple exploitation it is essential that there be a frontier of virgin resources of economically unlimited future potential. A resource frontier is needed. Growth in the frontier will be produced by the establishment of the facilities necessary to carry out exploitation, and growth in the economy as a whole is stimulated by the development of an infrastructure necessary to promote and sustain exploitation on the resource frontier. Thus the whole economy is tied to the existence of and exploitation of frontier resources. The Canadian North and especially the vast Northwest Territories are today's resource frontier and as such their continued development is necessary to the health of the Canadian economy. The investment of the economy in northern development is such that the country will brook no long term delay in this development. Despite apparent present hesitation and confusion the future course of events is probably clear. An historical example of this is the way in which a vacillating and procrastinating government faced by strong regional division in the country quickly and brutally dealt with the threat which Riel posed to the development of the agricultural staple in 1885.

A second aspect of the staple model which will strongly affect the nature of northern development is the high degree of capitalisation required for northern resource exploitation. The influences of the vast capital inflows necessary to promote resource exploitation are felt both within the north and throughout the economy as a whole. In the north the rates of capital flow are far beyond the capacity of previously existing institutions. The result is that there is little or irregular growth in local institutions, banks, stores, transport facilities, etc. to serve the new development. Such growth as does occur is a product of economic decisions by the staple investors rather than a product of development within the resident institutions. For example, retail sales may increase for products which it is not economically sound for the investor to supply. Hence the Bay's clothing department may expand while groceries do not, or local airlines may buy machines (i.e. use all available capital) which are of use to the investors but not to local users. Separate systems of support are developed by the investors to support their activities. While this to some extent shields local residents from the impact of rapid change it also inevitably undermines the importance of local institutions by introducing different wage and price scales and different social and economic norms. Attempts to counteract this inevitable effect by separating older and newer economic spheres or by subsidising rapid change in the older economic and social patterns tend generally to create only more economic confusion and more apparent social distortion. While in older examples of staple resource frontiers there are clear examples of economic distortions and social confusion resulting from high rates of capital investment these were mitigated by the role which labour played in redistributing capital. In the case of the agricultural or forest frontiers a high proportion of the capital invested was returned to labour, and labour in turn brought a wide range of demands to bear on older local institutions. Thus in the prairies, while the rapid investment of capital brought a period of social and economic confusion, the railway labourers and the farmers were able over a few decades to change, develop or create institutions which more or less met all local needs. In the case of present staple investment in the north there is little chance of such gradual growth. The role of labour is small. The sum of employment offered by the investors is less than the local labour pool and hence can only draw off part of the local labour; similarly the rate of spending by labour is small but as suggested above is particular rather than general. The gulf between the economy of investment and the local economy will not be closed by the absorption or redevelopment of the local economy. It will remain, and will continue to produce local economic and social distortion.

A further problem is produced within the north by the high rate of initial capital investment, and by the national involvement in this investment. To protect the initial development large amounts of money can be and are made available to cushion the effects of capital investment. As was suggested above these sums which are expended to ease local problems generally represent a percentage of the capital investment rather then the eventual running expenses of resource exploitation and are, because of the size of capital investment, of such a scale as to distort local institutions or force the creation of new institutions. Examples of this at present are the highly financed native organizations and the extensive civil service establishments. The financing of these institutions does not represent the rate of return on investment expected in the long run. The size of capital investment in native organizations cannot be maintained if it is to be a percentage of annual return from staple exploitation. Neither can the civil service establishment be maintained as such a high proportion of overall government expenditure as it now is. That is, the civil services established may be maintained but their growth rate and operating budgets cannot be maintained at their present disproportion to other government services. Historical examples of these problems are the relative position of the Department of Indian Affairs in the civil service in 1885 and 1920, and the relative position of the Geological Survey in 1950 and today.

The reasons for these problems in northern development lie in the effect of high rates of capital investment for frontier resource exploitation in the Canadian economy as a whole, and in the peculiar political history and political structure of Canada.

The first effect of large capital investment both private and public in the frontier is the diversion of money from other sectors of the economy. It is usually expected that this diversion will be short term, and that after a system of resource exploitation is established the profits of the new industry and the growth stimulated by an expanded economic base will lead to increased investment throughout the economy. Even if these expectations were fully realised they would be expressed in a sharp reduction in investment on the frontier, and in the availability of capital for institutional maintainance and growth in the frontier area. If the amount of return to investment falls below expectations or if the amount of growth within the general economy is small, there is even less money available on the frontier. One strategy used to lessen the investment disruption is the encouragement of foreign capital. This is especially true in the case of the large capital investment necessary for northern mineral development. This strategy does not overcome the problem. The large influx of foreign capital distorts money values and through this the pattern of private investment. It also cannot be used for investment in the public sector. Thus the proportion of government spending directed toward the frontier is inevitably made at the expense of spending in other sectors. Moreover the profits of resource exploitation are in foreign hands and are only available for reinvestment in the Canadian economy on the basis of decisions taken outside the country. The only way in which these profits can be tapped and reinvested directly is by forms of taxation and royalties. Therefore reinvestment becomes the responsibility of the public sector. The scope of such investment is limited by prevailing Canadian ideas of the role of public spending. Hence the degree to which expenditure on the frontier is continued, the type of expenditure made and the kind of institutional and economic structure required become political questions to be decided in the political forum at both the federal and provincial levels.

It is said apocryphally that when the League of Nations commissioned scholars from several countries to produce studies on elephants, the British scholar reported on "The Elephant: An Imperial Problem", the German on "Die Elephant", a report in seven volumes, the French scholar on "L'Idee de l'elephant", the American on "How to Grow Bigger and Better Elephants", and the Canadian a report entitled "The Elephant: A Federal or Provincial Responsibility". Canada was formed by the confederation of four colonies. Each of these was jealous of its own authority, its own economy and its selfconscious individuality. While the objectives of confederation were the development of a national economy, the preservation and enhancement of Canadian responsible democratic institutions and protection from the economic and cultural threat of an irridentist United States, each of the colonies saw these aims in terms of benefits to its own region, and protection of its individual existence. The British North America Act of 1867, which is still the constitutional basis of Canada, was a document which largely embodied an intricate formula for a national existence which did not impair regional existence and regional autonomy. The subsequent history of Canada is dominated by the efforts on the part of the provinces to maintain as great a degree of autonomy as possible in the face of changing economic and social circumstances, and to ensure to each region a proportional share of any national economic growth.

The mechanism by which the proportioning of economic growth and economic gain is carried out is an intricate system of transfer payments from the federal to the provincial governments. While the mechanism is intricate and flexible it is possible to summarise the types of transfer made under four general headings. The first is the maintenance of uniform social services across the country. Examples of this are the children's allowances, pensions, edcuational and health payments, etc. The second is by the direct payment of funds into the treasuries of nominated under-privilieged provinces, generally termed equalization grants. The third is by indirect transfers, having to do with such things as tax rebates and tax relief. The fourth is by direct federal spending within less wealthy regions (such as the South Saskatchewan Dam project or the heavy water plant in Nova Scotia), or the direct subsidisation of industrial growth as represented in the ARDA and DREE schemes. These last make funds available in regions which fulfill certain criteria of underdevelopment. The ability of the federal government to perform these transfers is dependent upon its power to tax the economy in several ways. However, the legality of this power to tax is not constitutionally clearly defined. In several tax areas, e.g. in income tax, the federal government's largest source of revenue, there is no clear statement as to where authority lies in the B.N.A. Act. These tax powers have been achieved as a result of preemption or of negotiation with the provinces. Hence the provincial governments as a group exercise a degree of control over the organization of federal spending. Disproportionate federal spending in one region or in one economic sector can lead to a demand for appropriate compensation to other regions or to other sectors if these have the support of some provincial governments. Whatever is paid to Maritime Peter can be demanded by Prairie Paul. Provinces which stand to gain by present policies will not long support the federal government in the face of opposition from other provinces since to do so would be to strengthen federal authority at the price of provincial autonomy.

The electorate of the various regions of Canada have two ways in which they can influence the decisions taken by the federal government. The first is by electing provincial governments who represent the dominant economic and political attitudes of the region, and who will express and further these at the level of federal-provincial negotiation. The second is by electing to the federal house people whose interpretation of proper federal policy is consistent with regional interests. While both ways bring a strong regional influence to bear on federal policies, both are essentially post hoc controls. Decisions at the federal level are taken by parties which aim at a necessarily broad regional representation, which they only occasionally attain. Hence by the failure of the governing party to represent adequately all regions and by the inevitable regional disproportion of party support, it is usual that strong and effective regional dissatisfaction with policy can only be evinced in the subsequent federal election. Also since the federal government is not directly answerable to the provinces for policy, it institutes policies on the basis of its own interpretation of national interest. The provinces can only react to federal policy after the fact. Moreover, inadequate reaction from the point of view of regional electorates can only be effectively altered at subsequent provincial elections. Thus federal policies and priorities are subject to reinterpretation and both reemphasis and redirection at each federal-provincial conference and at each federal and provincial election.

These aspects of the Canadian political scene influence northern development in three major ways. Disproportionate federal investment in the north will call forth a demand for compensation in other regions. This will influence the continuing rate of federal spending. The reactive nature of regional response will mean that federal policies in regard to the north will be at best unstable and at worst inconsistent. The history of Canadian policy in frontier areas is a continual example of instability and inconsistency. The third major influence arises from the fact that the Northwest Territories is federal land. In the Northwest Territories the federal government exercises all the authority which is normally the role of provincial governments, and it reaps directly all the rewards of development. The amount of money available for the organization and provision of social services can be compared directly with the amounts available to the provinces. The investment in resource development can be seen as competitive with the provincial search for investment. The comparisor between provincial and federal lands in terms of both social services and investment are made especially between the Territories and the provincial northern areas.

The provinces then can influence federal policy in the initial development stage by demanding their share of investment and by limiting the scope of the social services to be provided. If and when the returns from investment in the Territories exceed the expenditures within them the profits which accrue to the federal government will be seen as a part of the revenue available for transfer payments within the normal federal-provincial structure. A profitable Northwest Territories will be regarded no differently than a profitable Ontario. Attempts by the federal government or the Northwest Territories Council or other forms of government which may be devised for the Territories to keep revenue in the region through royalties or taxation on resource production will elicit demands for similar or greater rights on behalf of the provinces.

The traditional strategy of the provinces for furthering internal economic growth, that is the attempt to locate the control of and infrastructure for further staple development within provincial boundaries, will also strongly influence development in the Territories. Provinces which have industries similar to those being developed in the north will view the area as a potential part of their own frontier. This has been manifested in two ways. One has been the proposal or espousal of plans to subdivide the Territories. In one such plan the Yukon is seen as a frontier for British Columbia, the Mackenzie for Alberta, and the precambrian and high arctic for the mining interests of Manitoba, Ontario and Quebec. Such plans, which would divide the federal north into poorer, smaller and less populous political units, would lead to irregular institutional development, internal competition for federal funds, and a breakdown in overall planning. In this situation the dependence of each unit on that provincial neighbour with the greatest economic influence in the region would be increased. The second aspect of the province-centred view of territorial development has already been manifested in the lack of support for the development of indigenous provincial or quasi-provincial institutions within the Northwest Territories. So long as the Territories remain federal and the actual process of their absorption into the structure of Canada remains undefined, the amount of southern provincial or regional influence on the economic and political future of the north remains proportionally higher than it would be on the future development of a new northern province.

The strategy of the provinces, or of regional groupings of provinces, will vary with changing circumstances on the resource frontier. At the moment, with high oil prices and possibly large reserves of oil available in the Mackenzie delta region, there is some support from the western, oil-producing provinces for a degree of autonomy within the western part (the Mackenzie District) of the Northwest Territories. It is felt that this region would join and add weight to the demand for a greater degree of control over oil profits by the oil-producing area. It is also felt that this region, were it autonomous, would be integrated into the oil economy of Alberta in particular, and would serve as a basis for continued growth in the secondary sector based on oil.

Canadian society was given a unique character by its participation in the economic and political currents outlined above, and by such factors as the need to absorb large numbers of emmigrants and to respond to the overawing presence of the United States. As the society was influenced by so it influenced the currents in economics and politics. The character and strategy of northern development today is strongly influenced by social attitudes and perceptions developed over several centuries of living with a land and resource frontier.

It is common for Canadians to describe our society as multicultural, a description which defies positive definition. Rather it is defined by what it is not. It is not stridently chauvinistic, as is the American society. Nor is it narrowly defined by a sense of national cultural tradition, as are the European societies. Canadians draw from this negative definition the self-satisfaction that they have avoided the evils of other societies, but are denied by it any basis for social action which can be seen as satisfactorily Canadian. In the decades since the Second World War the dissatisfaction engendered by a lack of a positively defined society has driven Canadians to search for a Canadian identity and to actively attempt to create one.

In two recent studies of Canadian literature, *Survival*, by Margaret ATWOOD, and *Patterns of Isolation*, by John MOSS, different but parallel aspects of the Canadian character as revealed in literature have been analysed. ATWOOD pictures Canadians as survivors in the harsh and lonely land they have occupied. They do not, as do the Americans, set out to triumph over a hostile nature, nor do they view such a struggle with nature as a road to self-satisfaction, fame or fortune. MOSS sees Canadians as ever regarding themselves as occupiers of a garrison distant from the centres of civilization, taking satisfaction from the value of the tasks they perform, but realising that the measures of social and cultural achievement by which they are judged, and by which they judge themselves, are set not by their own lives and accomplishments but by the people at the centres. Neither of these view characterises the whole of Canadian literature, but both are manifestly apparent in it. The argument as to which is the better basis for interpretation is arid. Rather the parallel nature of these views of the Canadian character gives an insight into the character and influence of Canadian society. This is especially true when we view this society in its relationship to the economic and political aspects of Canadian history outlined above.

The view that technology, culture and social values emanate from outside the society and that the major function of the resident society is to survive is ever apparent in Canadian history. Society in Upper Canada in the last century is notable largely for its aping of British traditions and social norms. In Lower Canada in the same period these traditions prevail, as it were, second hand, through attachment to the government establishment in Ottawa. During the century a wider market for literature developed as general education spread, and a literature which reflected the life of the middle classes began to grow up in Canada. In both Ontario and Quebec writings of the period dwell on the ability of people to survive in the Canadian environment. In Quebec the survival aspect, reenforced by the necessity for cultural survival, was dominant. In Ontario and the Maritimes the same theme is apparent, but it is presented as an attempt to introduce and preserve some elements of civilization in the face of the environment. Even during the peopling of the west, when Ontario had become the established focus for a new frontier, the settlers find self-definition in their English or Scottish heritage - a definition filtered through Ontario but essentially "old country". This external definition was a useful social device, in that it aided in the absorption of waves of new European immigrants into a coherent society by giving their backgrounds an equal validity to that of Canadian settlers (everyone had an "old country"), but it inhibited the development of a clearly Canadian society. It preserved the view that norms from outside were most valid, and the role of society in Canada was to aid these norms in surviving in the face of the isolation and the hostile environment. In sum, then, Canadians have seen themselves as acting the role of, if you like, high level management. This self-perception is most clear in the economic sphere, where the branch plant economy with its cadre of Canadian managers has taken firm hold. Our cultural or social selfperceptions have had similar "branch plant" or "garrison" elements, in that we see ourselves as the transmitters of cultural norms established outside our borders, and committed to their preservation in a hostile environment. Our political life has been home-grown and individual, but has been perceived as concerning itself mainly with preliminary or base line resource management and financial management decisions.

What is emerging today in the social sphere is a new strategy for developing Canadian society. This is especially true in Quebec, but is as strong, though more diffuse, in English Canada. What is being demanded is a country which will positively encourage the growth of regional identities.

I feel strongly that social change precedes and encourages changes in the political and economic spheres, but that the continued existence and realisation of these social changes is dependent on economic and political change. What Canadians must do is produce strategies for development which will serve the needs of regions and at the same time create a healthy national economy.

In this struggle the role of northern development is crucial, because of the continuing importance of staple production, because of the image of the frontier in Canadian society, and mostly because it is an area where new strategies can be developed without the freight of established attitudes.

BIBLIOGRAPHY

ATWOOD, M.E.: Survival: A Thematic Guide to Canadian Literature. Anansi Toronto, 1972.

BERGER, T.R.: The Mackenzie Valley Pipeline Inquiry, vol. 1. Ministry of Supply & Services (Ottawa, 1977).

BREWIS, T.W.: Regional Economic Policies in Canada. MacMillan (Toronto, 1972).

CARELESS, J.M.S. and R. Craig BROWN (eds.): The Canadians 1867-1967. MacMillan (Toronto, 1967).

CURRIE, A.W.: Canadian Economic Development, revised ed. Thos. Nelson & Sons (Toronto, 1951).

DEUTSCH, John J., Burton S. KEIRSTEAD, Kari LEVITT, Robert M. WILL (eds.): The Canadian Economy: Selected Readings, revised ed. MacMillan (Toronto, 1965).

INNIS, H.A.: The Cod Fisheries: The History of an International Economy. Yale University Press (New Haven, 1940).

The Fur Trade In Canada: An Introduction to Canadian Economic History, revised ed. University of Toronto Press (Toronto, 1962).

INNIS, H.A. & W.T. EASTERBROOK: "Fundamental and Historical Elements", in: The Canadian Economy, John J. Deutsch et al. (eds.), pt. VIII, ch. 28, pp. 440-8.

INNIS, H.A. & M. Quayle INNIS (eds.): Essays in Canadian Economic History. University of Toronto Press (Toronto, 1956).

MacKINTOSH, W.A.: The Economic Background of Dominion-Provincial Relations, Royal Commission on Dominion-Provincial Relations. Queen's Printer (Ottawa, 1939).

MOSS, John: Patterns of Isolation in English Canadian Fiction. McClelland & Stewart (Toronto, 1974).

PUTNAM, D.F. (ed.): Canadian Regions: A Geography of Canada. J.M. Dent & Sons (Toronto, 1952).

STANLEY, G.M.: The Birth of Western Canada: A History of the Riel Rebellion. University of Toronto Press (Toronto, 1936).

WARKENTIN, John (ed.): Canada: A Geographical Interpretation. Methuen (Toronto, 1968).

WRONG, George M. & H.H. LANGTON (eds.):Chronicles of Canada, 32 vols., Glasgow, Brook & Co. (Toronto, 1914-16).

Anschrift des Verfassers:

Prof. Dr. John McConnell
University of Saskatchewan
912 University Drive
Saskatoon (Sask.)
Canada S 7 N O K 1

OIL AND GAS EXPLORATION IN THE HIGH ARCTIC ISLANDS: PROBLEMS AND PROSPECTS (1)

Hugh M. French, Ottawa

Introduction

The exploration for hydrocarbons in northern Canada, particularly in the High Arctic islands, is a recent phenomenon. Factors which have contributed to this development include (a) the discovery of substantial oil and gas deposits on the North Slope of Alaska at Prudhoe Bay in 1968, and the possibility that similar deposits might occur elsewhere in Arctic North America, (b) the realisation of a potential global energy shortage in the mid 1980's and the desire to establish known reserves, and (c) the heavy reliance of North America upon imported oil and the desire to decrease that reliance in the future.

Until recently the majority of oil and gas exploration in Arctic Canada was undertaken by the Canadian subsidiaries of the large multinational corporations. A notable trend in Canada in the 1970's has been the increasing role which the federal government is playing in the development of oil and gas reserves. For example, exploration in the Arctic islands is dominated by Panarctic Oils Limited, a consortium of smaller companies in which the federal government has a major interest (HETHERINGTON, 1973). Recently, in 1976, a crown corporation - Petro Canada - was created to enter the marketing side of the Canadian oil and gas industry and in late 1978 plans were announced for Petro Canada to take over Pacific Petroleum Limited, a medium sized oil company with outlets in western Canada.

Following extensive exploration drilling, sizable hydrocarbon reserves have been found in two areas of Arctic Canada: the Mackenzie Delta of the Western Arctic and the Sverdrup Basin of the High Arctic islands. The rejection of the proposed Mackenzie Valley Pipeline (BERGER, 1977) has led to the virtual cessation of all land-based activity in the Mackenzie Delta. Exploration in the High Arctic islands however, has continued at a rapid pace and, with the recent submission of a pipeline application

---

1) Field experience has been acquired through contract research undertaken since 1975 for the Arctic Land Use Research (ALUR) Program of the Department of Indian Affairs and Northern Development, Ottawa, and with the assistance and collaboration of the oil and gas industry, through the Arctic Petroleum Operators' Association (APOA), Calgary. In particular, the considerable logistical support and willing co-operation of Panarctic Oils Limited, in providing access to many wellsites and facilities in the Arctic islands, is gratefully acknowledged.

to the federal government by Polar Gas Limited involving the transport of gas from the High Arctic islands to southern markets, there is the distinct possibility of large scale development in the next decade.

Current Activity

By early 1978 exploration activity in the Canadian Arctic islands had resulted in the discovery of 8 gas fields with estimated reserves of nearly 13 trillion cubic feet, and one small oilfield (PANARCTIC, 1978) (figure I). All occur in the Western Sverdrup Basin.

Gas was first discovered in 1968 at Drake Point on the Sabine Peninsula of Eastern Melville Island. In 1970 and 1971 two further gas discoveries were made on King Christian Island and at Kristoffer Bay on Ellef Ringnes Island. In 1972 a second major gas field was discovered on the west side of the Sabine Peninsula in the Hecla area. The first oil was discovered in the Bent Horn area of southwest Cameron Island in 1974.

Since that time exploration activity has become focussed upon the delineation of known onshore reserves by traditional drilling methods and the development of offshore ice platform drilling. The objectives of the latter are (a) to delineate the extent of the offshore portions of the gas fields already discovered and (b) to test further geologic structures which lie offshore. New technology has evolved with the use of either modified land drilling rigs or specifically designed rigs supported on artificially thickened ocean ice.

The current state of exploration activity in the High Arctic islands is summarised in figure 2. Although land-based drilling and seismic activity reached a peak in 1973, with 23 wells and over 7000 miles of seismic survey completed that year, offshore drilling has increased progressively since 1974. By the end of 1977 for example, 7 offshore wells had been drilled as shallow delineation wells in known gas fields and in 1978 the first large offshore geologic structure was drilled at Roche Point, north of the Hecla gas field, resulting in an important gas discovery. Also in 1977, 8 land-based wells were completed with a total footage of over 60 000'.

Environmental Concern

The quest for natural resources in northern Canada has been accompanied by environmental and social concern. A cornerstone of federal government policy in northern Canada has been that northern development can only be sanctioned if all possible effort is made to minimise the environmental impact of such activity, upon both the physical environment and the indigeneous peoples (CHRÉTIEN, 1972; ALLMAND, 1976).

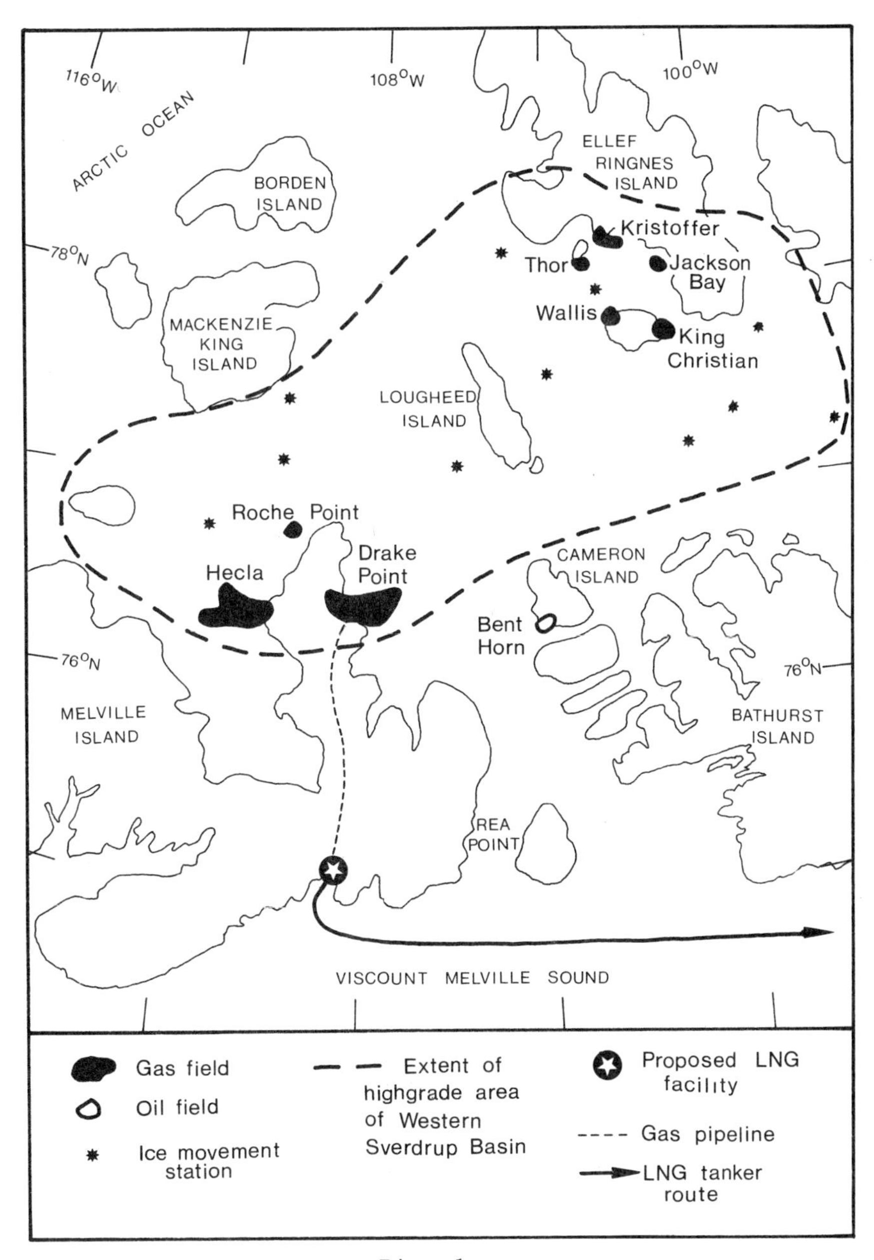

Fig. 1

Location map of Canadian Arctic islands showing areas of oil and gas discoveries, the extent of the Western Sverdrup Basin, and the proposed LNG facility and pipeline.
(Source: Panarctic 1978)

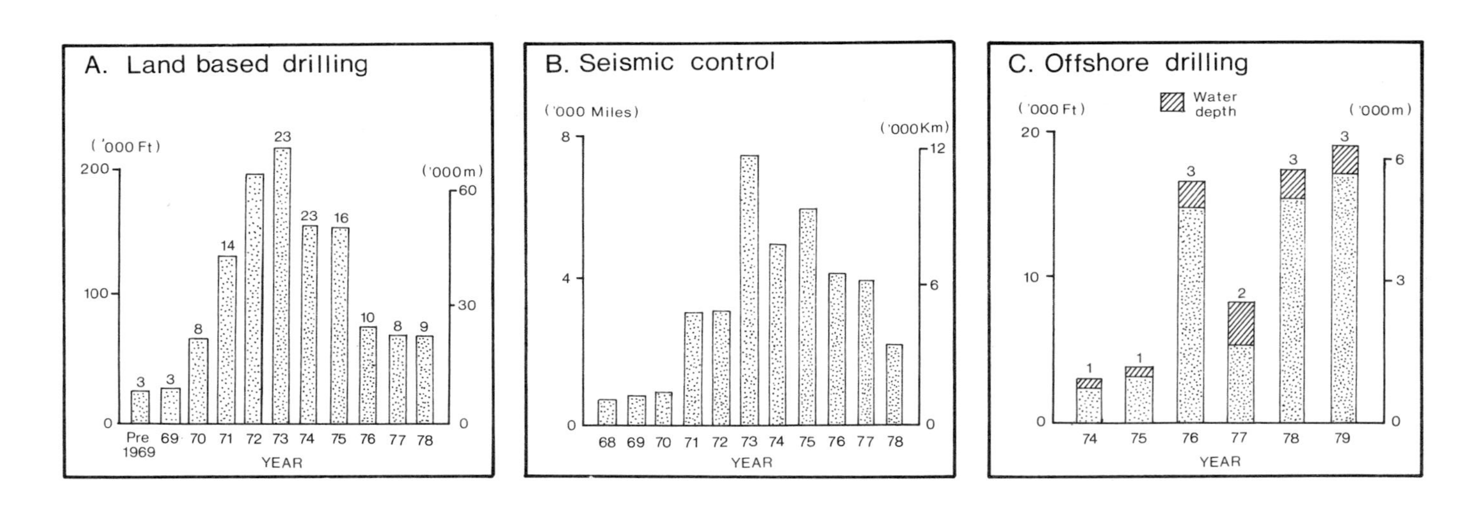

Fig. 2

Summary of exploration activity in the High Arctic islands 1969 - 1978

A) Total number of wells completed per year and footage drilled by Panarctic and other operators.

B) Total amount of seismic survey completed per year by Panarctic and other operators.

C) Total number of offshore wells drilled by Panarctic together with water depths and total footage.

All data for 1978 and 1979 are projected. Source: Panarctic 1978

Various measures have been taken to promote this general objective. For example, one of the most important steps taken by the federal government was the passing of the Territorial Land Use Act and Regulations in 1970. Under this act, land use permits are required for most activities and operating conditions are attached to these permits, if granted. To ensure enforcement of these regulations federal government land use inspectors make periodic field visits. Other initiatives taken include (a) the terrain sensitivity mapping programs undertaken for northern areas of actual or potential economic activity (e.g. MONROE, 1972; SPROULE, 1972-75; FRENCH, 1976; BARNETT et al, 1977),(b) the preparation of Environmental Impact Statements by industry (e.g. SLANEY, 1973; BEAK, 1975) and their assessment by federal government agencies prior to the granting of land use permits, (c) the establishment of government sponsored commissions of enquiry into the social and environmental affects of major development proposals (e.g. BERGER, 1977; LYSYK, BOHMER and PHELPS, 1977; GAMBLE, 1978), and (d) the support of research into Arctic land use problems by the Arctic Land Use Research (ALUR) Program of the Department of Indian Affairs and Northern Development (e.g. KERFOOT, 1972; BLISS, 1975).

With respect to oil and gas exploration, some of the early environmental concerns were related to seismic and other transportational activities, particularly in the Mackenzie Delta and Valley. Terrain and ecological concerns were dominant at this time (e.g. BLISS and WEIN, 1972). By contrast experience gained recently by the present writer suggests that the physical impact of modern transportational activities has been reduced to a minimum (FRENCH, 1978a, 1978b); improvements in industry operating conditions (e.g. the use of vehicles equipped with low pressure tires) and the strict application of the Arctic Land Use Regulations (e.g. the restriction of cross tundra vehicle movement to the winter months) are important factors. Modern terrain disturbance problems appear restricted to localities such as borrow pits, sites of deliberate and unauthorised removal of surface material, and to emergency situations such as the 1970 blow-out at Drake Point where the movement of equipment in summer was permitted. Viewed in this light, potential for the most serious terrain and environmental damage is now associated with the drilling operation itself and the disposal of waste drilling fluids (FRENCH, 1978c; FRENCH and SMITH, 1979).

In general, it must be concluded that the terrain and environmental problems associated with Arctic oil and gas exploration have ameliorated and changed in nature over the last 10 years.

Physical Constraints

The rigorous climatic environment and the vast distances over which materials must be moved from the south exert fundamental influences upon the work schedule and planning of large scale operations in the Arctic islands. Considerable increases in cost may occur; for example, the average cost of a land-based well in the Arctic is between 5-8 million dollars, several times more expensive than an equivalent well in southern Canada. This excess expenditure has two components: (a) the extra costs of transportation of supplies, fuel and personnel to and from the Arctic, and the costs of maintaining an Arctic base facility, and (b) the extra operating costs resulting directly from the Arctic environment.

The nature of some of these physical constraints is summarised in figure 3. Since the Western Sverdrup Basin lies between 76 and 79 degrees north latitude there is a seasonal rather than diurnal climatic rythm. For several months of the year there is either continuous daylight or darkness together with long periods of twilight. Because the Arctic Land Use Regulations require that most exploratory work be restricted to the winter months when the tundra is frozen, much seismic survey and well drilling is carried out in darkness or semi-darkness, and in temperatures which may drop as low as -50 degrees Celsius. Wind-chill factors as great as -70 and -80 degrees Celsius are not uncommon during the months of January and February, and there is little protection from the wind and blowing snow. Under such conditions human beings experience severe stress and productivity is greatly reduced. In addition, machinery breakdowns and metal fatigue problems increase proportionately with the extreme cold. On the other hand, on-site transportational problems are reduced in the winter months since ice and winter roads can be utilised and heavy equipment and supplies moved easily without serious damage to the tundra. It is during this period of time that most rig moves and other heavy construction activity (e.g. sump excavation) are accomplished.

During the summer months surface mobility is greatly reduced; on land, helicopters and twin otter aircraft sometimes equipped with balloon tires are often the only methods of access to a rig since the surrounding tundra is soft and wet. At offshore localities in early summer the pack ice begins to break up or becomes weakened by the rising temperatures, and the sites must be abandoned.

By necessity, offshore drilling using artificially thickened ocean ice platforms must be carried out in winter since only then can the ice platform be created and maintained with relative ease.

An annual sea-lift is the cheapest method by which the majority of the bulky and/ or heavy supplies and fuel are moved to the Arctic islands. To facilitate its operations in the Sverdrup Basin Panarctic Oils Limited maintains a year-round base facility at Rea Point on southeast Melville Island. For a few weeks during late August and early September the southern limit of the polar pack ice is to the north of Rea Point and a supply ship is able to reach the camp. Planning for this annual sea lift commences the previous year and dictates long term planning of exploration activity.

Land Based Drilling

Terrain problems in the Arctic frequently relate to the melt of ice-rich permafrost and subsequent ground instability. Other problems relate to the geotechnical properties of certain materials, particularly those which are unconsolidated and susceptible to either natural or man-induced failure and mass movement. Techniques commonly adopted to overcome these problems include construction upon gravel pads or pilings, and the minimising of disturbance to the surface organic layer. These and other engineering problems are well known in North America (e.g. FERRIANS et al, 1969; BROWN, 1970).

In the High Arctic islands several factors accentuate terrain disturbance problems adjacent to wellsites. First, there is an absence of easily accessible gravel aggregate suitable for pad construction on many islands. This problem is particularly acute on the Sabine Peninsula of Eastern Melville Island where the Drake and Hecla gas fields are located and where there is a near continuous vegetation cover overlying soft ice-rich shales of the Christopher Formation (BARNETT et al, 1977). Moreover, the latter are highly prone to rapid and unpredictable 'skin flows'. Wherever possible urethane matting is placed around the rig and beneath buildings to compensate for any gravel deficiency. Road construction is also a problem due to the lack of aggregate in many localities. Furthermore, although compacted snow is often used for winter roads in other northern environments, the very low snowfall of the High Arctic (often less than 75 cm water equivalent) limits this possibility and strong winds leave many flat areas virtually snowfree during the entire winter.

A second factor indirectly promoting terrain disturbance is that an increasing number of wells are being drilled to deeper depths as deeper geological structures are tested. Wells in excess of 15000' in depth are not unusual. Since the time taken to drill a hole varies directly with depth (e.g. a 12000' hole requires approximately 120 days of drilling) and since a further 60 or more days are required to erect and dismantle the rig, activity at many Arctic wellsites often continues into the critical summer months. The movement of equipment and supplies around the site at this time of year can lead to considerable terrain disturbance, especially if there is a gravel shortage at the site.

Environmental problems of land-based wells often relate to the disposal of waste drilling fluids (FRENCH, 1978c). These may be toxic in nature. As a consequence, the Arctic Land Use Regulations require that they be buried in below-ground sumps, such that these fluids freeze *in situ* and become permanently contained within the permafrost. In itself, the construction of a sump is a major terrain disturbance; in order to contain the fluid volumes involved many sumps are 150' in dimensions and 30' deep. The influx of relatively warm drilling fluids can lead to significant changes in the thermal regime of the permafrost adjacent to, and beneath, the sump (FRENCH and SMITH, 1979). Moreover, if a well is drilled deeper than anticipated, for various technical or geologic reasons, the sump may be too small to contain the fluids used and additional sumps are required. In other instances, fluids have not been totally contained and toxic materials have been either spilt on the tundra or allowed to enter water bodies. In recent years, the deeper drilling associated with many onshore wells and the larger volumes of drilling muds required are highlighting waste fluid disposal problems. They appear most acute in deep exploratory drilling. For example, on southwest Cameron Island in the Bent Horn oilfield area, complex faulting of reef limestone has led to the creation of small pockets of oil which are extremely difficult to locate. Exploratory drilling has turned out to be unpredictable, both in terms of the structures encountered and the depths drilled. Several sumps have ended up too small and either the fluids have not been adequately contained or additional sumps and associated terrain disturbances have had to be sanctioned.

There appears to be no easy solution to the terrain and environmental problems of land-based drilling in the High Arctic islands. However, the positive attitudes adopted by the companies concerned and the continued application of the Arctic Land Use Regulations are leading to fewer problems which cannot either be resolved or minimised.

Ice Platform Drilling

The technology for offshore drilling in the Arctic islands has only developed since 1974 (PANARCTIC, 1976). The first step is to thicken and strengthen the ice at the proposed site by flooding with water and removing any snow. The second stage is the use of specially modified ice platform drilling rigs. The disposal of waste drilling is not a major problem since this is achieved by dilution and subsequent deposition in the sea. Terrain disturbance problems are not applicable.

Instead, physical problems associated with ice thickness, strength and movement are more relevant. Studies of sea ice conditions, the movement of the ocean pack ice, and the nature and build up of pressure ridges are important concerns (PANARCTIC, 1977). Satellite sensing is proving to be a valuable tool in the prediction and interpretation of sea ice conditions. When linked to surface monitoring stations, rates of movement as small as 1.0 m can be detected. The acceptable limit of ice movement for successful drilling is approximately 5 % of water depth. By itself, water depth presents few problems: for example, the Hecla C-58 well drilled in the offshore portion of the Hecla gas field was successfully completed in a water depth in excess of 1000'.

A potential development problem for offshore drilling in the Sverdrup Basin relates to the movement of the hydrocarbon resource to onshore storage and treatment facilities prior to shipment to southern markets. In the foreshore zone, the onshore movement

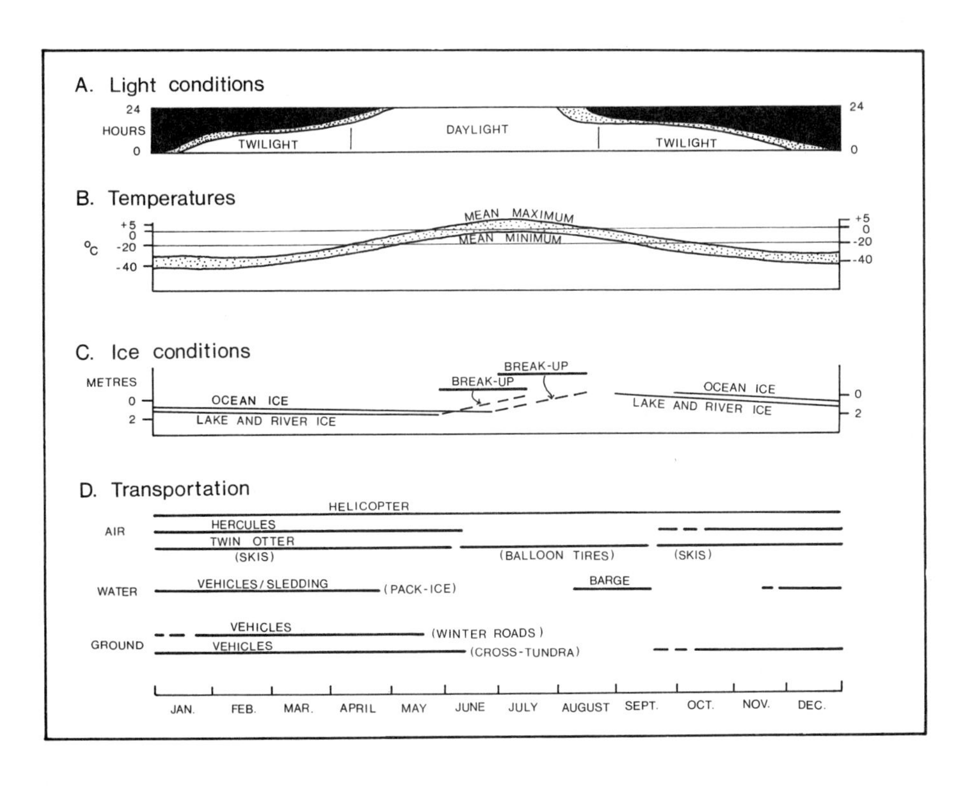

Fig. 3

Work schedule and planning table for Arctic environments.

of ice floes, the formation of substantial ice push ridges on exposed headlands, and the scouring effects of large icebergs in the shallow littoral zone are well known phenomena. The rupture of a pipeline crossing this zone therefore, is a distinct possibility unless preventive measures are taken.

In order to prove that these hazards can be overcome, and thereby to enhance the credibility of the offshore drilling program, Panarctic drilled Drake F-76 approximately 1300 m offshore in the Drake gas field during the winter of 1977-78 (PANARCTIC, 1978). The well was successfully capped on the sea floor and linked to onshore control and production facilities by means of a trench along the sea floor in which the production pipe, or 'flowline bundle', was placed. Additional protection from ice scour was achieved by the installation of a refridgeration system which will develop a 'frost bulb' around the pipe. As an added measure, an artificial ice berm, or beach-fast ice body, was built out to the 5 m water depth to form a fixed and permanent projection of the shoreline overlying the pipe. The success of this technique for the development of sub-sea wells in ice-infested waters is a major technological step in the offshore exploration program and suggests that commercial development of offshore resources in association with land-based facilities is possible.

Prospects and Potential

There is no doubt that the inhospitable and remote environment of the High Arctic presents constraints upon oil and gas exploration over and beyond those found in most other environments. However, Canadian experience is demonstrating that these constraints are not insurmountable. On the other hand, the costs of transport to southern markets and the extra costs of Arctic operations demand that the hydrocarbon reserves be exceptionally large to justify their commercial exploitation. Given the size of the offshore structures in the Sverdrup Basin which have yet to be drilled, and the estimate of known reserves to date, there is every indication that threshold volumes of gas will be established in the future.

Three recent developments indicate the hydrocarbon potential thought present in the Sverdrup Basin. First, the Arctic Islands Exploration Group was formed in 1976 by Panarctic Oils Limited, Imperial Oil Limited, Gulf Canada Limited and Petro Canada. This group of companies plans to spend between 120-150 million dollars on exploration by 1981, mostly in the offshore portion of the basin. Second, in December 1977 Polar Gas Limited filed an application with the National Energy Board and the Department of Indian Affairs and Northern Development for the construction and operation of a natural gas pipeline from the High Arctic islands via the Boothia Peninsula and Eastern Keewatin to southern markets (figure 4). Third, as a complement to the proposed Polar Gas pipeline, a marine liquified natural gas (LNG) transportation system is being considered by a group of companies including Petro Canada and

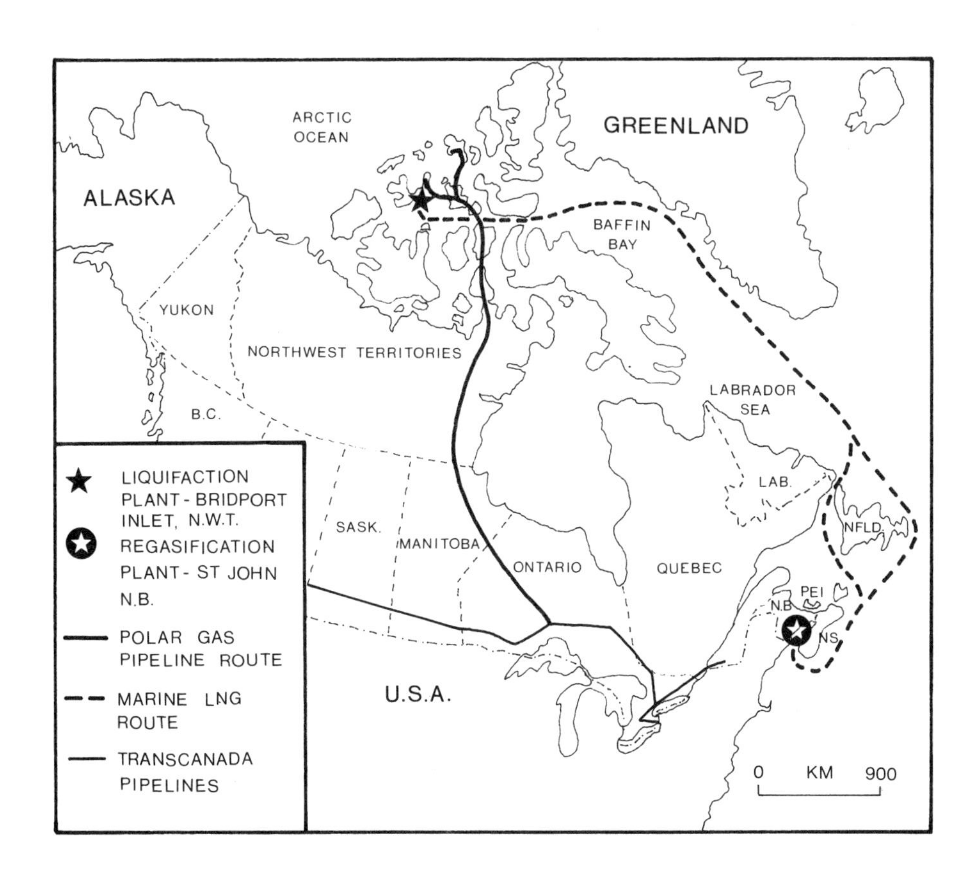

Fig. 4

Location map of proposed Polar Gas pipeline route and proposed LNG marine transportation system for Arctic islands gas. (Source: Panarctic 1978)

Melville Shipping. The system presently under examination involves the transport of gas from the Drake Point field via pipeline to a liquifaction facility at Bridport Inlet on the southern coast of Melville Island, and the transportation of 250 million cubic feet per day of liquified natural gas by ice breaking tanker to eastern market areas.

Conclusions

The search for hydrocarbons in the Arctic islands of Canada shows little sign of diminishing in the next decade. As the emphasis in exploration activity changes from land-based to offshore drilling the environmental problems change, just as earlier problems were associated with seismic surveys and initial land-based drilling. In the future, if threshold amounts of oil and gas are discovered, problems related to their commercial development will assume dominance such as storage and treatment facilities and pipeline or tanker transportation. Part of the challenge at present is to anticipate these future problems.

ABSTRACT

By early 1978 exploration activity in the Canadian High Arctic islands had resulted in the discovery of 8 gas fields with estimated reserves of 13 trillion cubic feet, and one small oilfield, all located in the Western Sverdrup Basin between latitudes 76 and 79° north. In the last 4 years exploration has become focussed upon (a) the delineation of known onshore reserves and (b) the development of offshore ice platform drilling techniques to test further geologic structures which lie offshore. In addition to the climatic and geographic constraints of Arctic operations, environmental problems of land-based drilling relate to permafrost terrain disturbances adjacent to the well and the disposal of toxic waste drilling fluids. With offshore drilling, physical problems relate to the nature and movement of the polar pack ice, the capping of wells on the ocean floor, and the protection of the pipe from rupture by ice scour as it traverses the foreshore zone to reach the onshore treatment and storage facilities.

REFERENCES

ALLMAND, W. 1976: Guidelines for scientific activities in northern Canada. Advisory Committee Northern Development, Department of Indian Affairs and Northern Development, Ottawa. MSS catalogue No L 2-47/1976.

BARNETT, D.M., S.A. EDLUND and L.A. DREDGE, 1977: Terrain characterisation and evaluation: an example from Eastern Melville Island. Geological Survey of Canada, Paper 76-23, 18p plus maps.

BEAK CONSULTANTS LIMITED, 1975: Banks Island development, environmental considerations, 1974 research studies. Consultants' report prepared for Panarctic Oils Ltd., and Elf Oil Exploration and Production Canada Ltd, Calgary, Alberta. 3 volumes.

BLISS, L.C. 1975: Plant and surface responses to environmental conditions in the Western High Arctic. Department of Indian Affairs and Northern Development, Ottawa, ALUR 74-75-73, 72pp.

BLISS, L.C. and R.W. WEIN, 1972: Plant community responses to disturbances in the Western Canadian Arctic. Canadian Journal of Botany, 50, 1097-1109.

BROWN, R.J.E. 1970: Permafrost in Canada; its influence upon northern development. University of Toronto Press, 234pp.

BERGER, T.R. 1977: Northern frontier, northern homeland; the report of the Mackenzie Valley Pipeline Inquiry. Minister of Supply and Services, Ottawa, 2 volumes.

CHRÉTIEN, J. 1972: Northern Canada in the 70's. Report to the Standing Committee on Indian Affairs and Northern Development, Ottawa, March 28, 1972.

FERRIANS, O., R. KACHADOORIAN and G.W. GREEN, 1969: Permafrost and related engineering problems in Alaska. United States Geological Survey Professional Paper 678, 37pp.

FRENCH, H.M. 1976: Terrain sensitivity mapping and terrain disturbance studies, Banks Island, N.W.T. Contract Report OSU5-0008, ALUR Program, Indian Affairs and Northern Development, Ottawa, 99pp.

FRENCH, H.M. 1978a: Why Arctic oil is harder to get than Alaska's. Canadian Geographical Journal, 94(3), 46-51.

FRENCH, H.M. 1978b: Terrain and environmental problems of Canadian Arctic oil and gas exploration. Musk-Ox, 21, 11-17.

FRENCH, H.M. 1978c: Sump studies I: terrain disturbances. Environmental Studies No 6, Department of Indian Affairs and Northern Development, Ottawa, 52pp.

FRENCH, H.M. and M.W. SMITH, 1979: Sump studies II: geothermal disturbances. Environmental Studies, Department of Indian Affairs and Northern Development, Ottawa, in press.

GAMBLE, D.J. 1978: The Berger Enquiry: an impact assessment process. Science, 199, 946-952.

HETHERINGTON, C.R. 1973: Oil and gas exploration in the Canadian Arctic islands. Panarctic Oils Limited, Calgary, Alberta, 10pp.

KERFOOT, D.E. 1972: Tundra disturbance studies in the Western Canadian Arctic. Department of Indian Affairs and Northern Development, Ottawa, ALUR 71-72-11, 115pp.

LYSYK, K.M., E.M. BOHMER and W.L. PHELPS, 1977: Alaska Highway Pipeline Enquiry. Minister of Supply and Services, Ottawa, 171pp.

MONROE, R.L. 1972: Terrain maps - Mackenzie Valley. Geological Survey of Canada Open File Report 125 (maps, scale 1:250 000 96B (Blackwater Lake), 96E (Norman Wells), 96F (Mahoney Lake), and 96G (Fort Franklin).

PANARCTIC OILS LIMITED, 1976: Eighth Annual Report, 1975. Calgary, Alberta, 18pp.

PANARCTIC OILS LIMITED, 1977: Ninth Annual Report, 1976. Calgary, Alberta, 20pp.

PANARCTIC OILS LIMITED, 1978: Tenth Annual Report, 1977. Calgary, Alberta, 24pp.

SLANEY, F.F. and COMPANY LIMITED, 1973: Environmental Impact Assessment Study, Melville Island, Northwest Territories. Consultants' report prepared for Panarctic Oils Ltd., Calgary, Alberta. 120 pp plus illustrations.

SPROULE, J. C. and ASSOCIATES LIMITED, 1972-75: Terrain sensitivity photomosaics, Arctic Islands. Maps at various scales prepared under contract for the Department of Indian Affairs and Northern Development, Ottawa.

Anschrift des Verfassers:

Prof. Dr. Hugh M. French
Department of Geography and Regional Planning
University of Ottawa
Ottawa K1N 6N5
CANADA

VERBREITUNG UND PROBLEME DES PERMAFROSTES IM NÖRDLICHEN KANADA

Gerhard Stäblein, Berlin

Abstract:

On the basis of recent field investigations climatic conditions and the permafrost distribution area in northern Canada are discussed. The southern boundary of continuous permafrost corresponds approximately to the -7°C annual isotherm of air temperature. The tundra area north of the timberline and in the northern boreal coniferous forest has for the most part continuous "active permafrost", whereas in the zone of discontinuous permafrost "passive permafrost" is relictic or in part regressive. Reference is made to the areas with submarine and alpine permafrost. - Half the surface area of Canada is in the permafrost area.

Characteristic natural features occurring in the Permafrost area are described. Technical difficulties and technical possibilities involved in the economic opening-up of northern Canada are considered.

Kurzfassung

Aufgrund neuerer Geländeuntersuchungen werden die klimatischen Verhältnisse und die Verbreitung des Permafrostes im nördlichen Kanada erläutert. Die Südgrenze des kontinuierlichen Permafrostes wird durch die -7°C Jahresisotherme der Lufttemperatur angenähert. Im Bereich der Tundra, nördlich der Baumgrenze, und im nördlichen borealen Nadelwald handelt es sich weitgehend um "aktiven Permafrost", während in der Zone des diskontinuierlichen Permafrostes der "passive Permafrost" reliktisch bzw. z.T. regressiv ist. Auf die Bereiche mit submarinem und alpinem Permafrost wird hingewiesen. - Die Hälfte der Fläche Kanadas liegt im Permafrostbereich.

Charakteristische natürliche Erscheinungen im Permafrostbereich werden erläutert. Technische Schwierigkeiten und technische Möglichkeiten bei der Inwertsetzung des kanadischen Nordens durch wirtschaftliche Erschließung werden angesprochen.

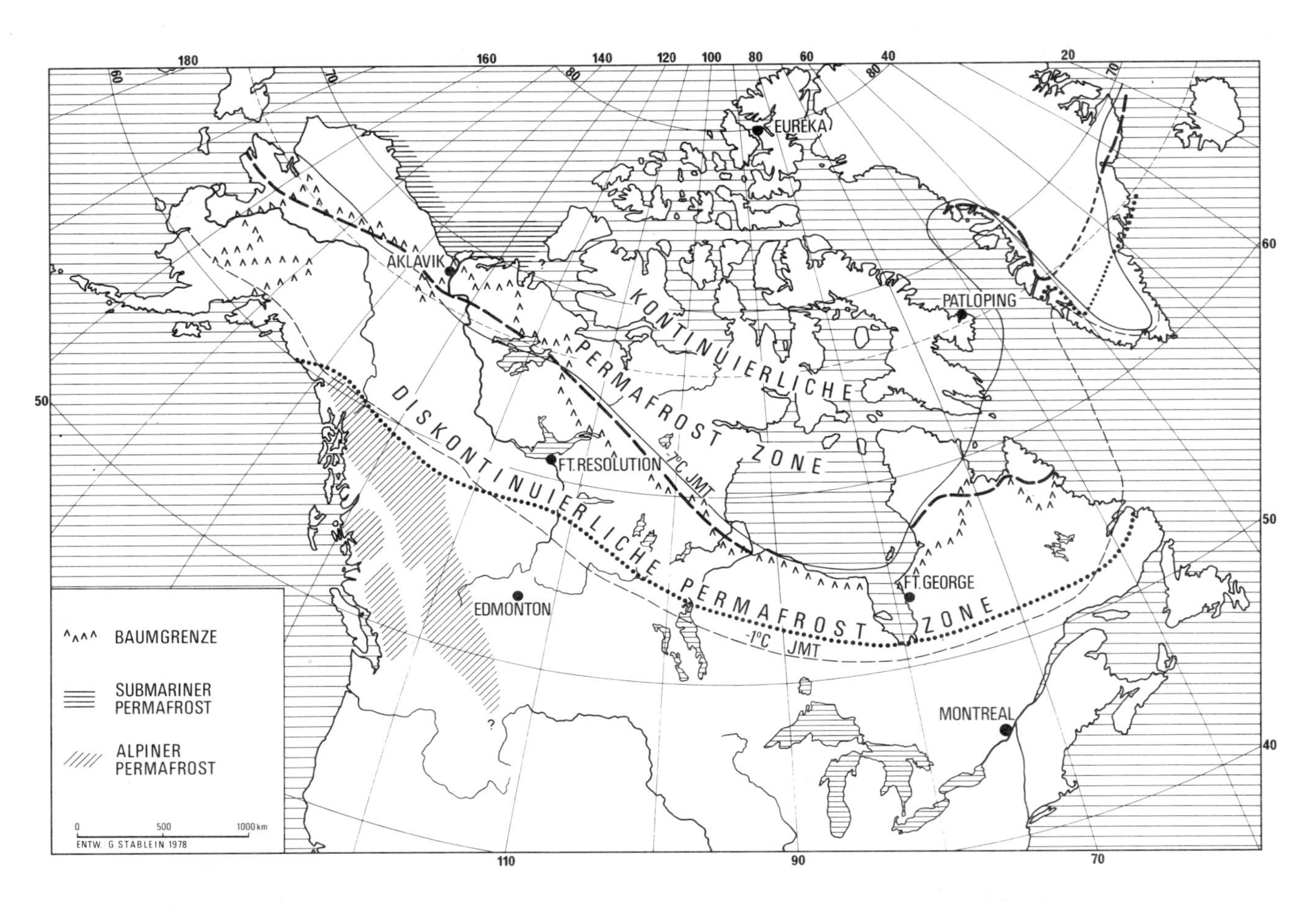

Abb. 1: Permafrost in Nordamerika. −1 und −7° C-Isothermen der Jahresmitteltemperatur (JMT).

Am Mackenzie River reicht der boreale Nadelwald in Kanada besonders weit nach N bis fast 69°N. Am Rande des Mackenziedeltas wird die Grenze zur Tundra erreicht. Weiter östlich im Bereich des kanadischen Schildes weicht die Grenze des Nadelwaldes parallel zur Baumgrenze um die Hudson Bay weit nach S zurück bis 54°N (Abb. 1). Unter der dichten Vegetation des Nadelwaldes und der Tundra ist der Untergrund im nördlichen Kanada auch im Sommer ab einer von Ort zu Ort wechselnden, meist geringen Tiefe von 20-50 cm fest und dauernd gefroren. An einzelnen Stellen, besonders auch weiter südlich, können in Abhängigkeit von den lokalen geoökologischen Parametern auch größere sommerliche Auftautiefen bis mehrere Meter über dem Permafrost - dem ganzjährig gefrorenen Untergrund - auftreten (BROWN 1970).

Im Sommer 1978 habe ich im alpinen und arktischen nordwestlichen Kanada Geländeuntersuchungen zu Problemen des Permafrostes durchgeführt und an der 3. Internationalen Permafrostkonferenz in Edmonton teilgenommen. Hier sollen einige Aspekte der Verbreitung und Probleme des Permafrostes angesprochen werden, die für die Entwicklung im nördlichen Kanada von Bedeutung sind. Dabei geht es um folgende Punkte:

- klimatische Verhältnisse des Permafrostbereichs,
- Verbreitung des Permafrosts,
- natürliche Erscheinungen im Permafrostbereich,
- technische Schwierigkeiten und Möglichkeiten im Permafrostbereich.

1) Die klimatischen Verhältnisse des Permafrostbereiches

Die tiefen Wintertemperaturen im nördlichen Kanada mit weniger als -20 bis -30°C im Mittel für den Januar (vgl. Klimadiagramme Abb. 3), während der strahlungsarmen Jahreszeit bei relativ geringmächtigen Schneedecken, sind für das tiefgründige Auskühlen des Untergrundes verantwortlich. Die jährliche Schneemenge übersteigt im nordwestlichen Kanada, westlich der Hudson Bay, im Mittel nicht 1 bis 1,3 m (BIRD 1967:16).

Die Grundwasserkörper sind in weiten Bereichen zu festem Eis gefroren bis zu einer Tiefe von 366 m, wie in Bohrungen am Mackenziedelta festgestellt wurde (HEGINBOTTOM 1978:8). Die sommerlichen Temperaturen vermögen den Untergrund bei ungestörten natürlichen Verhältnissen normalerweise nicht tiefgründig aufzutauen. Die Vegetationsschicht und die lockere, humose Bodendecke bzw. Torfauflage haben eine nur geringe Wärmeleitfähigkeit im Sommer.

Im Winter dagegen, wenn der Boden bis zur Oberfläche gefroren ist, ist die Wärmeleitfähigkeit, die außer von der Temperatur auch vom Substrat und vom Wassergehalt abhängig ist, erheblich größer (STÄBLEIN 1977:274), so daß die Auskühlung des Untergrundes und das Eindringen der winterlichen Kältewelle rascher erfolgen kann, als die Aufwärmung während des Sommers (Abb. 2).

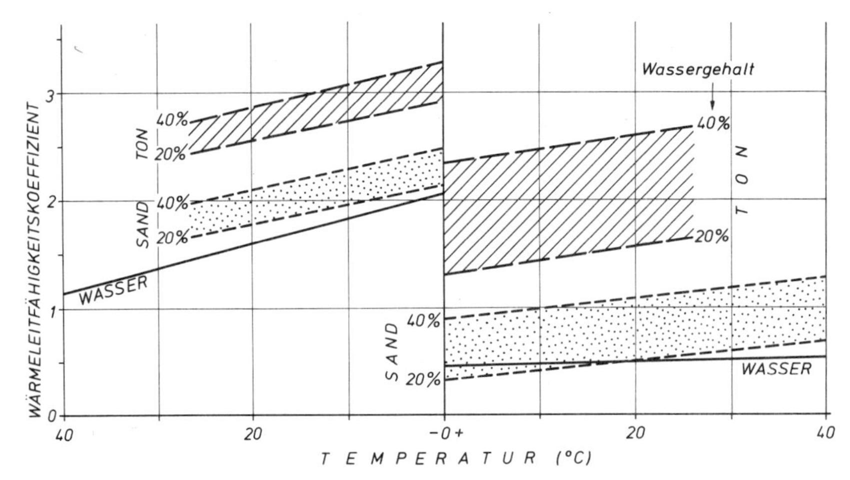

Abb. 2: Diagramm der Wärmeleitfähigkeit in Abhängigkeit von der Temperatur für Wasser, Sand und Ton bei unterschiedlichem Wassergehalt (nach EVDOKIMOV u. ROKOTOVSKI in MÜLLER 1947).

Die jahreszeitlichen Unterschiede der Wärmeleitfähigkeit werden zusätzlich von der Vegetationsformation mitbestimmt. Im Waldland südlich der Baumgrenze ist die Winterschneedecke locker und dämpft die Wärmeleitfähigkeit; in der Tundra, nördlich der Baumgrenze, liegt die dünne Schneedecke in dichterer Packung und erhöht im Bereich des niederen Vegetationsfilzes die Wärmeleitfähigkeit und verstärkt so die Bodenabkühlung. Zusätzlich wird durch die Erhöhung der Albedo, des Rückstrahlungsvermögens der Bodenoberfläche, im Winter die Oberflächenerwärmung verringert. Im Tundrabereich ist somit die Neubildung von Permafrost begünstigt ("aktiver Permafrost"), während im Waldland Permafrost besser konserviert werden kann ("passiver Permafrost").

Saisonaler Bodenfrost und bei geringen M i t t e l t e m p e r a t u r e n dauernd gefrorener Untergrund sind bis weit nach S in Kanada typische Erscheinungen (Abb. 3). Selbst im südlich gelegenen Montreal mit 6,3°C Jahresmitteltemperatur haben 6 Monate ein mittleres Tagesminimum von unter 0°C und in 2 weiteren Monaten treten regelmäßig Fröste auf. In Edmonton mit 2,7°C Jahresmitteltemperatur sind nur 2 Monate frostfrei. An den Stationen Fort Resolution und Fort George, deren Jahresmitteltemperaturen bereits mit -4,6° bzw. -3,8° unter Null liegen, gibt es normalerweise nur einen frostfreien Sommermonat. Nördlich des Polarkreises schließlich, wo die Jahresmitteltemperaturen z.B. an der Station Eureka auf Ellesmere Island auf -16,2°C absinken, treten in allen Monaten Bodenfröste auf.

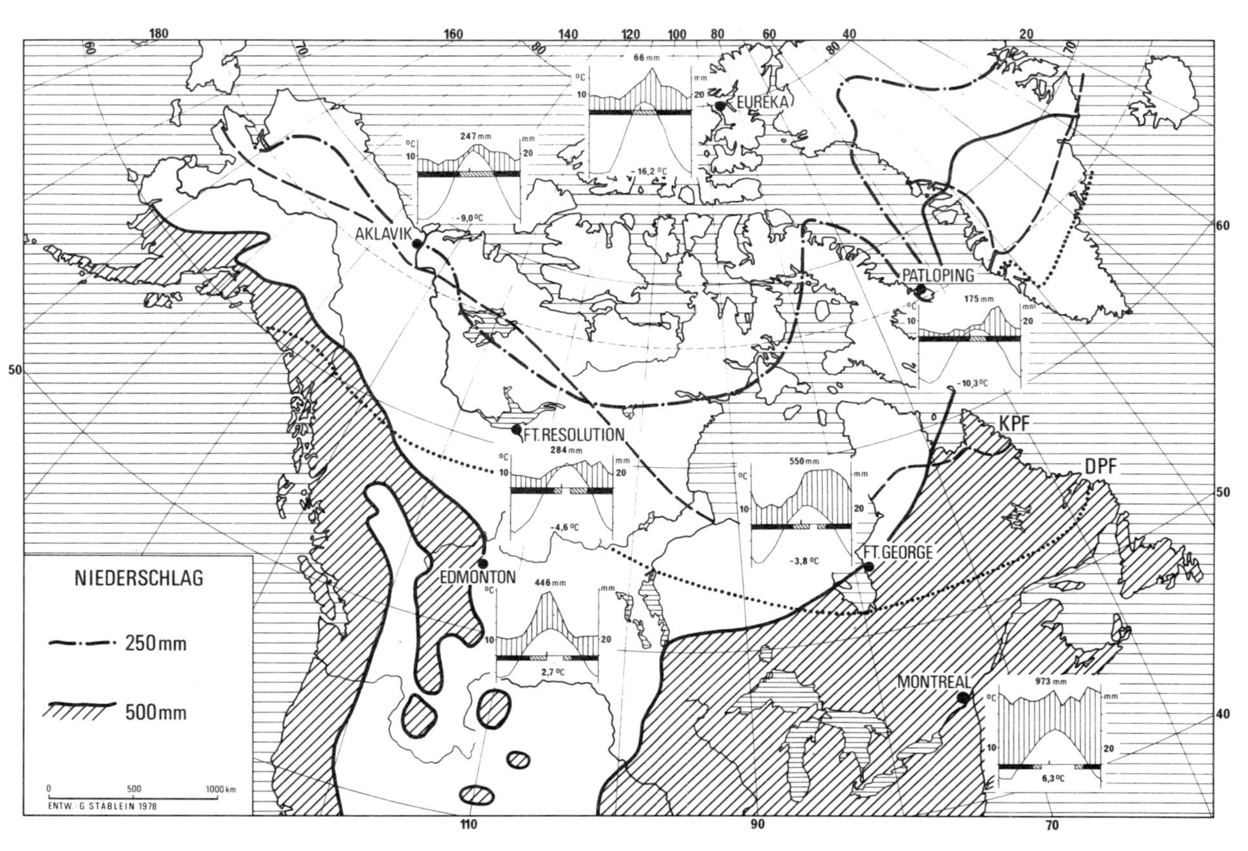

Abb. 3: Klima im arktischen Nordamerika. 250 und 500 mm-Isohyeten; Grenzen des kontinuierlichen Permafrosts (KPF) und des diskontinuierlichen Permafrosts (DPF); Klimadiagramme (vereinfacht nach WALTER u. LIETH 1960/67) mit Jahres- und Monatswerten des Niederschlags und der Temperaturen, sowie Angabe der Monate mit mittlerem Tagesminimum unter 0° C (schwarz) und der Monate mit absolutem Minimum unter 0° C (schräg schraffiert).

Der arktische Norden ist klimatisch ein ausgesprochenes Trockengebiet mit Jahresniederschlägen von weniger als 500 mm und im Bereich um das Nordpolarmeer sogar weniger als 250 mm (Abb. 3). Das sommerliche Landschaftsbild der zahlreichen glazialen Seen und der durch Stauwasser über dem Permafrost versumpften Tundra in den "Barrengrounds" kompensiert edaphisch die klimatische Trockenheit. Nur in einem Saum der Gebirgsketten an der pazifischen Küste im W und in einer breiteren atlantischen Zone in Labrador im E reichen höhere Niederschläge nach N.

Die Grenzen des kontinuierlichen und diskontinuierlichen Permafrostbereichs sind in ihrem Verlauf nicht mit den Isohyeten korrelierbar. Die Stationen mit negativen Jahresmitteltemperaturen liegen eindeutig in dem Bereich, in dem Permafrost auftritt.

2) Die Verbreitung des Permafrostes

Negative Jahresmitteltemperaturen, perennierende Schneeflecken und Gletscher finden wir auch in den Hochgebirgen im westlichen Kanada bis weit nach S, so daß auch im alpinen Bereich Kanadas der alpine Permafrost weit verbreitet ist, wie z.B. am Plateau Mountain in den südwestlichen Rocky Mountains (HARRIS & BROWN 1978:385; FUJII & HIGUCHI 1978:367) (Abb. 1).

Für den alpinen Bereich der gesamten Rocky Mountains ist die genaue Verbreitung von Permafrost noch nicht vollständig bekannt (RETZER 1965). Einzeluntersuchungen und deren Vergleiche haben jedoch ergeben, daß der alpine Permafrost persistent ist und bei Verhältnissen auftritt, wo die Temperaturen des kältesten Monats zwischen 0 und -20°C liegen, die des wärmsten Monats nicht über 11°C, sowie Jahresmitteltemperaturen zwischen 0 und -6°C (FUJII & HIGUCHI 1978:371).

Nach den bisherigen Erfahrungen nahm man an, daß unter einer mächtigeren Wasserbedeckung, unter Seen und unter dem Meer, sich kein Permafrost bilden kann. Die von den künstlichen Bohrinseln vor der N-Küste in der Beaufortsee bei Wassertiefen bis 20 m in den letzten Jahren zahlreich durchgeführten Tiefbohrungen zur Erdöl- und Erdgasexploration, haben ausgedehnte Vorkommen von submarinem Permafrost nachgewiesen (GOLDEN et al. 1970, HUNTER et al. 1978). Die Meeresbodentemperaturen liegen hier bei -1° bis -1,8°C. Wo der Salzgehalt des Porenwassers gering ist, trifft man schon 1 m unter dem Meeresboden auf Eiskomplexe. Stellenweise ist der submarine Permafrost bis 450 m mächtig mit Temperaturen zwischen 0 und -3°C (HEGINBOTTOM 1978:47).

Die Ausdehnung des marinen Permafrostes, der zur Zeit mit seismischen Methoden erfaßt wird (SCOTT & HUNTER 1977), ist noch nicht abschließend bekannt (Abb. 1). Die bisherigen Untersuchungen zeigen, daß an manchen Stellen die Permafrostschicht von unten her abgebaut wird, während an anderen Stellen der marine Permafrost an der Oberseite Zuwachs erhält. Der marine Permafrost steht nicht im Gleichgewicht mit den heutigen Klimabedingungen.

Der Offshore-Permafrost wird von MACKAY (1972) als ein Relikt aus der letzten Kaltzeit gedeutet. Während dieser Zeit war der Bereich der Beaufortsee bei einem um 100 m tieferen Weltmeeresspiegel als heute ein trockenes eisfreies Gebiet, in dem sich Permafrost ausbildete. Dieser wurde nach dem postglazialen Meeresspiegelanstieg unter Mitwirkung der starken Sedimentation des Mackenziedeltas weitgehend konserviert.

Damit sind grundsätzliche Fragen der Permafrostforschung angesprochen; nämlich inwieweit das heutige Auftreten des Permafrostes mit den aktuellen Bedingungen übereinstimmt, ob er im Aufbau oder Abbau begriffen ist bzw. wie alt der Permafrost ist. - Die Fragen müssen von Ort zu Ort unterschiedlich beantwortet werden. Vieles spricht dafür, daß weite Bereiche seit der letzten Eiszeit durchgehend Permafrost aufweisen (MACKAY et al. 1972, EMBLETON & KING 1975:33).

Die Grenze des kontinuierlichen und des diskontinuierlichen Permafrostbereiches, die wir nach verschiedenen neueren Untersuchungen zusammengefaßt haben (BROWN 1967, WASHBURN 1973, PEWE 1976 u.a.), kann durch den Verlauf der -1° bzw. -7° Jahresisotherme der Lufttemperatur verhältnismäßig gut angenähert werden (BIRD 1967:37) (Abb. 1); z.T. wird in der Literatur auch die -8°C Jahresisotherme herangezogen (CRAWFORD & JOHNSTON 1971:237, HEGINBOTTOM 1978:7). Genauer als durch die Isothermen der Lufttemperatur wird die Grenze vom kontinuierlichen zum diskontinuierlichen Permafrostbereich durch die -5°C Isotherme der Bodentemperatur an der Basis der Schicht mit jährlichen Temperaturschwankungen widergegeben, d.h. durch die Temperatur von -5°C in der Tiefe der jährlichen Nullamplitude (BROWN 1970:8). Darüber liegen aber noch zu wenige Messungen vor, um danach eine großräumige Abgrenzung zu zeichnen.

Die Baumgrenze greift im NW in den kontinuierlichen Permafrostbereich aus, während sie im E südlich der Abgrenzung des kontinuierlichen Permafrostbereichs verläuft (Abb. 1). Auf weite Strecken verlaufen Baumgrenze und Permafrostgrenze parallel bzw. identisch. Auf die Akzentuierung der Permafrostbildungsbedingungen im Tundrabereich wurde bereits hingewiesen. Der boreale Nadelwald ist weitgehend das Gebiet mit diskontinuierlichem Permafrost. Seine Bildung bzw. Zerstörung an der südlichen Grenze gilt als sensibel gegenüber großklimatischen und standortklimatischen Veränderungen, wie sie durch Klimaschwankungen und geoökologische Eingriffe (z.B. Entwaldung und Bebauung) bewirkt werden.

Entsprechend der weltweiten Erwärmung in der ersten Hälfte unseres Jahrhunderts gegenüber den vergangenen Jahrhunderten scheinen sich die Permafrostgrenzen leicht nach N zu verschieben. Ebenso ist auch die Waldgrenze in der Zone der Waldtundra auf die Baumgrenze zu nach N im Vorrücken begriffen. In der postglazialen Wärmezeit (5500 - 2500 v.C.) lag die Waldgrenze sogar rd. 300 km weiter nördlich (BRYSON et al. 1965). Unstetigkeiten des Temperaturgradienten mit der Tiefe im Permafrost weisen auf Klimaänderungen der Vergangenheit hin (BIRD 1967:41). Eine genaue Beurteilung der räumlichen Permafrostentwicklung ist heute noch nicht möglich, da die vom Menschen bewirkten ökologischen Störungen zur Zeit tiefgreifender sind als die übergeordneten Klimaschwankungen.

Heute reicht Permafrostvorkommen, abgesehen von den Hochgebirgsbereichen, bis in eine Breite von 51°N an der James Bay (BROWN 1970:9) - also in eine Breitenlage, die südlicher als Berlin (52°N) und knapp nördlicher als Marburg (50° 49'N) - verläuft. Rund die Hälfte Kanadas, das 9,96 Mio km^2 umfaßt, liegt im Permafrostbereich. Nach STEARNS (1966:9-10) werden 3,89 bis 4,92 Mio km^2 in Kanada vom Permafrost unterlagert (Abb. 1).

3) Natürliche Erscheinungen im Permafrostbereich

Welche natürlichen Erscheinungen sind direkt oder indirekt genetisch mit dem Permafrost verbunden? - Besonders weit verbreitet in der diskontinuierlichen Permafrostzone des borealen Nadelwaldes sind die "Hummocks", die Frostbülten oder Thufure, die bis 1 m hoch und 1 bis 2 m breit werden und durch einen Kern aus Frostboden aufgewölbt werden. Die Formen setzen nicht immer Permafrost im Untergrund voraus. Sie bilden sich auch durch Winterfrostboden weiter. Hummocks trifft man besonders auf vermoorten Waldlichtungen an und wo durch Waldbrände offene Stellen entstanden sind. In feuchten Torfmooren können die verwandten Formen der Palsas, der Torfhügel mit eisreichem Permafrostkern, bis 10 m aufwachsen (BROWN & KUPSCH 1974).

Im Tundrabereich sind Eiskeilnetzte, eisgefüllte Spaltenpolygone und Pingos (=Kryolakkolithe) sichere Anzeichen an der Oberfläche für das Vorhandensein von Permafrost, so daß Permafrostgebiete im Tundrabereich meist auf Luftbildern erkennbar werden. Pingos sind steil aufragende Kegelhügel mit über 100 m Durchmesser und über 10 m Höhe, die nach verschiedenen genetischen Mechanismen durch gefrierendes Bodenwasser, durch Segregationseis bei Neubildung von Permafrost, z.B. in trocken fallenden Seen, aufgepreßt werden. Durch das langsame Austauen des Eiskerns entstehen Schmelzkrater. Die Pingos enthalten häufig auch unter hohem Druck stehendes ungefrorenes Bodenwasser (MACKAY 1977). Heute sind über 1000 Pingos im kanadischen Norden bekannt, die, entsprechend dem Alter der gehobenen Seesedimente, z.T. schon mehrere 1000 Jahre alt sind (MÜLLER 1959, RAMPTON & MACKAY 1971). Eine junge, rezente Pingoaufwölbung im Gebiet eines um 1900 ausgelaufenen Sees bei Tuktoyaktuk ist seit 1930 bis 10 m aufgewachsen mit Geschwindigkeiten bis 20 cm pro Jahr (MACKAY 1973, 1977, 1978). Die Pingos bestehen im Inneren zum großen Teil aus Blankeis, in das die Eskimos traditionell, wie z.B. in Tuktoyaktuk, ihre Vorratskeller zur Konservierung der sommerlichen Fangerträge bauen.

Wo im permafrostunterlagerten Wald die Vegetation durch Überschwemmung, Waldbrände oder anderes zerstört wird, beginnt sich sogleich eine tiefergreifende sommerliche Auftauzone ("aktive Schicht") zu bilden. Bei Fort Simpson am Mackenzie River hat man beobachtet, daß die Auftauschicht in 75 Jahren, nach der Rodung des Waldes, von 1 m auf 9 m Mächtigkeit zugenommen hat (BIRD 1967:40). Durch den austauenden Permafrost sinkt die Oberfläche ein,und über der tieferliegenden Permafrosttafel sammelt sich das Schmelzwasser auch aus der Umgebung. Es bildet sich ein See, der bei entsprechender Wassertiefe die winterliche Erneuerung des Permafrostes verhindert und so das weitere Austauen begünstigt. Besonders durch laterales Austauen vergrößern sich diese Thermokarstseen (Abb. 4). Die einstürzenden Bäume zeigen deutlich diesen aktuellen Prozeß thermaler Litoralerosion. Das Austauen kann schließlich dazu führen, daß unter Seen mit mehr als 270 m Durchmesser und mehr als 2-2,5 m Wassertiefe der Permafrost völlig verschwindet (Abb. 4) (JOHNSTON & BROWN 1961, BIRD 1967:39). Erst durch Sedimentationsprozesse und Verlandung verschwinden diese Thermokarstseen wieder und sind noch lange als grüne Narben im borealen Nadelwald sichtbar.

Auch unter den größeren Bächen und Flüssen mit mehr als 2 m Wassertiefe, die im Winter nicht bis zum Grund frieren, fehlt der Permafrost, wie z.B. am Mackenzie River (Abb. 5) (GILL 1978). Unterstützt von jährlichen Hochwässern aus dem großen im S früher aufbrechenden Einzugsgebiet, die den Wasserspiegel um 3-9 Meter (GILL 1973, HEGINBOTTOM 1978:42) steigen lassen, wirkt eine kräftige thermale Lateralerosion auf die von Permafrost unterlagerten Ufer ein. Dabei können Uferverlagerungen bis zu Meterbeträgen pro Jahr entstehen (Abb. 5) (HOLLINGSHEAD & RUNDQUIST 1977). HOLLINGSHEAD (et al. 1978) stellte an der Shallow Bay, an einem küstennahen Mündungsarm des Mackenziedeltas, fest, daß bereits bei Wassertiefen von 0,85 m der Permafrost unter fließenden Gewässern fehlen kann. Alle saisonal seichten Flüsse und Bäche, die mit einer bis 2 m mächtigen Eisdecke im Winter voll durchfrieren, sind vom Permafrost unterlagert. Im Sommer bildet sich eine subaquatische Auftauschicht bis zu 1,90 m Mächtigkeit.

Die thermischen und geophysikalischen Verhältnisse des Permafrostes im Einzelnen unter den verschiedenen geoökologischen Bedingungen zu erfassen und in quantifizierbaren Modellen zu erklären, ist eine aktuelle wissenschaftliche Aufgabe, die noch lange nicht abgeschlossen ist (BROWN 1978). Spezielle Geländeuntersuchungen, wie z.B. von MACKAY (1978) u.a. bei Tuktoyaktuk, versuchen überschaubare Partialkomplexe unter bestimmbaren Randbedingungen eingehend zu erfassen, so daß Auswirkungen von Veränderungen der Randbedingungen vorhersagbar werden. - Mit Hilfe von Bohrungen, Bodentemperaturmessungen, Geoelektrik (d.h. Messung der

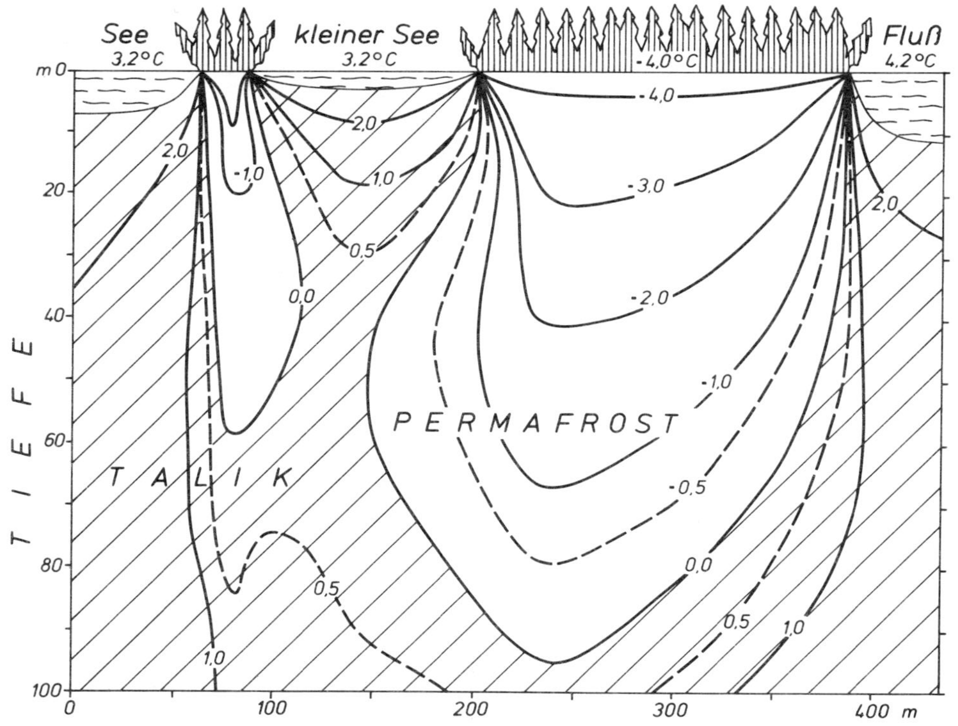

Abb. 4:

Jahresmitteltemperatur an der Oberfläche und im Untergrund im Mackenziedelta. Permafrost unter dem Nadelwald, Talik unter Seen und Fluß mit randlichen Thermokarsterscheinungen durch Austauen der Uferböschungen

(nach SMITH 1973).

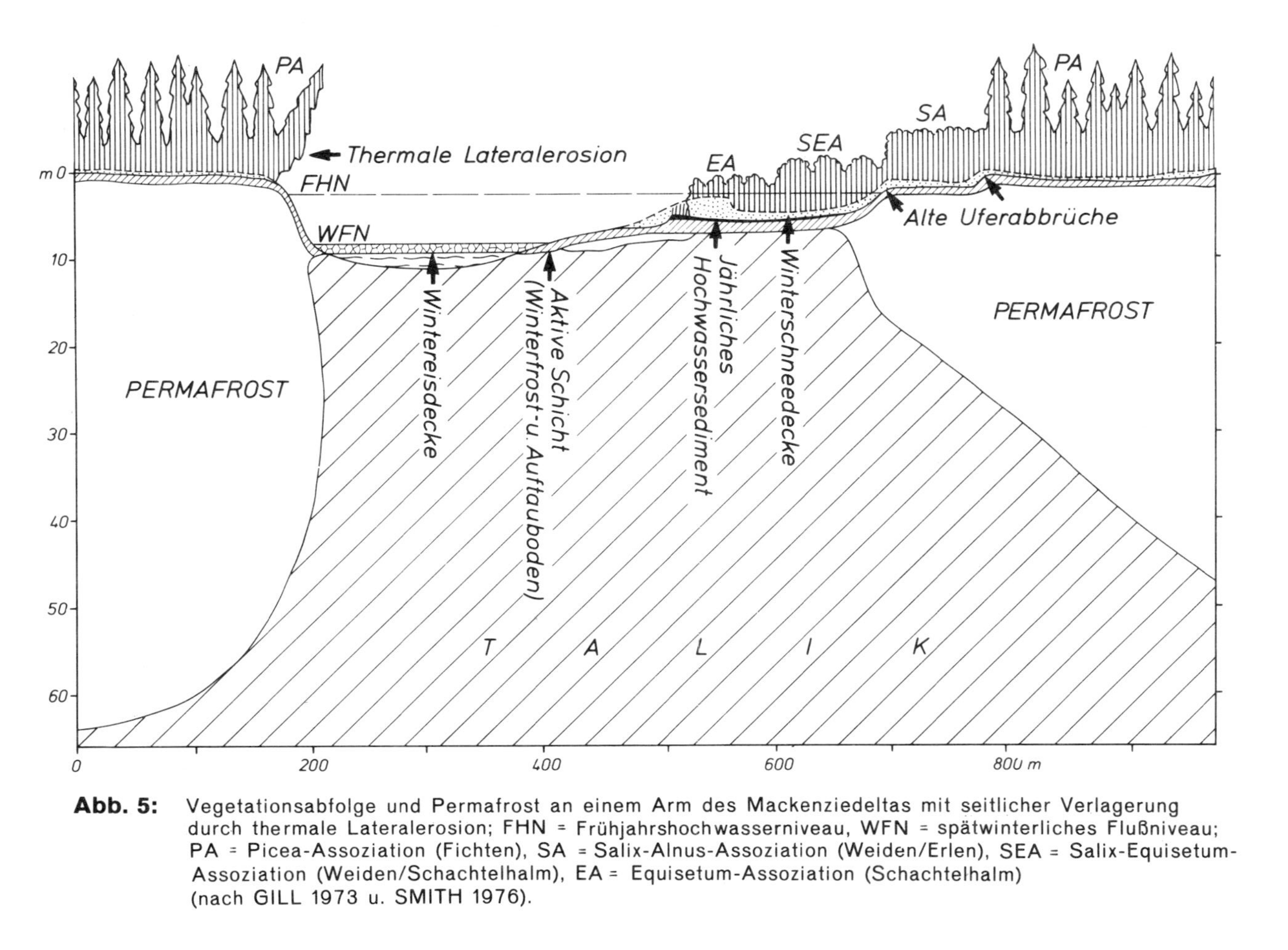

Abb. 5: Vegetationsabfolge und Permafrost an einem Arm des Mackenziedeltas mit seitlicher Verlagerung durch thermale Lateralerosion; FHN = Frühjahrshochwasserniveau, WFN = spätwinterliches Flußniveau; PA = Picea-Assoziation (Fichten), SA = Salix-Alnus-Assoziation (Weiden/Erlen), SEA = Salix-Equisetum-Assoziation (Weiden/Schachtelhalm), EA = Equisetum-Assoziation (Schachtelhalm) (nach GILL 1973 u. SMITH 1976).

elektrischen Widerstandverteilung im Boden), Seismik, Gravimetrie, Radar und Bodenhydrologie wird die Struktur des Permafrostuntergrundes untersucht (SCOTT & HUNTER 1977).

4) Technische Schwierigkeiten und Möglichkeiten im Permafrostbereich

Schwierigkeiten mit dem Permafrost treten überall dort auf, wo das natürliche Gleichgewicht gestört wird. Die Waldbrände, die zu Zweidrittel durch Blitzschlag verursacht werden und im Mackenzie-Gebiet zwischen 1970 und 1974 3,7 Mio ha des langsam wachsenden Waldes vernichtet haben, haben erhebliche Auswirkungen auf die Struktur des Permafrostes. Es entsteht ein wechselhaftes Mosaik von verschieden alten Waldbeständen mit jeweils anderer Tiefe der Permafrosttafel und unterschiedlicher Mächtigkeit der aktiven Schicht des sommerlichen Auftaubodens bzw. winterlichen Frostbodens. Im Mittel alle 200 Jahre wird ein Gebiet von Waldbrand betroffen (HEGINBOTTOM 1978:9). Kleinräumig führen die durch die seismische Exploration auf Bodenschätze an vielen Stellen in den Wald gehauenen Schneisen bzw. mit schweren Maschinen über die Tundra geführten Trassen zu langdauernden, oft auch irreversiblen Störungen des Permafrostes.

Erhebliche Bodenschätze sind im kanadischen Permafrostbereich festgestellt worden. Bei Norman Wells am Mackenzie River ist heute noch das einzige in Produktion stehende kanadische Erdölfeld nördlich des 60. Breitenkreises. Es wurde im zweiten Weltkrieg mit 60 fördernden Bohrungen groß ausgebaut. Es produziert heute vor allem für den steigenden Verbrauch des regionalen Marktes in den Northwest Territories mit einer Förderkapazität von 490 000 l Rohöl pro Tag (nach Angaben der Firma Imperial Oil 1977). Die Permafrostverhältnisse sind bei der Inwertsetzung der Bodenschätze, für die Förderbedingungen, Transportmöglichkeiten und Baumaßnahmen, sowie deren Kosten von unmittelbarer Bedeutung. Deshalb wurden in Norman Wells und in Inuvik mit Unterstützung der Industrie Anfang der 70er Jahre detaillierte Untersuchungen auf Testflächen durchgeführt (HEGINBOTTOM 1978:34).

Neben Erdöl und Erdgas werden im kanadischen Norden, nördlich des 60. Breitenkreises, auch Kohle, Uranerz, Gold, Silber, Kupfer, Blei, Zink, Cadmium, Wolfram, Nickel und Asbest gefunden und gewonnen (GOCHT & PLUHAR 1978:192). Die Bergbauaktivitäten im Tief- und Tagebau, wie z.B. bei der Giantmine, die bei Yellowknife Gold gewinnt, müssen sich auf die Permafrostbedingungen einstellen. Durch den Tagebau angeschnittener Permafrost wird durch eine 1 m mächtige Schicht aus Felsbrocken vor dem sommerlichen Ausschmelzen bewahrt.

Die Erschließung des kanadischen Nordens brachte die Notwendigkeit, auf den Permafrost Flugplätze, Straßen, Versorgungsleitungen und Siedlungen zu bauen. Das sind Maßnahmen, die die Oberflächenbedingungen und die Thermik des Untergrundes verändern (BROWN 1970). Im Bereich von Inuvik, das vor allem zwischen 1956 und 1961 aufgebaut wurde, am östlichen Rand des Mackenziedeltas, besteht der Untergrund zu 35 % aus Eis (HEGINBOTTOM 1978:61).

Wo Häuser auf gewöhnliche Fundamente gesetzt wurden, ist durch Frosthebung bzw. Permafrostabsenkung erheblicher Bauschaden entstanden, wie z.B. in Yellowknife, der Provinzhauptstadt der Northwest Territories. Häufig taut der Permafrost unter den geheizten, nicht isolierten Gebäuden tiefer aus, und die Oberfläche sinkt über einer mächtigeren Auftauschicht ein, wie bei den natürlichen Thermokarstseen. Es ist deshalb notwendig, Gebäude im Permafrostbereich auf Pfahlfundamente zu setzen, wobei die Oberfläche durch die zirkulierende Luft entsprechend der Umgebung im thermischen Gleichgewicht gehalten wird. Dazu werden im Sommer bei größeren Bauten ca. 8 m lange Holzpfähle bis in den Permafrost in gebohrte bzw. gedampfte Löcher gesetzt. Während eines Jahres läßt man die Pfähle festfrieren, wobei z.T. noch Frosthebungen auftreten. Ab dem darauf folgenden Sommer sind die Pfähle praktisch stabil, werden in gleicher Höhe abgeschnitten und mit einem isolierenden Unterbau wird das Haus darauf errichtet.

Bei Industriebauten und Tanks hat man z.T. mit einer thermischen Isolierung durch eine 2-5 m mächtige Schotterauflage und Kühlröhren, durch die die kalte Luft zirkulieren kann, gute Erfolge bei der Stabilisierung des Permafrostes erzielt, wie z.B. beim Wassertank von Inuvik.

Die Flugzeughangars in Inuvik, die man nur schwer auf Pfähle fundieren kann, sind mit einer Wärmetauscherfundierung ausgerüstet. Durch Kühlröhren und Thermoleiter wird die Wärme unter dem Gebäude abgeführt. - Nach einem ähnlichen Prinzip sind auch die Fundamente der Alaskapipeline im Permafrost stabilisiert (PEWE 1978).

Die Erwärmung und Gefahr des Absinkens der Permafrosttafel ist im Bereich der Straßen besonders groß. Im Winter, wenn der Untergrund bis zur Oberfläche fest gefroren ist, sind die Winterpisten am stärksten belastbar. Viele Trassen werden daher für Schwertransporte nur im Winter benutzt. Zahlreiche zugefrorene Flüsse werden als Winterstraßen für Großfahrzeuge präpariert. Die Sommerstraßen werden z.T. mit einer 10 cm dicken Styrophoamschicht, einem Schaumkunststoff, im Straßenunterbau gegen den Permafrost isoliert. An einzelnen Abschnitten, wie z.B. am Mackenzie-Dempster Highway, wurde getestet, inwieweit eine 11 cm dicke Schicht aus aufgeschäumtem Schwefel, der bei der Erdölverarbeitung als Nebenprodukt anfällt, als thermische Isolierung geeignet ist (RAYMONT 1978).

Auch an der arktischen Küste gibt es Probleme mit dem Permafrost. Durch austauenden Permafrost wurde in Tuktoyaktuk die Küste zwischen 1950 und 1972 um

40 m zurückverlegt. Durch diese Thermoabrasion wird der Neubau der Schule bedroht. Hier hat man durch sandgefüllte Schläuche, die längs und quer der Küste verlegt wurden, einen wellenbrechenden, eiselastischen Küstenschutz geschaffen, der das weitere Austauen des Permafrostes verhindert (SHAH 1978).

5) Schlußbemerkung

Permafrost ist für Kanada ein wesentlicher Faktor seiner physischen Lebensbedingungen, denn rund die Hälfte des Landes gehört zum Permafrostbereich. Die Erforschung und Beachtung der Permafrostprobleme ist daher ein weitreichender Aspekt und auch von erheblicher wirtschaftlicher Bedeutung.

LITERATUR

BIRD, J.B. 1967: The physiography of Arctic Canada. - 1-336, Baltimore, Maryland.

BROWN, R.J.E. 1967: Permafrost in Canada (map). - Div. of Bldg. Res., Nat. Res. Council (NRC 9769), Geol. Surv. of Canada: Map 1246A, Ottawa.

BROWN, R.J.E. 1970: Permafrost in Canada. - 1-234, Toronto.

BROWN, R.J.E. (Ed) 1978: Proceedings of the Third International Conference on Permafrost. - 10.-13.7.1978, 1:1-947, Edmonton.

BROWN, R.J.E. & KUPSCH, W.O. 1974: Permafrost Terminology. - Technical Memorandum of Associate Commitee Research, National Research Council of Canada, 111:1-62, Altona, Manitoba.

BRYSON, R.A.; IRVING, W.N. & LARSEN, J.A. 1965: Radiocarbon and soil evidence of former forest in the southern Canadian Arctic. - Science, 147:46-48.

CRAWFORD, C.B. & JOHNSTON, G.H. 1971: Construction on permafrost. - Canadian Geotech. J., 8:236-251.

EMBLETON, C. & KING, C.A. 1975: Periglacial geomorphology. - 1-203, London.

FUJII, Y. & HIGUCHI, K. 1978: Distribution of Alpine Permafrost in the Northern Hemisphere and its Relation to Air Temperature. - In: BROWN, R.J.E. (Ed): Proceedings of the Third International Conference on Permafrost 1978, 1:366-377, Edmonton.

GILL, D. 1973: A spatial correlation between plant distribution and unfrozen ground within a region of discontinuous permafrost. - In: National Academy of Sciences: Permafrost, North American Contribution to the Second International Conference: 105-113, Washington DC.

GILL, D. 1973: Floristics of a plant succession sequence in the Mackenzie Delta, Northwest Territories. - Polarforschung, 43 (1/2):55-65, Münster.

GILL, D. 1978: Biophysical environment of the Mackenzie River Delta. - Paper for the Third International Conference on Permafrost, Field Trip No. 3:1-17.

GOCHT, W. & PLUHAR, E. 1978: Erschließung und Gewinnung mineralischer Rohstoffe in der Arktis. - Die Erde, 109:188-205, Berlin.

GOLDEN, BRAWNER & ASSOCIATES 1970: Bottom sampling program, southern Beaufort Sea. - Arctic Petroleum Operators Association Report No. 3.

HARRIS, S.A. & BROWN, R.J.E. 1978: Plateau Mountain: a case study of alpine permafrost in the Canadian Rocky Mountains. - In: BROWN, R.J.E. (Ed): Proceedings of the Third International Conference on Permafrost 1978, 1:385-391, Edmonton.

HEGINBOTTOM, J.A. (Ed) 1978: Lower Mackenzie River Valley. - Guidebook - Field Trip No. 3, Third International Conference on Permafrost 1978: 1-81, Ottawa.

HOLLINGSHEAD, G.W. & RUNDQUIST, L.A. 1977: Morphology of Mackenzie Delta channels. - Proceedings, 3rd National Hydrotechnical Conference: 309-326, Quebec.

HOLLINGSHEAD, G.W. ; SKJOLINGSTAD, L. & RUNDQUIST, L.A. 1978: Permafrost beneath channels in the Mackenzie Delta NWT Canada. - In: BROWN, R.J.E. (Ed): Proceedings of the Third International Conference on Permafrost 1978, 1:406-412, Edmonton.

HUNTER, J.A.; NEAVE, K.G.; MACAULAY, H.A. & HOBSON, G.D. 1978: Interpretation of sub-seabottom permafrost in the Beaufort Sea by seismic methods. - In: BROWN, R.J.E. (Ed): Proceedings of the Third International Conference on Permafrost 1978, 1:514-526, Edmonton.

JOHNSTON, G.H. & BROWN, R.J.E. 1961: Effect of a lake on distribution of permafrost in the Mackenzie River Delta. - Nature, 192:251-252.

MACKAY, J.R. 1972: Offshore permafrost and ground ice. - Can. J. Earth Sci., 9:1550-1561, Ottawa.

MACKAY, J.R. 1973: The growth of Pingos, western Arctic coast, Canada. - Can. J. Earth Sci., 10:979-1004, Ottawa.

MACKAY, J.R. 1977: Pulsating pingos, Tuktoyaktuk Peninsula, N.W.T. - Can.J. Earth Sci., 14 (2) : 209-222, Ottawa.

MACKAY, J.R. 1978: Ibyuk Pingo, Banook Lake, Involuted Hill Site. - Paper for the Third International Conference on Permafrost, Field Trip No. 3:1-6, 4 Tab., 10 Fig.

MACKAY, J.R. ; RAMPTON, V.N. & FYLES, J.G. 1972: Relic Pleistocene permafrost, Western Arctic, Canada. - Science, 176 (4041):1321-1323.

MÜLLER, F. 1959: Beobachtungen über Pingos. Detailuntersuchungen in Ostgrönland und in der Kanadischen Arktis. - Medd. Grønland, 153 (3) : 1-127, København.

MULLER, S.W. 1945 ([2]1947): Permafrost or Permanently Frozen Ground and Related Engineering Problems. - US Geol. Surv. Spec. Rept., Strategic Eng. Study, 62:1-231, Ann Arbor.

PEWE, T.L. 1976: Permafrost. - McGraw-Hill Yearbook of Science and Technology (1976):30-47. Arizona State University Dept. of Geology, Reprint Series No. 217:33-47.

PEWE, T.L. 1978: Permafrost research activities, a workshop. - Arctic Bulletin, 2 (13) :320-326.

RAMPTON, V.N. & MACKAY, J.R. 1971: Massive ice and ice sediments throughout the Tuktoyaktuk Peninsula, Richard Island and nearby areas, District of Mackenzie. - Geol. Surv. Can., Paper 71/21:1-16, Ottawa.

RAYMONT, M.E.D. 1978: Foamed sulphur insulation for permafrost protection. In: BROWN, R.J.E. (Ed): Proceedings of the Third International Conference on Permafrost 1978, 1:864-869, Edmonton.

RETZER, J.L. 1965: Present soil-forming factors and processes in Arctic and alpine regions. - Journal of Soil Science, 16:38-44.

SCOTT, W.J. & HUNTER, J.A. 1977: Applications of geophysical techniques in permafrost regions. - Can. J. Earth Sci., 14 (1) : 117-127, Ottawa.

SHAH, V.K. 1978: Protection of permafrost and ice rich shores, Tuktoyaktuk, NWT, Canada. - In: BROWN, R.J.E. (Ed): Proceedings of the Third International Conference on Permafrost 1978, 1:870-876, Edmonton.

SMITH, M. 1973: Factors affecting the distribution of permafrost, Mackenzie Delta, NWT. - Ph.D. Thesis, Department of Geography, University of British Columbia: 1-186, Vancouver.

SMITH, M. 1976: Permafrost in the Mackenzie Delta, Northwest Territories. - Geological Survey Paper, 75/28:1-34, Ottawa.

STÄBLEIN, G. 1977: Permafrost im periglazialen Westgrönland. - Erdkunde, 31 (4):271-279, Bonn.

STEARNS, S.R. 1966: Permafrost, perennial frozen ground. - US Army Cold Regions Research and Engineering Laboratory, Cold Regions Science and Engineering, 1 (A2):1-77.

WALTER, H. & LIETH, H. 1960/1967: Klimadiagramm-Weltatlas. - 9000 Diagramme, 33 Haupt- u. 22 Nebenkarten, Jena.

WASHBURN, A.L. 1973: Periglacial processes and environments. - 1-320, London.

Anschrift des Verfassers:

Prof. Dr. Gerhard Stäblein,
Geomorphologisches Laboratorium,
Institut für Physische Geographie der Freien Universität Berlin,
Altensteinstr. 19,
D 1000 Berlin 33

DIE HEIDELBERG ELLESMERE ISLAND EXPEDITION - Erster Bericht [1)]

Dietrich Barsch und Lorenz King, Heidelberg
(unter Mitwirkung von H. Eichler, W. Flügel, G. Hell, R. Mäusbacher und H. Volk)

Seit den Stauferlandexpeditionen (1959, 1960, 1967) unter Leitung von J. Büdel (Würzburg) ist die deutsche geographische Polarforschung vor allem durch auf bestimmte Probleme bezogene Unternehmungen einzelner Forscher gekennzeichnet. Diesen häufig sehr ertragreichen Studien haben wir wieder eine größere Teamarbeit gegenübersetzen wollen. Wir sind dabei davon ausgegangen, daß wir zu siebt mehr Daten und Informationen sammeln und ein weiteres Spektrum von Forschungsansätzen verfolgen können, als mit einer kleineren Gruppe. Da wir zudem Gebiete aufsuchen wollten, die logistisch wenig erschlossen sind, ergibt sich zwangsläufig ein höherer Wirkungsgrad, wenn die Expeditionsgruppe nicht allzu klein ist.

Das Ziel unserer Expedition, die in der Tradition ähnlicher Unternehmungen steht, läßt sich etwa durch die folgenden Punkte beschreiben:

1. Wir möchten einen Beitrag zur regionalen Erforschung der Arktis leisten.
2. Wir wollen zu einer besseren Kenntnis der Prozesse, die zur letzten Eiszeit Mitteleuropa geformt haben, beitragen.
3. Wir beabsichtigen zusätzlich, einen Beitrag zur geomorphologischen Modellbildung, also etwa zur Frage der "exzessiven Talbildungszone" zu leisten.

Diese drei Punkte verdienen noch einige zusätzliche Erläuterungen: Unsere allgemeinen Kenntnisse über die Arktis sind in den letzten Jahrzehnten stark gewachsen. Allerdings scheint es, daß die Beiträge zur allgemeinen Situation stärker zugenommen haben, als die Untersuchungen zur verstärkten Differenzierung und Regionalisierung arktischer Gebiete, obwohl entsprechende Untersuchungen in der Arktis nicht weniger bedeutsam sind als in Mitteleuropa. So stehen entgegen der "normalen" zonalen Gliederung beispielsweise relativ begünstigten Tundragebieten im Norden bei 81° (HATTERSLEY-SMITH, 1974) ungünstige Frostschuttzonen im Süden bei 75° (Devon Island oder S-Ellesmere Island) gegenüber. Gunst und Ungunst hinsichtlich Lage, Relief, hinsichtlich thermischer und hygrischer Verhältnisse sind auch in der Arktis vielfältig miteinander verwoben, so daß allgemeine Aussagen immer stärker relativiert werden müssen. Daraus folgt auch für das ehemals periglazial geformte Mitteleuropa die Notwendigkeit, viel stärker zu differenzieren und stärker zu versuchen, die wesentlichen Prozesse, die wir aus dem heutigen Zustand der Sedimente ableiten,

1) Die Expedition wäre nicht möglich gewesen ohne die finanzielle Unterstützung der Deutschen Forschungsgemeinschaft und die logistische Unterstützung des Polar Continental Shelf Projektes, Ottawa. Wertvolle fachliche Hinweise gaben unter vielen anderen: Dr. W. Blake, Ottawa, Dr. G. Hattersley-Smith, Cranbrook Kent, Dr. J. D. Ives, Boulder Colorado, C.S.L. Ommanney, Ottawa, H. Serson, Victoria B.C., und A.C.D. Terroux, Ottawa. Den genannten Organisationen und Wissenschaftlern schulden wir für ihre Hilfe großen Dank.

auch aktuell in verschiedenen Gebieten der Arktis zu untersuchen. Wir müssen deshalb fragen, ob wir die geomorphologischen Verhältnisse der Arktis in einem einzigen noch relativ einfachen Modell, wie es uns etwa unter der Überschrift "exzessive Talbildungszone" durch BÜDEL (1969, 1977) vorgestellt worden ist, erfassen können. Das gilt nicht nur für die Fragen der Eintiefung der rein periglazialen Flüsse selber, sondern auch für die Bildung des sogenannten dreiteiligen Frosthanges, oder für die horizontale und vertikale Verteilung von Tundra- und Frostschuttzone sowie der typischen Periglazialformen, wie Frostmusterböden etc..

Aus diesen Punkten ergeben sich für die Auswahl unseres Expeditionsgebietes die folgenden Kriterien:

1. Das Expeditionsgebiet soll bisher nicht besonders häufig begangen worden sein, d.h. es sollen insbesondere noch keine detaillierten Untersuchungen vorliegen.
2. Das Expeditionsgebiet soll petrographisch den mitteleuropäischen Verhältnissen vergleichbar sein, d.h. für uns vor allem aus Sedimentgestein (Kalk, Sandstein) bestehen.
3. Die Reliefenergie soll zwar deutlich, aber auch nicht übertrieben groß sein und evtl. eine morphographische Situation wie im Rheingraben beschreiben.
4. Die klimatischen Verhältnisse sollen stärker zum kontinentalen als zum ozeanischen Klimatyp neigen, da wir glauben, daß gerade diese Verhältnisse zu wenig in der bisherigen Forschung berücksichtigt worden sind.

Nach längerem Suchen auf Karten, Luftbildern und nach vielen Gesprächen mit Arktiskennern haben wir ein entsprechendes Gebiet auf etwa 81° N, 83 °W im Bereich der Oobloyah Bay auf N-Ellesmere Island gefunden (Abb. 1). Unser Expeditionsgebiet liegt damit rd. 725 km nördlich von Resolute Bay und 125 km nordöstlich von Eureka. Oobloyah Bay, eine kleine Bucht an einem Seitenarm des Greely Fiord, ist Teil einer ca. 5-10 km breiten Synklinale aus mesozoischen Mergeln, Sand-, Silt- und Kalksteinen. Die Reliefenergie beträgt gegen N und S in der E-W verlaufenden Synklinale 500-1000 m. Durch die geschützte Lage (häufiger Föhn- oder Lee-Effekt) ergibt sich eine dem Rheingraben ähnliche thermische Gunstsituation, die dazu führt, daß Oobloyah Bay ähnlich wie Lake Hazen eine arktische Oase hinsichtlich der Dichte der Vegetation darstellt. Im Gegensatz zu weiten Gebieten des Rheingrabens im Pleistozän - wenn man von den westlichen Vogesen absieht - ist das Expeditionsgebiet relativ stark vergletschert.

Da von unserem Gebiet bisher nur relativ grobe Karten im Maßstab 1:250 000 (z.B. Blatt Greely Fiord West, NTS 340 B) vorliegen, haben wir aus Luftbildern der National Air Photo Library (Aufnahmejahre 1959 und 1960, Maßstab ca. 1:65 000) eine Luftbildkarte 1:25 000 mit Höhenlinien (Äquidistanz 25 m) erstellen lassen. Die Arbeit wurde im Photogrammetrischen Institut der TU Karlsruhe (Direktor: Prof. Dr. Walter Hofmann) durch Dr. Hell ausgeführt. Die Karte stellt eine der wesentlichen Grund-

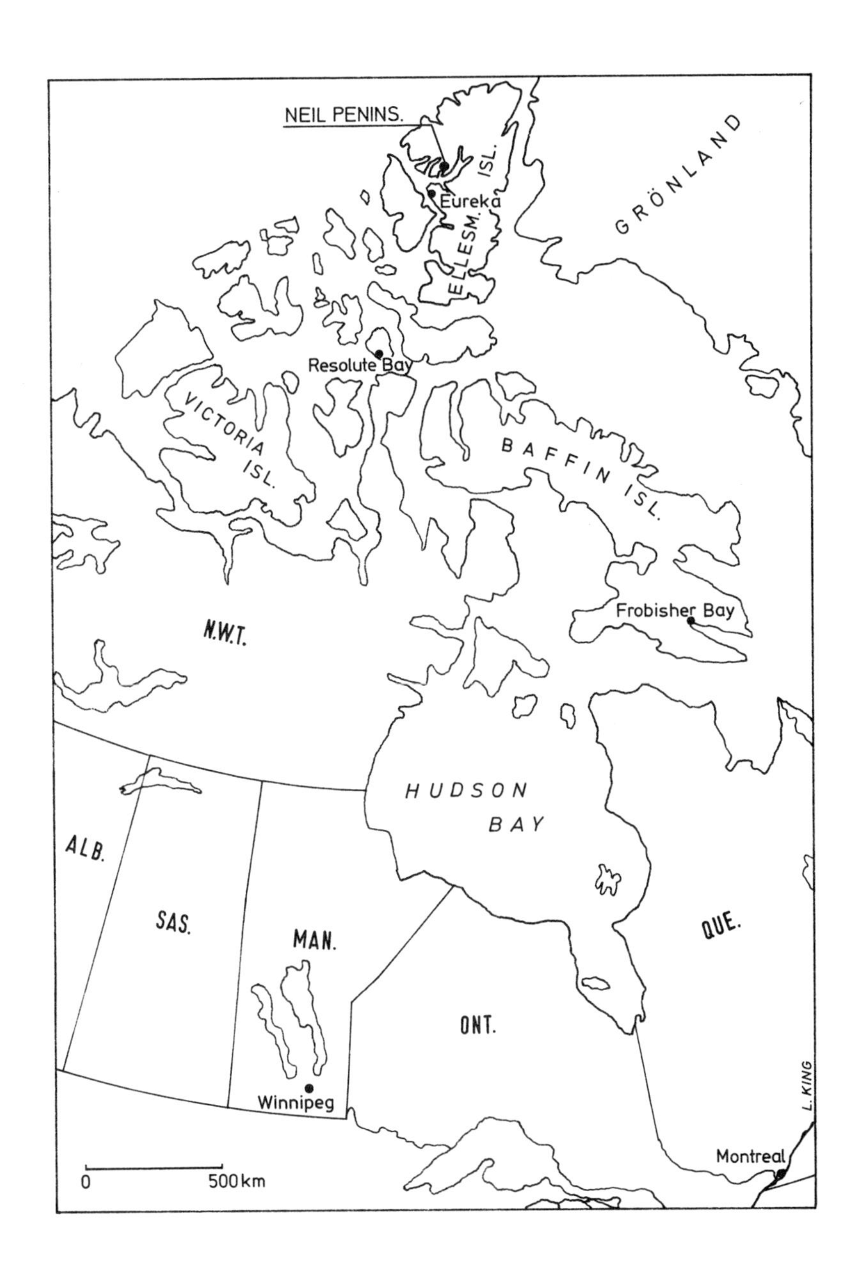

Abb. 1

Lageskizze des Expeditionsgebietes NEIL PENINSULA der Heidelberg Ellesmere Expedition.
(Flugroute über Montréal, Québec, Frobisher Bay, N.W.T., Resolute Bay, Eureka)

lagen für unsere Arbeit dar. Sie erlaubt nicht nur das lagerichtige Kartieren vieler Erscheinungen, sondern sie ermöglicht auch das Ausmessen von Strecken und Flächen.

Das auf der Orthophotokarte dargestellte weitere Expeditionsgebiet ist rund 12,5 km breit (Nord-Süd) und 25 km lang (Ost-West), und umfaßt somit über 300 km^2. Nördlich dieses Gebietes liegt ein ausgedehntes Eisstromnetz mit Gipfelhöhen über 1 500 m. Es entsendet sowohl zum im Norden liegenden Hare Fiord, als auch in südlicher Richtung zum Borup Fiord zahlreiche Gletscherzungen (vgl. Abb. 2). Zwei der größten Gletscherzungen mit je einer Länge von 20 bis 25 km enden im Expeditionsgebiet und wurden von den Expeditionsteilnehmern im internen Gebrauch als West Glacier (Vorschlag: Troll Glacier) und East Glacier (Webber Glacier) bezeichnet.

Die Zunge des West Glaciers weist eine Breite von 2,5 km auf und endet auf 50 m ü.M., nur 2 km von der Oobloyah Bay entfernt hinter einer mächtigen Stauchmoräne. Die Zunge des East Glaciers breitet sich lobusförmig auf einer rund 175 m ü.M. gelegenen Verflachung aus und weist einen Durchmesser von 4 km auf. Zwischen diesen zwei mächtigen Eisströmen entspringen 6 kleine Gletscher aus rund 800 m hoch gelegenen Karnischen der Krieger Mountains.

Die von der Expedition als Dwarf (Zwerg) Glacier 1 bis 6 (von West nach Ost) bezeichneten Gletscher entsenden je 4 bis 5 km lange Zungen, die auf rund 300 bis 400 m ü.M. enden. Die Schmelzwässer des West Glacier und des Dwarf Glacier 1 entwässern direkt zur Oobloyah Bay, die Abflüsse der übrigen Gletscher unseres Expeditionsgebietes sammeln sich im Railway River, der die Synklinale unseres Expeditionsraumes in ost-westlicher Richtung durchzieht, sich in den untersten drei Kilometern tief eingeschnitten hat und ebenfalls in die Oobloyah Bay mündet. Im Süden des Expeditionsgebietes liegt der Bergrücken der Neil Peninsula, deren Höhen von über 800 m ü.M. von mehreren kleinen Eiskappen bedeckt sind. Das größte Ice Cap weist einen Durchmesser von 2 km auf.

In dieses Gebiet sind wir am 20./21. Juni eingeflogen. Mit Ausnahme einiger Moränenkuppen war das Gelände noch tief verschneit. Das überdurchschnittlich gute und warme Wetter während der Expeditionszeit ermöglichte einen schnellen Aufbau des Camps, sowie die Durchführung der meisten der vorgesehenen Forschungsarbeiten. Erst wenige Tage vor unserem Abflug setzte eine längere Schlechtwetterperiode ein, mit Schneefall bis auf die Höhe des Basiscamps in rund 100 m ü.M.. Insofern kann festgestellt werden, daß die Expedition fast die gesamte, vorwiegend durch Auftau- und fluviale Prozesse geprägte, geomorphologisch aktive Sommerzeit erlebt hat.

Eine kurze Schilderung des Witterungsablaufes sowie ein Vergleich der aufgenommenen Daten unserer neben dem Basiscamp gelegenen Wetterstation mit denjenigen der A.E.S.-Station im nur 125 km SW gelegenen Eureka soll die angetroffenen me-

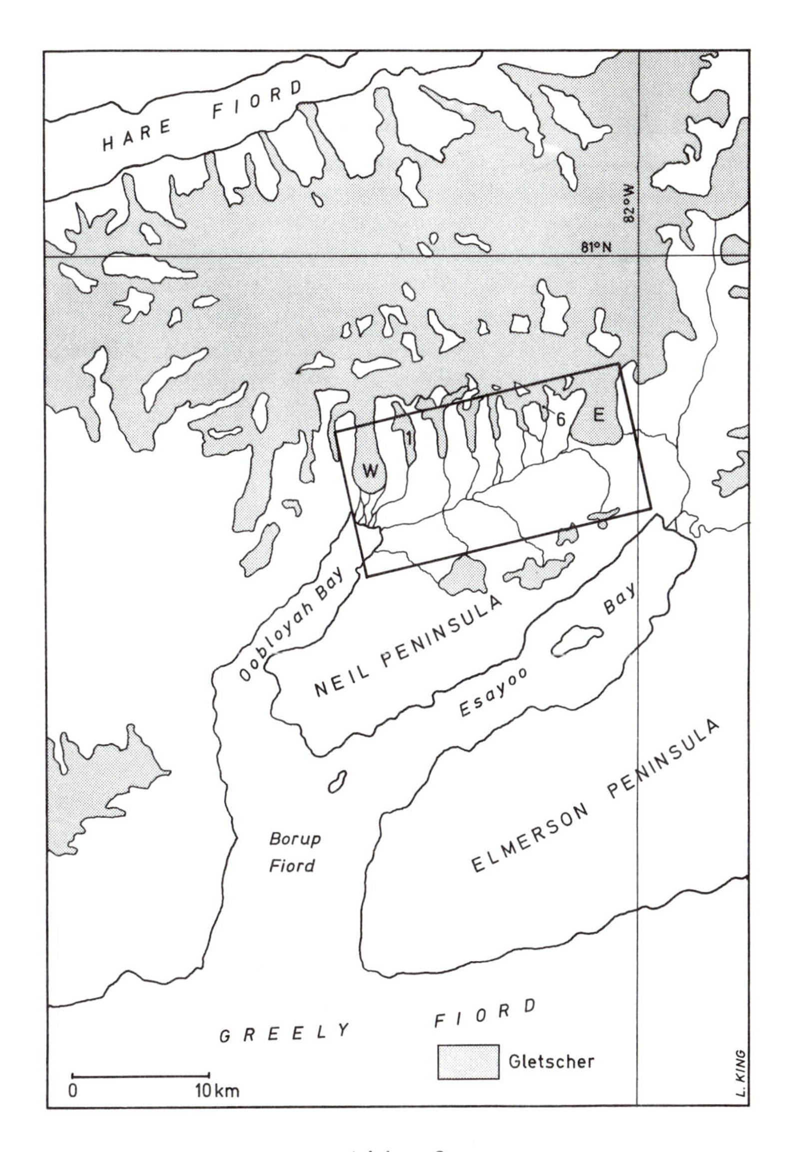

Abb. 2

Das weitere Expeditionsgebiet liegt auf fast 81° N und rund 125 km von Eureka (vgl. Abb. 1) entfernt. Der begangene Expeditionsraum, von dem eine Orthophotokarte im Maßstab 1:25.ooo angefertigt wurde, umfaßt die Synklinale zwischen der Neil Peninsula im Süden und den stark vergletscherten Krieger Mountains im Norden mit dem West (Troll) Glacier, den Dwarf Glacier 1 bis 6 und dem Ost (Webber) Glacier.

Geographisches Institut
der Universität Kiel
Neue Universität

teorologischen Verhältnisse, sowie die klimatische Situation unseres Expeditionsgebietes belegen: Ein starkes Tief westlich von Baffin Island brachte zwischen dem 17. und 20. Juni in der Gegend von Resolute Bay heftigen Schneefall bei sehr stürmischen E-Winden. Die Betrachtung der Wetterkarten zeigt, daß die bei unserer Ankunft angetroffenen, beträchtlichen Neuschneemengen wahrscheinlich ebenfalls in dieser Witterungsperiode durch feuchte Luft aus Südost gefallen sind. Die ersten zehn Tage unserer Expedition waren durch tiefen Luftdruck und schönes Wetter bei Windstille und Tagesmitteltemperaturen zwischen +3° und +8° geprägt, die zum raschen Abschmelzen des Schnees führten. Nach einigen kühleren Tagen Ende Juni (auf der Rückseite des Tiefs) bestimmte ein ausgedehntes Hoch über der Beaufort Sea das Wetter während den ersten dreieinhalb Juliwochen. Häufige Tagesmitteltemperaturen zwischen +13° und +15°C zwischen dem 1. und 16. Juli, und zwischen +10° und +13°C in der Zeit vom 18. bis 25. Juli waren die Folge. Nur an wenigen Tagen, so am 7., 12., 16. und 19. Juli wurden infolge Zufuhr feuchterer Luftmassen wesentlich tiefere Mitteltemperaturen um rund +5°C gemessen. In der letzten Juliwoche, insbesondere aber dann in der ersten Augustwoche wurde das Wetter durch ein stärkeres Tief über der Beaufort Sea und dem Polgebiet beeinflußt. Es brachte uns starke Niederschläge, z. T. auch in Form von Schnee bis auf 100 m ü. M. und kontinuierlich fallende Tagesmitteltemperaturen um +5° bis +2°C.

Ein erster Vergleich der Juliwerte 1978 mag die klimatischen Unterschiede zwischen der Küstenstation Eureka und unserer Inlandstation verdeutlichen.

	mittl. Max.	mittl. Min.	abs. Max.	Niederschlag
Station Neil Peninsula:	12,7°C	6,6°C	17,3°C	3,7 mm
Station Eureka:	10,5°C	3,1°C	17,3°C	3,4 mm

Unser Gebiet erscheint nach diesen Daten klimatisch etwas günstiger. Die tieferen Durchschnittswerte der Station Eureka dürften jedoch vorwiegend durch die Nähe der Küste bei der nur 10 m ü. M. gelegenen Station bedingt sein.

Die Analyse der langjährigen Temperatur- und Niederschlagsreihen aus der gesamten kanadischen Arktis (THOMPSON, 1967) zeigt darüber hinaus, daß dank der beschriebenen Großwetterlage der Raum Ellesmere Island - Baffin Bay im Juli 1978 einen Wärmeüberschuß von +1°C aufweist. Gleichzeitig verzeichnet die übrige kanadische Arktis, insbesondere das Gebiet nordöstlich der Hudson-Bay zwischen 60° und 70° N, das größte Wärmedefizit der nördlichen Hemisphäre mit -4 bis -5°C. Es kann daher festgestellt werden, daß in unserem weiteren Expeditionsraum wahrscheinlich der Juli 1978 etwas zu warm und mit rd. 3,5 mm Niederschlag deutlich zu trocken gewesen sein dürfte. Die Monate Juni und August hingegen scheinen infolge der beschriebenen Niederschlagsperiode Mitte Juni bzw. Anfang August um etwa -2° bzw. -1°C zu kühl und mit 10 mm bzw. 31 mm deutlich zu naß gewesen zu sein (Werte der Station Eureka).

Im Rahmen der Expedition haben die einzelnen Mitglieder je einen Themenkreis hauptverantwortlich betreut:

1. Gegenwärtige Formungsdynamik	D. Barsch
2. Glazialgeschichte unter besonderer Berücksichtigung der holozänen Moränen	L. King
3. Strand- und Deltaterrassen	H. Völk
4. Wasserhaushalt und Hydrologie	W. Flügel
5. Verwitterungsprozesse unter besonderer Berücksichtigung der thermischen Verhältnisse	H. Eichler
6. Geomorphologische Kartierung. Ein Versuch der Anwendung der Legende GMK 25	R. Mäusbacher
7. Vermessung	G. Hell

Es ist klar, daß alle diese Themen miteinander zusammenhängen und nur zusammen ein Bild von der geomorphologischen Entwicklung und der heutigen Dynamik dieses Raumes und damit des gegenwärtigen Naturhaushaltes geben. Selbstverständlich haben wir auch vegetationskundliche, phänologische und klimatologisch-meteorologische Aufnahmen durchgeführt.

Wenn man die Luftbildkarte anschaut, stellt man bereits fest, daß die Talsohle durch weite Flächen gekennzeichnet ist. Auf diese, im wesentlichen einheitliche Fläche sind die steilen N und S exponierten Talhänge durch aquatisch und solifluvial geformte Fußflächen eingestellt. Diese Fläche selbst bricht in ca. 75-80 m ü. M. gegen die See ab. Es handelt sich hier um eine Deltafläche, die auf einen höheren Meeresspiegel eingestellt ist und die seither durch die größeren Flüsse (Railway River und Dwarf River 1) zerschnitten wurde. Sie ist im übrigen nicht vollkommen aus Sedimenten aufgebaut, sondern von einem kalkhaltigen Sandstein unterlagert. Die Sedimente überdecken ihn in den randlichen Talsohlenbereichen um 20-30 m.

Da wir noch keine eigenen Datierungen besitzen, kann das Alter dieser Deltafläche nur per analogiam zu 6 500 - 7 000 B. P. bestimmt werden (G. HATTERSLEY-SMITH and A. LONG 1967; J. ENGLAND 1976).

Das Alter dieser Fläche ist zusätzlich von Bedeutung für das holozäne Eindringen des Meeres in diesen inneren Bereich unserer Bucht. Gleichzeitig bietet ihr Alter die Möglichkeit, eine Reihe von Moränenrelikten und Gletschervorstößen zu datieren, die mit den Sedimenten der Fläche verknüpft sind. Offensichtlich waren zu diesem, bzw. kurz vor diesem Zeitpunkt die Gletscher im Bereich Oobloyah Bay wesentlich größer als heute. Auch nach 6 500/7 000 B. P. sind Gletscherstände zu verzeichnen, die weitaus größer sind, als wir das aus dem Holozän der Alpen kennen.

Die enormen Mengen an Schutt und Sedimenten, die sowohl in der eben beschriebenen Fläche, die sich über ca. 20 km von der Oobloyah Bay bis zum Webber Gletscher im E verfolgen läßt, wie auch in die Moränenrelikte der genannten Gletscherstände sowie in die Sedimentdecke der Fußflächen der Talhänge eingearbeitet sind, zeigen einerseits die intensive Verwitterung und Abtragung in diesem Gebiet, zum anderen aber auch die geringe Resistenz der verschiedenen Sediment- und Kristallingesteine. Da wir noch nicht alle Analysen durchgeführt und ausgewertet haben, kann hier nur ein erstes Beispiel vorgestellt werden:

Im Gebiet des Dwarf Glacier 1 liegen vor einem Einzugsgebiet von etwa 10 km^2 rd. 0,05 km^3 Moränenmaterial, das maximal während der letzten 7 000 Jahre zur Ablagerung kam. Aus diesen Zahlen ergibt sich ohne Berücksichtigung des glazifluvialen Abtransportes ein durchschnittlicher Mindestabtrag von 0,7 mm/a. Das ist nur ein erster, grober, in der Größenordnung aber sicher richtiger Überschlag für eine Teilregion mit periglazial-glazialen Verhältnissen und alpinotypem Relief.

Dieser Wert zeigt uns vor allem jedoch, daß wir auch hier mit einer gegenwärtig nicht unbedeutenden Morphodynamik zu rechnen haben. Allerdings ist stark zu differenzieren: Die weiten Flächen der Talsohle zeigen heute zwar noch eine erhebliche Mikrosolifluktion, aber kaum noch einen horizontalen Transport. Nur im unmittelbaren Bereich der Taleinschnitte von Railway River, Dwarf River 1 und 2 zeigen sich stärkere Abtragsleistungen, dann aber bedingt durch fluviale Unterschneidung, die Rutschungen und Muren auslöst. Im unteren Bereich der glazifluvialen Flüsse, ausgelöst durch das Absinken des Meeresspiegels, hat eine beträchtliche Erosion stattgefunden, die allerdings selbst bei größeren Flüssen nur wenige (3-6) km stromauf vorgegriffen hat. Sie hat im unmittelbaren Unterschneidungs- und Terrassenbereich auch eine verstärkte Formung ausgelöst, da offensichtlich nicht die Tiefen-, sondern vor allem die Seitenerosion selbst bei starkem Gefälle von 3-5° vorherrschend ist.

Zusammen mit den Ergebnissen von BIBUS, NAGEL, SEMMEL (1976) und STÄBLEIN (1977) gibt es inzwischen mehr Gebiete, in denen das Modell der exzessiven Talbildung nicht gilt als Gebiete, in denen es tatsächlich nachgewiesen worden ist. Wir werden auch hier bei der geomorphologischen Modellbildung über die gesamte Arktis viel stärker als bisher differenzieren müssen.

Für die Gletscher des Expeditionsraumes kann bezüglich ihrer Aktivität folgendes festgehalten werden:

Sowohl der West (Troll) Glacier als auch die sechs Dwarf Glacier schmelzen seit mehreren Jahren offensichtlich zurück. Die Gletscherzungen sind schmutzbedeckt und für arktische Gletscher relativ abgeflacht. Davor liegen, bereits mit deutlichem Abstand zum Gletscher, frisch aussehende Moränenwälle. Im Gegensatz zu diesen Gletschern stößt der East (Webber) Gletscher unseres Erachtens vor. Die Gletscherstirn ist zumeist ein frisches, d.h. nicht staubbedecktes Eiskliff, an dem mehrfach Eisabbrüche beobachtet werden konnten. Ein Vergleich mit 20 Jahre alten Aufnahmen zeigt eine Vorstoßdistanz von 70 bis 110 m. Eine genaue photogrammetrische Auswertung wird zur Zeit vorgenommen. Moränen werden vom East Glacier zur Zeit nicht aufgeschoben.

Vor den genannten frischen Moränensystemen liegen beim West (Troll) Glacier, beim East (Webber) Glacier sowie bei den Dwarf Glacier 1, 2 und 3 noch weitere 3 bis 4 Moränensysteme, die sich jeweils durch ihre Größenordnung voneinander unterscheiden. Jedes Moränensystem muß durch mehrere Gletschervorstöße aufgebaut worden sein. Die Korrelation der Glazialrelikte ist schwierig, da es sich meist um mehrfach fluvioglazial zerschnittene Wallreste handelt. Beim Dwarf Glacier 3 etwa sind nur noch mächtige Moränenhügel vorhanden, die morphologisch kaum mehr zu verknüpfen sind. Im Vorfeld der Dwarf Glacier 4, 5 und 6 fehlen auf weite Strecken Wallreste. Vorhanden sind nur die Ansätze von Seitenmoränen und einige Überreste von Stirnmoränen am Gegenhang (auf der Südseite des Railway Rivers). Der East (Webber) Glacier scheint sich in diesem Bereich mit den Dwarf Glacier 5 und 6 randlich vereinigt zu haben und beim Rückschmelzen dieser größeren Stände sind die Moränenzüge stark abgetragen worden.

Trotz der Tatsache, daß unsere 14C-Proben noch nicht datiert sind, kann für die Glazialmorphologie unseres Expeditionsgebietes folgendes festgehalten werden:

- Im Gebiet südlich der Neil Peninsula ist ein Moränenreichtum aus postglazialer Zeit vorhanden, wie er bisher aus keinem anderen Gebiet der kanadischen Arktis beschrieben worden ist.

- Die bisherigen Arbeiten zeigen, daß wir auch für unser Gebiet eine mächtige eiszeitliche Bedeckung annehmen müssen. Erratisches Material konnte nicht nur etwa von RUDBERG (1963) oder HATTERSLEY-SMITH (1969) auf Höhen um 350 bis 400 m gefunden werden (Schei Peninsula, Svartfield Peninsula), sondern auch durch H. EICHLER und H. VÖLK, die kristalline Gesteine noch unbestimmter Herkunft vor der N-Stirn des Neil Ice Cap auffanden. Das bedeutet, daß eiszeitlich unser Gebiet E der Oobloyah Bay mit mindestens 600 m mächtigem Gletschereis bedeckt gewesen ist.

- Spätestens um 5 000 v.Chr. muß die Eisbedeckung von N-Ellesmere vom übrigen Eis von Ellesmere getrennt gewesen sein. HATTERSLEY-SMITH (1969) erwähnt, daß Tanquary Fiord vor 4 500 v. Chr. eisfrei geworden ist. Dies können wir wahrscheinlich auch für Oobloyah Bay annehmen, da für die äußerste Moräne des West (Troll) Glaciers, die das Tal auf der Höhe von rund 75 m ü. M. überquert, ein Alter von rund 4 000 v. Chr. angenommen werden kann. Ein ähnliches Alter für die größten Stände der Dwarf Glaciers erscheint wahrscheinlich. Die kleineren Moränenstände müssen jünger sein als 4 000 v. Chr., aber wiederum wahrscheinlich älter als 2 000 v. Chr., denn das einzige 14 C-Datum aus unserem Arbeitsgebiet, das nur wenig vor der heutigen Gletscherstirn des East (Webber) Gletschers zufällig erhalten wurde (DYCK and FYLES, 1963), ist 4190 ± 130 Jahre (GSC-105). Wenn die erwähnten Analogieschlüsse stimmen (isostatische Hebung, Vergleich der Moränenserien am E- und W-Gletscher, so würde dies bedeuten, daß die vorhandenen Moränensysteme zeitlich mit den im Alpenraum beschriebenen atlantischen Gletscherschwankungen übereinstimmen könnten (Piora 3 500 - 2 000, Frosnitz 4 400- 4 200, Misox 5 500- 4 500 v. Chr.; vgl. z.B. PATZELT 1973, KING 1974, für übrige Gebiete Literaturangaben in DENTON and KARLÉN, 1977).

- Der jüngste Moränenwall unserer Dwarf Glacier scheint sehr jung zu sein. HATTERSLEY-SMITH (1969) nimmt für kleine Seitengletscher im Gebiet des Tanquary Fiord ein Rückschmelzen ab 1925 an, und auch F. MÜLLER (1963) mit seinem Deep-Firn-Profil belegt ungünstigere Bedingungen für den Massenhaushalt von Gletschern nach 1925/30, wobei die Ergebnisse von Tanquary-Fiord für unser Gebiet sicher klimatisch und glaziologisch vergleichbarer sind, als jene vom westlichen Axel Heiberg Island. Aus benachbarten Gebieten wissen wir, daß die Jahre 1963-67 die kälteste Sommersequenz seit 1925 aufweisen (Erniedrigung der Firnlinie von 1 200 m auf 900 m ü. M.), daß andererseits gerade in den letzten fünf Jahren diese Tendenz ins Gegenteil verkehrt wurde. Dies wird auch belegt durch die 1975 gemessene höchste Lage der Firnlinie seit 1962 auf dem Per Ardua Glacier am Ende des Tanquary Fiordes (mündl. Mitt. H. Serson). Auch die Beobachtung der Ausaperung auf unseren Eiskappen zeigt für das Haushaltsjahr 1977/78 eine äußerst hohe Gleichgewichtslinie.

Die wichtigsten Resultate der Expedition seien wie folgt zusammengefaßt:

- Oobloyah Bay ist eine arktische Oase mit reicher Vegetation; das Maximum der Lufttemperatur im Sommer 1978 lag bei + 17°C.
- Die gegenwärtige Morphodynamik ist durch intensive Verwitterung mit starkem Massentransport durch Muren und Schmelzwässer bestimmt.
- Der Solifluktion scheint vor allem auf flachen Hängen eine geringere Rolle zuzukommen als bisher häufig angenommen wurde.
- Die marine Obergrenze, gebildet durch alte Strand- und Deltaterrassen, liegt bei 80 m. ü. M.
- Gletscher haben Spuren vielfacher Vorstöße aus den letzten 8 000 Jahren hinterlassen, die offensichtlich zahlreicher gewesen sind als aus anderen arktischen Gebieten bisher beschrieben.
- Die Wasserbewegung in nur leicht geneigten Hängen ist sehr viel geringer als bisher angenommen wurde.
- Die Felstemperaturen sind trotz der relativ starken Einstrahlung recht schwankend. Sie können an der Oberfläche maximal +39°C erreichen.
- Die geomorphologische Kartierung 1:25 000 hat ergeben, daß die im DFG-Schwerpunktprogramm GMK für mitteleuropäische Verhältnisse entwickelte Legende grundsätzlich auch in der Arktis anwendbar ist.

ABSTRACT:

Seven members of the Department of Geography, University of Heidelberg, and the Department of Geodesy, University of Karlsruhe, Germany, stayed from June 20 to August 8, 1978 in the Neil Peninsula/Oobloyah Bay area, 125 km northnortheast of Eureka, Ellesmere Island for geomorphological and related field studies:

- An orthophotomap 1:25 000 was established. It is intended to print the map after the necessary improvements that were made possible by the terrestrial triangulation and photogrammetry.
- The now available information and data will allow photogrammetrical studies of the glacier changes during the last 30 years. With the exception of Webber Glacier, all glaciers visited in the field are slowly receeding.
- The Oobloyah Bay valley shows a very rich vegetation cover; maximum air temperatures in summer 1978 lay at + 17°C.
- Processes that predominate the actual morphology are intense weathering and high mass movement rates, on the other hand solifluction on gentle slopes seems to be less than expected hitherto.
- Glacier fluctuations during the last 8 000 years and their remains are much more numerous than described from arctic areas up till now.
- Ancient shorelines are indicated by deltaic terraces up to 80 m a.s.l.
- In spite of supersaturation the movement of groundwater in slightly inclined slopes is very slow. On steeper slopes a kind of interflow occurs.
- Temperature measurements in rocks and in soil show very different fluctuations and temperatures may reach up to + 39°C on boulder surfaces.
- A legend for morphological mapping developed in Germany (scale 1:25 000) was tested and prooved practicable in the Arctic, too.

LITERATURVERZEICHNIS

BIBUS, E., NAGEL, G. und SEMMEL, A. 1976: Periglaziale Reliefformung im zentralen Spitzbergen. Catena, Vol. 3:29-44.

BÜDEL, J. 1969: Der Eisrinden-Effekt als Motor der Tiefenerosion in der exzessiven Talbildungszone. Würzburger Geogr. Arb. 25, 41 S.

BÜDEL, J. 1977: Allgemeine Klima-Geomorphologie. Berlin-Stuttgart, 304 S.

DENTON, G.H. and KARLÉN, W. 1977: Holocene Glacial and Tree-Line Variations in the White River Valley and Skolai Pass, Alaska and Yukon Territory. Journal of Quarternary Research, Vol. 7, No. 1:63-111.

DYCK, W. and FYLES, J.G. 1963: Geological Survey of Canada Radiocarbon Dates II. Radiocarbon, v. 5:39-55.

ENGLAND, J. 1976: Postglacial Isobases and Uplift Curves from the Canadian and Greenland High Arctic, Arctic and Alpine Research, 8, 1:61-78.

HATTERSLEY-SMITH, G. 1969: Glacial features of Tanquary Fiord and adjoining areas of northern Ellesmere Island, N.W.T. J. of Glaciology, 8:23-50.

HATTERSLEY-SMITH, G. 1974: North of latitude 80. Defence Research Board in Ellesmere Island. Ottawa. 121 p.

HATTERSLEY-SMITH, G. and LONG, A. 1967: Postglacial uplift at Tanquary Fiord, Northern Ellesmere Island, Northwest Territories. Arctic, Vol. 20, Nr. 4:255-60.

KING, L. 1974: Studien zur postglazialen Gletscher- und Vegetationsgeschichte des Sustenpassgebietes. Basler Beiträge z. Geographie, 18:124 S.

MÜLLER, F. 1963: Investigations in an ice shaft in the accumulation area of the Mc Gill Ice Cap. In: F. Müller et al.: Axel Heiberg Island Research Reports, Preliminary Report 1961-1962: 27-36. McGill University Montreal.

PATZELT, Gernot 1973: Die postglazialen Gletscher- und Klimaschwankungen in der Venedigergruppe (Hohe Tauern, Ostalpen). Zs. für Geomorph. N.F. Suppl. bd. 16:25-72.

RUDBERG, S. 1963: Morphological processes and slope development in Axel Heilberg Island, Northwest Territories, Canada. Nachr. Akad. Wiss. Göttingen, 2 Math.-phys. Klasse. Jahrg. 1963, Nr. 14, 211-28.

STÄBLEIN, G. 1977: Periglaziale Formengesellschaften und rezente Formungsbedingungen in Grönland. Abhandl. d. Akad. d. Wiss. in Göttingen, Mathem.-Physikalische Klasse, 3. Folge, Nr. 31:18-33.

THOMPSON, H.A. 1967: The Climate of the Canadian Arctic. Aus: The Canada Year Book 1967, Ottawa.

Anschrift der Verfasser: Geographisches Institut
Universität Heidelberg
Im Neuenheimer Feld 348
D-6900 Heidelberg

INDIANER UND LAND IM EXPANSIONS- UND INTEGRATIONSBESTREBEN DES STAATES KANADA
(Zur politischen Geographie von Urbevölkerungen)

Ludger Müller-Wille, Montréal

"The renewal of the Federation will ensure that the Indians and the Inuit take their rightful place in Canadian society. Every effort will have to be made to preserve their culture and their life. The injustices that were too often perpetrated against the original inhabitants of our country must also be rectified." (WATSON 1978:9)

"The renewal of the Federation must fully respect the legitimate rights of the native peoples, recognize their rightful place in the Canadian mosaic as the first inhabitants of the country, and give them the means of enjoying full equality of opportunity."
(A Time for Action. Toward the renewal of the Canadian Federation. Government of Canada 1978)

Diese Sätze, jüngste Stellungnahmen der Bundesregierung zur Verfassungsreform, verdeutlichen, daß die 'indianische Frage' in Kanada weiterhin akut ist, und daß sie ein wichtiges Element der kanadischen Innenpolitik ist. Gleichzeitig sind durch diese Äußerungen von seiten des Staates begangene Unrechtmäßigkeiten eingestanden worden, die behoben und in Zukunft vermieden werden könnten. Damit ist gegenwärtig dem Verhältnis zwischen Indianern (1) und Staat eine neue Richtung gegeben worden, die auf die politischen und sozio-ökonomischen Entwicklungen während

1) 'Indianer' oder 'indianisch' wird gleichbedeutend für 'Ureinwohner' gebraucht, da dies in Kanada auch in juristischer Hinsicht üblich ist. Die Inuit oder Eskimo sind seit 1939 laut Entscheidung des Obersten Gerichtshofes 'Indianer' im Sinne des 'British North America Act'. Indianer schließt zwei Bevölkerungsgruppen ein:

(a) 'Treaty/Status/Registered Indians', diejenigen Indianer, die mit dem Staat einen Vertrag abgeschlossen haben und somit unter das 'Indianer-Gesetz' ('Indian Act') fallen. Sie sind beim 'Department of Indian Affairs' in sog. 'band lists' aufgeführt.

(b) 'Non-Status Indians', diejenigen Personen indianischer Abstammung, die in einem 'vertragslosen' Zustand leben und ihre Rechtsansprüche nicht aufgegeben haben und mit der Regierung über 'comprehensive claims' verhandeln (CHRÉTIEN 1973). Die 'Métis', die durch ihre Abstammung und Kultur Ansprüche angemeldet haben, unterliegen nicht der Verantwortung der Bundesregierung; trotzdem ist die Regierung z. Zt. bereit, in einigen Fällen zu verhandeln.

der letzten zehn Jahre zurückzuführen ist, als der Staat von einer Terminierungspolitik auf eine konsultative Beteiligung der Indianer einschwenkte (WEAVER 1978). Die Entstehung des Staatengebildes Kanada belegt, daß die Regierung nicht immer auf die Forderungen der Urbevölkerung eingegangen ist. Stellungnahmen dieser Art spiegeln nicht immer die politische Wirklichkeit wider.

Obwohl es reizvoll wäre, hier ausschließlich auf die jüngsten Entwicklungen seit dem 'Statement of the Government of Canada on Indian Policy', das 'White Paper', im Jahre 1969 (CHRÉTIEN 1969) und dem 'Red Paper', die indianische Erwiderung im Jahr 1970 (INDIAN CHIEFS OF ALBERTA 1970), einzugehen, ist doch auch eine ausgeweitete Analyse der Vorgänge seit der kanadischen Konföderation (1867) bis in die Nachkriegsjahre interessant, als Kanada mit der indianischen Urbevölkerung Verträge abschloß, um eine territoriale Expansion sowie eine politische und wirtschaftliche Integration des Staatsgebietes zu ermöglichen. Diese Ereignisse haben die heutige Situation im Wesentlichen mit geformt.

Seit 1969 ist die Problematik der Rechts- und Landansprüche der Urbevölkerung gegenüber dem kanadischen Staat verstärkt in den Vordergrund getreten. Die damit verbundenen Gerichtsurteile, Untersuchungen, Anhörungen und Verhandlungen zwischen Indianern und Regierung sollen am Schluß nur skizzenhaft erwähnt werden, um die Komplexität der augenblicklichen innenpolitischen Entwicklung auch in bezug auf die nationale Einheit Kanadas aufzuzeigen. Die Lage ist politisch höchst brisant und ständigen Veränderungen unterworfen. Sie bedarf daher einer sorgfältigen, detaillierten Diskussion, die hier nur angedeutet werden kann. Eine ausführliche Darstellung ist einer anderen in Vorbereitung befindlichen Arbeit vorbehalten (1).

Kanada und seine Indianer

Die indianische Bevölkerung in Kanada, die heute je nach den herangezogenen Kriterien auf 750 000 bis 1.5 Millionen Menschen geschätzt wird, ist aufgrund der kolonialistischen Expansion europäischer Mächte in ihrem eigenen Land zu ethnischen Minderheiten geworden. Sie hat im Laufe der kanadischen Geschichte eine entscheidende, wenn auch nicht immer in ihrem Ausmaß voll beachtete und anerkannte Rolle gespielt, die die Entstehung und räumliche Abgrenzung dieses Landes mitbestimmt hat.

---

1) Während der Vorbereitung dieses Beitrages erhielt ich dankenswerterweise wertvolle Anregungen von Hugh Brody, Alan Cooke, Geoffrey S. Lester, Alan F. Penn, Janet Penrose, Stewart Raby und George Wenzel. Das von Hugh Brody und dem Verfasser im Herbst 1977 organisierte Seminar 'Understanding Native Claims' (Department of Geography, McGill University) bot durch seine verschiedenen Beiträge eine wertvolle Übersicht über diesen Fragenkomplex in Nordamerika.

Der Konflikt zwischen den Indianern (Kolonisierten) und der euro-kanadischen Gesellschaft (Kolonisatoren) zieht sich wie ein roter Faden durch die Geschichte dieses Staates. So kann sich Kanada als hochentwickelte Industrienation heute noch in seinen Grenzen "...die paradoxe Koexistenz... von größten, kapitalintensiven Entwicklungsprojekten und kleinsten, isoliertesten eingeborenen Gesellschaften..." leisten (BRODY 1977:339; Übersetzung v. Vf.), auch wenn wohl nur noch für kurze Zeit. Diese wirtschaftliche und sozio-kulturelle Diskrepanz ist vom kanadischen Durchschnittsbürger noch nicht voll erkannt, geschweige denn 'bewältigt' worden.

So sind die Bestrebungen der Indianer um ihre Rechte als Urbevölkerung möglicherweise ebenso eine Bedrohung für die nationale Einheit des Landes wie die aktiven Unabhängigkeitsbemühungen der überwiegend französischsprachigen Provinz Québec. Beide Entwicklungen sind auf kulturelle, politische und wirtschaftliche Ziele ausgerichtet und sind für die politische Geographie dieses Raumes im Zusammenhang zu sehen.

Die Ansprüche und Forderungen der Indianer beziehen sich auf die folgenden Kernpunkte:

1) Landbesitz und Landnutzung;
2) politische Selbstbestimmung in 'ethnischen' Territorien;
3) eigenständige kulturelle Entwicklung und Entfaltung;
4) wirtschaftliche Entscheidungsgewalt und Gewinnbeteiligung.

Diese Anrechte basieren auf der Grundauffassung, daß sie als Ureinwohner eine besondere Stellung einnehmen.

Diese Forderungen müssen nicht direkt die staatliche Substanz Kanadas gefährden, zwingen aber doch zu einem Umdenken in den Beziehungen zwischen Staat und Urbevölkerung. Es ist hier zu betonen, daß separatistische Bestrebungen unter den indianischen Organisationen nur verschiedentlich aufgetaucht sind (WATKINS 1977). Obwohl in der Aussage von Georges MANUEL, einem der prominentesten indianischen Führer, eher eine starke Zweideutigkeit in dieser Frage anklingt, wenn er betont, "...: we are not talking about separating at all. We are talking about developing our own political entity." (MANUEL 1978:107). Trotz aller Gegnerschaft wird der Bund als Garant der bestehenden Rechte und damit als stabilisierendes Element in den Auseinandersetzungen gesehen. Er ist als Partner unerläßlich.

Die jüngsten politischen Entwicklungen bei Urbevölkerungen in hochindustrialisierten Staaten wie in Nordamerika und Nordeuropa weisen daraufhin, daß eine angestrebte und vermeintlich erreichte sozio-ökonomische Homogenisierung der Staatsbevölkerung nicht eingetreten ist. Die politischen Aktivitäten der Vertreter und Organisationen der Urbevölkerungen, wie z. B. bei den Indianern und Inuit (Eskimo), Grönländern und Sâmi (Lappen) in den westlichen Nordpolarländern, haben bewirkt, daß die Zentralregierungen der betroffenen Staaten Zugeständnisse, wenn auch nicht unbedingt radikaler Art, im politischen und sozio-ökonomischen Bereich machen mußten und müssen, um die nationale Integrität des Staates zu wahren und um wirtschaftliche Interessen nicht zu gefährden (vgl. hier: ARNOLD 1976, LYNGE 1976, MÜLLER-WILLE 1977, RABY 1975).

Die Beachtung des Stellenwertes einheimischer Minderheitsbevölkerungen für die Entstehung von Staaten und deren internen Entwicklungen ist in der historischen und politisch-geographischen Analyse zweifellos vernachlässigt worden und wird es teilweise noch heute. So kann es z.B. geschehen, daß die Erschließung des Inneren Brasiliens durch ein staatlich finanziertes Entwicklungsprogramm unabhängig von den in diesen Gebieten wohnenden Indianern diskutiert wird. Vielmehr wird die Urbevölkerung wegen ihrer 'primitiven' Wirtschaftsweise und andersartigen Kultur und Sozialorganisation eher als Hindernis für den Fortschritt angesehen, das durch besondere Maßnahmen beseitigt werden muß (BERGMAN 1975:149). Die politische Geographie kann hier in Verbindung mit ethnologischen Ansätzen einen nützlichen Beitrag leisten.

Indianer und ihr Land

Die heutigen äußeren und inneren politisch-administrativen Grenzen Kanadas sind durch die Interessen und durch die damit verbundenen räumlichen Konflikte der sich auf dem nordamerikanischen Kontinent ausbreitenden europäischen Kolonialmächte entstanden und geben nicht die traditionellen Entwicklungen bei den eigentlichen Ureinwohnern und deren Einwirkung auf ihr Land wieder. Die Indianer, bestehend aus zahlreichen Gruppen unterschiedlicher Kultur- und Wirtschaftsausübung, waren gezwungenermaßen die leidtragenden und schließlich enttäuschten Beteiligten und oftmals hilflosen Zuschauer eines Geschehens, das ihnen trotz aller rechtlichen Abmachungen die Enteignung ihres eigenen Landes und eine fast vollständige Auflösung ihrer traditionellen Kultur brachte (FUMOLEAU 1975).

'Land', dies wurde und wird immer wieder von Indianern betont, ist ein fester Bestandteil ihrer Kultur und daher nicht veräußerbar; denn "Without Land Indian People have no Soul - no Life - no Identity - no Purpose. Control of our own Land is necessary for our Cultural and Economic Survival." (YUKON NATIVE BROTHERHOOD 1973:63). Daher hat 'Land', verbunden mit kultureller Selbstbestimmung, immer eine zentrale Rolle in den Verhandlungen zwischen Indianern und Bundesregierung gespielt.

Das Recht der europäischen Entdecker und der ihnen folgenden Siedler, ausgestattet mit Vollmachten ihrer Herrscher, fremdes Land für ihre Nation in Anspruch und Besitz nehmen zu können, kann bis heute von den Indianern nicht akzeptiert werden, zumal diesem Vorgehen kein anderer logischer Grund als der der politischen Überlegenheit gegeben werden kann. Der historische Werdegang der euro-kanadischen Raumbewältigung und Landnahme ist auf dem Hintergrund der ständigen Auseinandersetzung zwischen der 'Zivilisation' der Europäer und dem durch diese definierten und natürlicherweise unterlegenen 'Primitivismus' der Indianer zu sehen (LESTER 1977:351ff). Letztere standen in den Augen der Europäer auf einer niederen Entwicklungsstufe der Menschheit und wurden demnach behandelt. Ihr Land konnte für einen höheren wirtschaftlichen Nutzen, wie z.B. Landwirtschaft, in Anspruch genommen werden. Außerdem wurden sie als 'Mündel' angesehen, die besonderer Anleitung und Führung bedurften, ehe sie nach einem Assimilierungsprozeß in die 'Zivilisation' entlassen werden konnten (INDIAN CLAIMS COMMISSION 1975:3-6, MARULE 1978). Diese Auffassung spiegelt sich in der kanadischen Verfassung wider, in der der Bundesregierung die Verantwortung für "Indians, and lands reserved for Indians" übertragen wurde (British North America Act 1867, section 91/24/). Die Indianer gerieten somit in ein politisches Mühlwerk und damit in eine umfassende Abhängigkeit vom Staat, der alles entschied und so seinen angemaßten paternalistischen Pflichten nachkam.

Die politische und wirtschaftliche Wirklichkeit bedeutet den Indianern, daß die Weichen in Sachen 'indianisches Land' und 'politische Selbstbestimmung' schon vor langer Zeit gestellt worden sind, auch wenn die gegenwärtige Bundesregierung unter dem liberalen Premierminister Pierre E. Trudeau nach einigem Hinundher zu Verhandlungen bereit ist. Diese Verhandlungen waren und sind immer noch mit der 'Aufhebung' ('extinguishment') und nicht mit der 'Bestärkung' ('entrenchment') der Rechte der Indianer ('aboriginal rights' oder 'native title') verbunden, obwohl sich die politisch-juristische Position der Indianer gegenüber dem Staat in einigen Fällen günstiger darstellen mag (BERGER 1977, I:170-172; LESTER 1977:353-354). Es zeigt sich, daß die von Trudeau 1968 propagierte 'Just Society', um mit dem indianischen Politiker Harold Cardinal zu sprechen, für die Indianer in eine 'Unjust Society' verwandelt worden ist (CARDINAL 1969).

Die starre Haltung des Staates in dieser Frage liegt in der Tatsache, daß immer nur dann Verträge zwischen Indianern und Kanada angestrebt und abgeschlossen werden, wenn es darum geht, den Weg zur wirtschaftlichen Erschließung und politischen Kontrolle eines noch nicht ganz in die Nationalinteressen integrierten Staatsgebietes, hier die Grenzsäume der Ökumene oder die 'frontiers', zu ebnen (DOSMAN 1976).

Die Entstehung Kanadas (1763-1880)

Die territoriale Herausbildung der heutigen politischen Einheiten in Nordamerika vollzog sich seit der ersten europäischen Besiedlung in einer anhaltenden Auseinandersetzung mit den Indianern in den sich gleich Wellen über den Kontinent ausdehnenden Grenzsäumen der 'neuen' europäischen Ökumene. Die Niederlage Frankreichs im Siebenjährigen Krieg und die damit verbundene Übergabe von Neu-Frankreich

(Québec) an das britische Königshaus im Pariser Friedensvertrag von 1763, die amerikanische Revolution und Unabhängigkeit sowie der amerikanisch-britische Krieg von 1812-1814 schufen die wichtigsten Grenzen für Britisch-Nordamerika und damit für das spätere Kanada im Osten und Süden (Karte 1). Die räumliche Abgrenzung der amerikanischen und britischen Interessensphären, deren gemeinsame Grenzlinie von Osten südlich des Sankt-Lorenz-Stromes durch die Großen Seen und schließlich weiter entlang des 49. Breitengrades nach Westen verlief, brachte auch eine unterschiedliche Behandlung der indianischen Urbevölkerung durch die Amerikaner und Briten mit sich. Die Britische Krone war dabei von der Auffassung bestimmt, daß der Expansionsprozeß der Besiedlung der Kolonien durch Verhandlungen mit den Indianern geschehen mußte, um kriegerische Auseinandersetzungen zu vermeiden.

Die britische königliche Proklamation von 1763 zur Übernahme von Neu-Frankreich besagt ausdrücklich, daß indianisches Land, d.h. bis dahin von Europäern unbesiedeltes Land, nur durch öffentlich geführte und anerkannte Verträge von den Indianern an die Krone abgetreten werden konnte. Die Gebiete der damaligen Kolonien (Ost-Kanada und Teile von Ontario und Québec) waren davon ausgenommen (Karte 2, Phase 1). Bis zur kanadischen Konföderation von 1867 wurden mehrere Abtretungsverträge zwischen der Britischen Krone und Indianer-Gruppen im atlantischen Kanada, in Québec (Lower Canada) und Ontario (Upper Canada) abgeschlossen, soweit dies im Interesse der fortschreitenden euro-kanadischen Besiedlung und Wirtschaft war (CANADA 1891). Diese Verträge wurden Präzedenzfälle für die später folgenden indianisch-kanadischen Verhandlungen im Westen (Karte 2, Phase 3).

Die Verabschiedung des 'British North America Act' im Jahr 1867 durch das Parlament in London ließ aus der Kolonie das 'Dominion Kanada' werden, das sich in seiner politischen und gesellschaftlichen Struktur auf die beiden 'Gründernationen', England und Frankreich, stützte, was anhaltende Auseinandersetzungen zwischen diesen beiden bis heute vorprogrammiert hat. In der 'indianischen Frage' hielt sich der junge Staat während der folgenden territorialen Ausdehnung zwischen 1870 und 1880 und der bis ins 20. Jahrhundert reichenden Phase der Souveränitätsbehauptung in diesen neu gewonnenen Räumen ganz an die vom britischen 'Colonial Office' gesetzte Tradition, militärische Konflikte zu vermeiden, aber eine kulturelle Assimilation der Indianer möglichst schnell herbeizuführen (MARULE 1978), so daß das Problem auf eine a n g e n e h m e Weise gelöst würde, oder wie es von FUMOLEAU (1975:150) treffend formuliert wurde: "The expected solution of the Indian problem was the gradual disappearance of the Indians themselves."

Der Kauf von 'Rupert's Land' im Jahre 1870, das seit 1670 unter der Treuhänderschaft der 'Hudson's Bay Company' gestanden hatte, brachte Kanada Gebiete im Norden und Nordwesten des Kontinentes, die in die Verwaltung und Wirtschaft des Bundes eingeschlossen werden mußten. Die Gründung der Provinzen von Manitoba und Britisch-Kolumbien (1870 und 1871) befestigte die kontinentale Stellung Kanadas

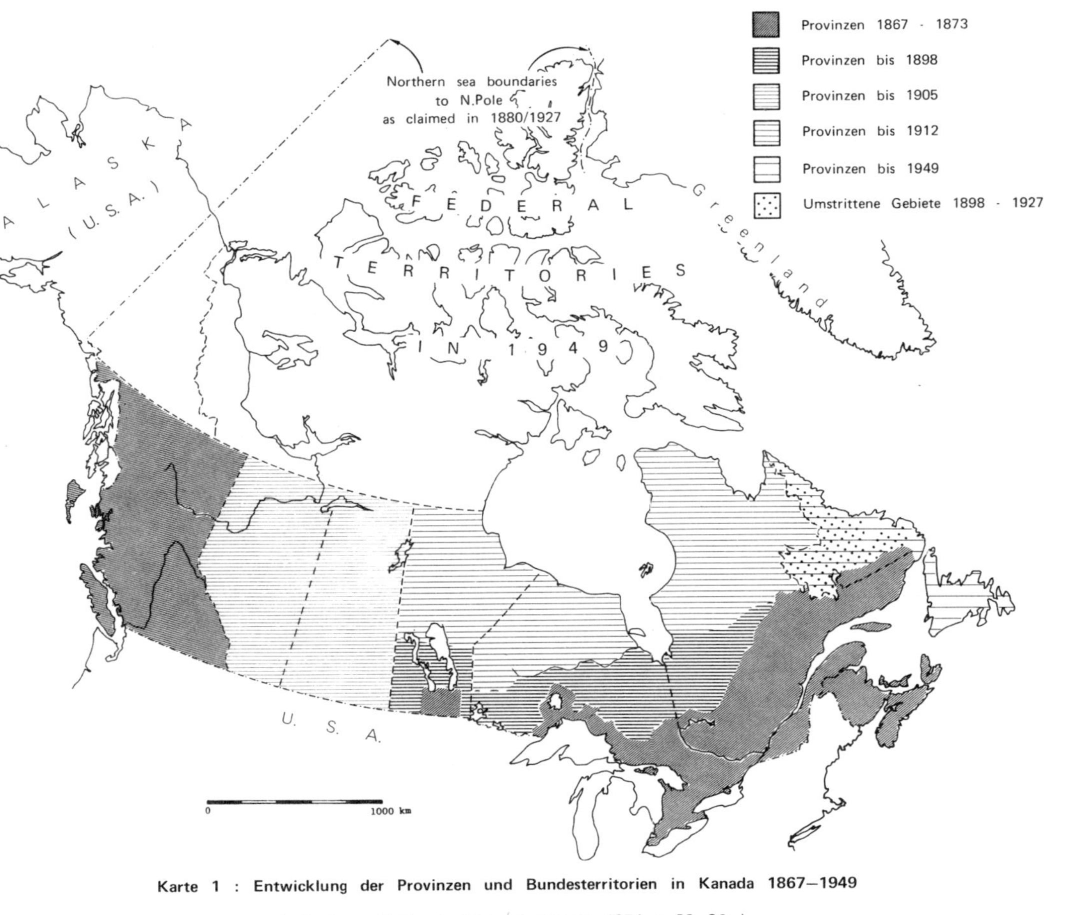

Karte 1 : Entwicklung der Provinzen und Bundesterritorien in Kanada 1867–1949

(Quelle : National Atlas of Canada 1974 : 83–86)

im Westen (Karte 1, Phase 4). Der Kauf von Alaska durch die Vereinigten Staaten im Jahr der Gründung der kanadischen Konföderation führte schließlich zu der heutigen Westgrenze im Nordwesten des Landes, die für lange Zeit ebenso wie die Südgrenze von Britisch-Kolumbien ein amerikanisch-kanadisches Streitobjekt war. Die Abgabe des Souveränitätsanspruches Großbritanniens über das Yukon-Gebiet und das dem Kontinent nördlich vorgelagerte Arktische Archipel an Kanada im Jahr 1880 ließ Kanada in einem jahrzehntelang währenden Prozeß zu einem arktischen Anrainer werden, der seinen Hoheitsanspruch über Land und Wasser nördlich des Kontinentalsockels bis zum Nordpol hin erst 1970 fest behauptete, obwohl dies von den USA nicht anerkannt ist (ZASLOW 1971, HAMELIN 1975, DOSMAN 1976). Alle seit 1870 übernommenen Gebiete, bis auf einige Teile des Arktischen Archipels, wurden und werden noch zum größten Teil von Ureinwohnern bewohnt und wirtschaftlich genutzt; dies gilt vor allem für die dünner besiedelten Areale nördlich des 50. Breitengrades. Das Vordringen der euro-kanadischen Ökumene und moderner wirtschaftlicher Aktivitäten in diese Räume beschwörte jedes Mal eine Auseinandersetzung mit dem 'indianischen Problem', das während der einzelnen Zeitabschnitte mal stärker oder schwächer zu Tage trat.

Die Öffnung des Westens und indianische Landabtretungen (1871-1921)

Die räumliche Audehnung der euro-kanadischen Wirtschaft in den Westen und Nordwesten des Landes seit 1870 wird zumeist in drei große Perioden oder sog. 'frontiers' eingeteilt, die sich auf die Gewinnung bestimmter Rohstoffe und Produkte konzentrieren. Diese Grundstoffe wurden eher für den Export als für eine interne, regional orientierte Wirtschaftsplanung und -entwicklung genutzt. Dadurch entstand eine größere Abhängigkeit vom Weltmarkt, dessen Fluktuation in Angebot und Nachfrage einen direkten Einfluß auf die lokale Situation nehmen konnte. Diese Art von Gewinnung von Naturprodukten, kennzeichnend für den Pelzhandel, die extensive Landwirtschaft und schließlich den Rohstoffabbau, hatte einen starken und zumeist negativen Einfluß auf die wirtschaftliche und soziale Entwicklung bei den Indianern (FUMOLEAU 1975, USHER in BERGER 1977, I:121). Eine engere Gebundenheit und schließlich eine Regulierung der Beziehungen mit dem kanadischen Bund und mit ihrem eigenen Land durch Verträge und Gesetze waren die Folge.

'The Fur Frontier'

Der Europa-orientierte Pelzhandel entwickelte sich seit Mitte des 17. Jahrhunderts als wirtschaftliches Bindeglied zwischen Europäern (Briten und Franzosen) und den nomadisierenden Indianern des borealen Waldgürtels. Bis in die 20er Jahre dieses Jahrhunderts hinein hatte er die nördlichsten Gebiete Kanadas durch zahlreiche Handelsposten erreicht. In diesem Handelssystem, dessen Aufbau von privaten Monopolgesellschaften wie der 'Hudson's Bay Company' gesteuert wurde, hing der wirtschaftliche Erfolg vom Einsatz der Indianer direkt ab. Sie waren für die Beschaffung der gefragten Güter unerläßlich. Ihr Verdienst war gering und wurde durch die Auktionspreise des Weltpelzmarktes und durch die Verkaufspolitik der Gesellschaften vor Ort reguliert.

Die ursprüngliche Subsistenzwirtschaft der Indianer - basierend auf Jagd und Fischfang, auf Mobilität und einer engen Beziehung zwischen Mensch und Land - wurde durch diese neue Wirtschaftsart zunächst nicht grundlegend gestört. Zwar brachten eingeführte Güter und neue Techniken eine saisonale und regionale Verlagerung der Nutzung der natürlichen Ressourcen und eine teilweise Veränderung der Lebens- und Siedlungsweise mit sich, die kulturelle Integrität wurde jedoch kaum gefährdet.

Die Angestellten der Handelsgesellschaften waren keine unmittelbare Konkurrenz für die Indianer, da sie keine direkte Kontrolle über das Land ausübten. Eine Wettbewerbsituation trat erst auf, als 'weiße', professionelle Fallensteller, z.B. in den Nordwest-Territorien und den nördlichen Gebieten der Prärie-Provinzen, nach 1900 tätig wurden, als die hohen Pelzpreise Profit versprachen.

Im Laufe der Zeit entwickelte sich aus dem Pelzhandel eine 'Mischwirtschaft' ("mixed" oder "dual economy"), d.h. eine Verbindung zwischen der Subsistenzwirtschaft und der marktorientierten Absatzwirtschaft. Die eine Seite lieferte Grundnahrungsstoffe und Naturprodukte für den Handel und die andere das notwendige Bargeld, um die von außen eingeführten Güter erwerben zu können. Heute wird diese Kombination oft als die 'traditionelle' Kultur der Indianer nach dem Kontakt mit Europäern angesehen, die die Indianer gegenüber der vordringenden Industrialisierung erhalten wollen (ASCH 1977, BERGER 1977, I:121ff.).

Das staatliche Interesse an den Gebieten, in denen der Pelzhandel überwog, war nie groß gewesen. Die privaten Gesellschaften verrichteten ihr Geschäft mit großer Wirksamkeit. Dies wurde als eine angenehme Lösung der Nutzung dieser weiten und anscheinend wirtschaftlich uninteressanten Räume angesehen. Zudem blieben dadurch die Indianer an einen Partner gebunden. Erst als nach 1870 offensichtlich wurde, daß einige dieser Gebiete auch auf andere Weise wirtschaftlich genutzt werden konnten, stieg ihr Wert. Dabei gerieten die Indianer als rechtliche Besitzer in den Brennpunkt politischer Entwicklungen; denn sie konnten den von der euro-kanadischen Gesellschaft verfolgten Weg des ständigen Fortschrittes möglicherweise behindern.

'The Agricultural Frontier'

Die landwirtschaftliche und verkehrsmäßige Erschließung der westlichen Gebiete Kanadas nach 1870, d.h. in den heutigen Provinzen Ontario (Westteil), Manitoba, Saskatchewan und Alberta - wurde nach 1870 durch ein standardisiertes und staatlich kontrolliertes Landvermessungs- und -zuweisungssystem und durch den Eisenbahnbau ermöglicht. Riesige Landstriche wurden benötigt, deren Besitzverhältnisse noch nicht mit den dort lebenden Indianergruppen geklärt worden war. Daher kamen zwei wichtige Gesetzeswerke und -sammlungen zustande, die die Beziehungen zwischen Staat und Indianern formalisierten. Zwischen 1871 und 1877 schloß die Bundesregierung sog. 'numerierte Verträge' (Treaty No. 1 - 7) mit Indianergruppen in der Prärie ab (Karte 2, Phase 4), durch die die Indianer ihr Land abtraten und einige Sonderrechte als Ureinwohner zugestanden bekamen (MORRIS 1880, CANADA 1891). Die Sonderrechte wurden im sog. 'Indianer-Gesetz' (Indian Act) festgelegt, das seinen Ursprung vor der Konföderation hat und bis 1970 zahlreiche Novellierungen erfahren hat.

Die bis 1877 abgeschlossenen Verträge standen unter dem Eindruck der sich neu eröffnenden Möglichkeiten für eine profitbringende landwirtschaftliche Nutzung des Westens, die eine große Zahl von europäischen Einwanderern nicht-britischer Herkunft und auch Franko-Kanadiern anzog. Während der folgenden zwei Jahrzehnte sah die Bundesregierung keine Notwendigkeit, weitere Gebiete durch Verträge zu öffnen. Dies sollte sich erst ändern, als Rohstoffe wie Erdöl, Gold und andere Mineralien in den von den Indianern noch nicht abgetretenen Gebieten gefunden wurden. Für die Regierung war bei den Verhandlungen mit den Indianern ausschlaggebend, daß "Souveränität, Wirtschaft und Entwicklung" des Landes nicht beeinträchtigt wurden (FUMOLEAU 1975:46).

'The Industrial Frontier'

Die Vorzeichen einer weitergreifenden wirtschaftlichen Einbeziehung fast aller Gebiete Kanadas tauchten um 1890 auf, als Erdölvorkommen aus dem Mackenzie-Flußtal gemeldet wurden (FUMOLEAU 1975:39). Der kurz darauf einsetzende 'Goldrausch' im südlichen Yukon-Gebiet veranlaßte die Bundesregierung, in den Jahren 1899 und 1900 den Vertrag Nr. 8 abzuschließen, der zur Gründung der Prärie-Provinzen Alberta und Saskatchewan (1905) führte und die Yukon- und Nordwest-Territorien auf die Gebiete nördlich des 60. Breitengrades beschränkte (Karte 1, Phase 3).

Das Vordringen der 'weißen' Bevölkerung in 'vertragslose' Gebiete war den staatlichen Aktivitäten immer um Jahre voraus und bedeutete somit oft eine untragbare Situation für die Indianer. So sollte es wiederum 20 Jahre dauern, ehe die Regierung einen weiteren Vertrag zur Sicherung der Rechte der Indianer in noch nicht abgegebenen Gebieten abschloß. Erst als 1920 zum ersten Mal Öl in Norman Wells,

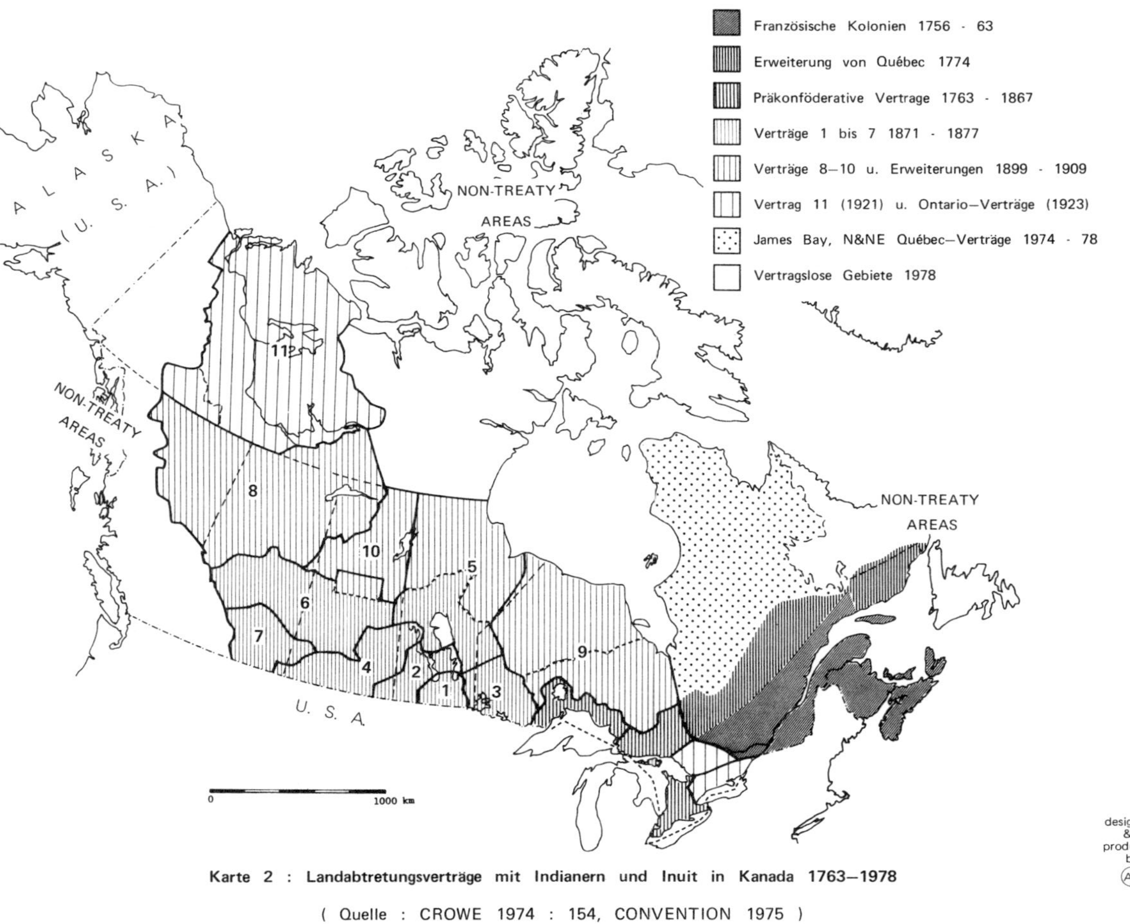

Karte 2 : Landabtretungsverträge mit Indianern und Inuit in Kanada 1763–1978

(Quelle : CROWE 1974 : 154, CONVENTION 1975)

Mackenzie-Tal, floß, wurde der Vertrag Nr. 11 (1921-22) vorbereitet, in dem die Dene-Indianer ihre Ansprüche auf das gesamte Flußtal abtraten (Karte 2, Phase 4). Diesem Vertrag folgten noch die Verhandlungen über Besitzrechte in der Umgebung von Toronto.

Diese Verträge sollten für fünfzig Jahre die letzten großen Abkommen zwischen den Indianern und der Bundesregierung sein. Sie schienen für die Regierung einen Schlußstrich unter die territorialen Auseinandersetzungen mit den Indianern in den Grenzsäumen der nationalen Wirtschaftsexpansion gezogen zu haben. Das wirtschaftliche Interesse an den noch vertragslosen Gebieten - Yukon, östliche Nordwest-Territorien, Nord-Québec und schließlich Labrador (Neufundland) -, wo noch Ureinwohner Rechtsansprüche anmelden konnten, war gering.

Diese Einstellung war für die Jahre zwischen 1920 und etwa 1945 kennzeichnend. Erst danach ließen politisch-militärische Erwägungen, Industrialisierung und technischer Fortschritt den Wert dieser Räume steigen. Eine Integrierung dieser nördlichen Regionen in die national oder provinzial orientierte Wirtschaft wurde daher wünschenswert und führte schließlich zur Öffnung einer neuen und gegenwärtig oft beschworenen 'frontier' der Euro-Kanadier, der 'northern frontier', von der nach Meinung vieler Kanadier die wirtschaftliche Zukunft des Landes abhängt (ROHMER 1973, DOSMAN 1975, KEITH und WRIGHT 1978). Gleichzeitig rief diese Expansion und andere politische Entwicklungen einen Politisierungsprozeß bei den Indianern hervor und leitete eine neue, intensive Phase in der Auseinandersetzung zwischen Regierung und Indianer ein.

Die Öffnung des Nordens nach 1940

Die Räume des kanadischen Staatsgebietes, die erst seit etwa 1940 enger in den nationalen Bezugsrahmen eingeschlossen wurden, wenn von den vorangegangenen Aktivitäten der Handeslgesellschaften, kirchlichen Missionen und den sporadischen Souveränitätsbehauptungen durch die 'Royal Canadian Mounted Police' abgesehen wird, liegen in den borealen, subarktischen und arktischen Zonen dieses Kontinentes. Die euro-kanadische Ökumene ist aufgrund der natürlichen Begebenheiten und des geringen wirtschaftlichen Anreizes nur zögernd in diese Räume vorgedrungen.

Erst die Notwendigkeit der militärischen Sicherung nördlicher Regionen in den vierziger und fünfziger Jahren durch Projekte wie 'Alaska-Canada Highway' (1941-43), 'Ferry Command' (Luftbrücke nach Großbritannien 1941-46), 'Mid-Canada Line' und 'DEW Line' (Flugplätze und Radarstationen nach 1945) schuf ein für den Süden annehmbares Verkehrsnetz für eine wirtschaftliche Erschließung. Dies führte schließlich zu den Bemühungen der Bundesregierung, die Urbevölkerung in festen Siedlungen anzusiedeln und sie so durch eine straffere zentrale Verwaltung mit den Attributen der industrialisierten Gesellschaft zu versorgen.

Diese Entwicklungen waren die Voraussetzung für eine Inventarisierung der natürlichen Ressourcen, die in den Funden von großen Erdöl- und Erdgasvorkommen Ende der sechziger Jahre gipfelte. Damit waren die Zeichen für den Beginn der Ära einer kapitalintensiven Abbauwirtschaft von Rohstoffen gegeben. Die Wirtschaftlichkeit dieser Unternehmen, die seit der 'Energiekrise' von 1973 auch unter dem Gesichtspunkt des nationalen Interesses gesehen und gerechtfertigt wurden, hing von der Schnelligkeit ab, mit der die Rohstoffe den südlichen Markt erreichen konnten.

Erwägungen und Pläne der Regierung und Privatindustrie, die augenscheinlichen Rechte und Bedürfnisse der lokalen Ureinwohner zu beachten, wurden zwar in der Öffentlichkeit als Beruhigungsmittel an vorrangiger Stelle gesetzt, aber nur zaghaft in die Wirklichkeit umgesetzt. Die Diskrepanz zwischen den Interessen der Industrie und des Staates auf der einen Seite und der der Indianer (und Inuit) auf der anderen wurde größer und schien kaum überbrückbar (McCULLUM und McCULLUM 1975, McCULLUM ET AL. 1977). Das Verhältnis zwischen den Beteiligten geriet in eine Vertrauenskrise, vor allem auf seiten der Ureinwohner, als deutlich wurde, daß die geplanten Projekte - hier z.B. das Wasserkraftwerk an der James-Bucht und die Erdöl- und Erdgasleitung durch das Mackenzie-Tal nach Nord-Alaska - möglichst mit nur geringer Beteiligung der einheimischen Bevölkerung vorangetrieben werden sollten (BOURASSA 1973). Eine schon bei den früheren Verträgen festzustellende Politik der Vernachlässigung und Nichtbeachtung der Anliegen der Ureinwohner durch den Staat schien sich hier fortzusetzen.

Diese unzufriedenstellende Situation hatte seit Mitte der sechziger Jahre zur Folge, daß sich Indianer immer mehr in eigenen Verbänden auf provinzieller und nationaler Ebene zusammenschlossen, um sich bei Regierungsstellen Gehör zu verschaffen. Verschiedene Bündnisse mit euro-kanadischen Interessengemeinschaften, wie z.B. 'Umweltschützer', Rechtsanwälte und Wissenschaftler, führten zu politischen und juristischen Aktionen, die dem Staat und auch der Industrie klarmachten, daß die indianischen Vorwürfe und Vorschläge ernst zu nehmen waren (PIMLOFF ET AL. 1975, NATIVE COUNCIL OF CANADA 1976,NATIONAL INDIAN BROTHERHOOD 1977).

Der Rückblick auf die letzten zehn Jahre zeigt, daß die Indianer auf die wirtschaftliche und sozio-ökonomische Entwicklung im Norden Kanadas einen wesentlichen und nachhaltigen Einfluß genommen haben (BERGER 1977, LYSYK 1977, SCIENCE COUNCIL OF CANADA 1977, GAMBLE 1978); als Beispiel sei allein die Aufgabe des Baues einer Rohrleitung durch das nördliche Yukon-Territorium nach Alaska genannt.

Die juristische und gesellschaftliche Tragweite der Rechtsansprüche der Urbevölkerung ist häufig unterschätzt worden, wie dies die von Zeit zu Zeit der Situation sich anpassende Einstellung der Regierung zu diesem Komplex gezeigt hat (CHRÉTIEN 1969, 1973; BARBER 1977). Die Einbeziehung der Indianer in die jüngste Verfassungsreform ist ein Zeichen dafür, wie effizient diese Bevölkerung heute ihre Interessen vertritt (WEAVER 1978).

Entwicklungen seit 1968

Obwohl der kanadische Bund die 'indianische Frage' seit etwa 1925 für geregelt hielt, wenn von verschiedenen kleineren Einzelverträgen und den Novellierungen des 'Indianer-Gesetzes' abgesehen wird, so brachten die sechziger und siebziger Jahre aus drei Gründen Veränderungen, die auf unterschiedliche Entwicklungen zurückgehen.

1) Die politische Krise: Die im oben genannten 'Weißbuch' angestrebte Politik der Aufhebung der Sonderrechte der 'Vertragsindianer' durch die Bundesregierung (CHRÉTIEN 1969) löste eine politische Reaktion unter diesen etwa 250 000 zählenden Indianern aus, die im 'Rotbuch' als starke Opposition zum Ausdruck kam (INDIAN CHIEFS OF ALBERTA 1970). Diese Erwiderung und die Aktivitäten der 'National Indian Brotherhood' machten der Regierung klar, daß es politisch unklug wäre, den vorgeschlagenen Weg zu verfolgen, zumal zu jener Zeit den indianischen Ansprüchen in der Öffentlichkeit großes Wohlwollen entgegengebracht wurde. Diese öffentliche Beachtung stand im Zusammenhang mit den Entwicklungen in Alaska, wo eine gesetzliche Regelung der Forderungen der Ureinwohner angestrebt wurde (ARNOLD 1976).

In den nächsten Jahren handelten die indianischen Organisationen, paradoxerweise zumeist durch Gelder des 'Indian Affairs Branch' unterstützt, politisch geschickt und veranlaßten die Regierung zur Abänderung ihrer Position. Die 1969 eingesetzte 'Royal Commission on Indian Claims' (seit 1977 'Indian Rights Commission'), als Vermittler zwischen Regierung und Indianer, und das 1975 gegründete 'Joint (Federal) Cabinet-National Indian Brotherhood Committee', aus dem sich die NIB im Frühjahr 1978 aus Protest entfernte, sollten dafür sorgen, daß Informationen ausgetauscht würden und die Verhandlungsbereitschaft der Regierung und der Indianer nicht nachließe. Ein faßbarer Erfolg dieser Bemühungen ist noch nicht in Sicht.

2) Juristische Zwänge: Obwohl die Indianer schon früher ihre Grund- und Besitzrechte bei kanadischen Gerichten ohne großen Erfolg eingeklagt haben, führte der sog. 'Nishga-Fall', den die Nishga-Indianer in Britisch-Kolumbien 1968 zur Klärung ihres Anspruches einleiteten, zur wichtigsten Gerichtsentscheidung über 'indianische Rechte'. Im Januar 1973 entschied das Oberste Gericht Kanadas in dieser Angelegenheit unentschieden und lehnte den Antrag aus formalen Gründen ab. Dies bedeutete, daß die Ureinwohner, vor allem die 'vertragslosen', unter gewissen Umständen, ihre Ansprüche einklagen konnten (LESTER 1977).

Das Urteil, von den Indianer als 'Sieg' angesehen, führte zu einer veränderten Einstellung der Regierung. Die Regierung sah eine Flut von Gerichtsfällen auf sich zukommen; dies sollte sich im April 1973 im Mackenzie-Tal, N.W.T., und im November 1973 in Québec bewahrheiten.

Im August 1973 erklärte sich die Regierung bereit, mit Organisationen derjenigen Indianer und Inuit in Verhandlungen einzutreten, die juristisch einen Anspruch erheben konnten (CHRÉTIEN 1973). Zwischen Juli 1972 und November 1973 sind bei dem schließlich 1974 eingerichteten 'Office of Native Claims' des 'Department of Indian and Northern Affairs' neun Ansprüche auf Land eingereicht worden (CANADA 1977 a - b, 1978; s.a. Anm. 1). Die recht komplizierten Verhandlungen, die fast die Hälfte der Fläche Kanadas betreffen (Karte 3), haben erst in einem Fall in der westlichen Arktis (COPE) zu greifbaren, wenn auch noch nicht endgültigen Ergebnissen geführt (CROWE 1978).

3) W i r t s c h a f t l i c h e E n t w i c k l u n g: Ein weiterer Grund, der zu einer Zuspitzung der juristischen und politischen Auseinandersetzungen zwischen Regierung und Urbevölkerung führte, lag in der jüngsten wirtschaftlichen Entwicklung vor allem in den nördlichen Gebieten. Den Fall Alaska, wo die Frage der Rechte der Urbevölkerung zwischen 1968-71 durch zügige Verhandlungen schließlich mittels Land- und Geldzuweisungen geregelt wurde, nahmen die Regierungen von Kanada und Québec als Beispiel, als die Cree-Indianer und Inuit (und später die Naskapi) des nördlichen Québec wegen des James-Bucht Projektes zu gerichtlichen Aktionen griffen und die Regierungen zwangen, in Verhandlungen mit ihnen einzutreten (MALOUF 1973). Die fahrlässige Nichtbeachtung der Rechte der Indianer und Inuit während des Beginns des Baues des Kraftwerkes im James-Bucht-Gebiet kostete der Regierung langwierige Prozesse und Verhandlungen, die schließlich ein Vertragswerk zustande brachten, das in seiner Verwirklichung eine finanzielle und gesellschaftliche Belastung ungeheurer Art bedeutete und in seiner Komplexität alle anderen Verträge dieser Art übertrifft (CONVENTION 1976, 1978).

Heute ist Kanada, wie ähnlich zwischen 1871 und 1877, in einem Stadium wirtschaftlichen und politischen Expansions- und Integrationsbestrebens, das einen Ausgleich mit den Indianern verlangt. Die besondere Situation einer Konföderation mit Bundes- und Provinzhoheiten, die sich gegenseitig ins Gehege kommen, macht eine Lösung dieser Frage anscheinend unmöglich. Die Indianer sind politisch ernst zu nehmen, auch wenn aufgrund ihrer ungleichmäßigen Bevölkerungsverteilung, kulturellen und sprachlichen Aufsplitterung und eines unheitlichen Entscheidungsprozesses die politischen Ziele ihrerseits schwierig zu erreichen scheinen (DORION 1976). Die näch-

---

1) In der Dokumentation 'Comprehensive Native Land Claims in Canada' (CANADA 1977 a) wird eine detaillierte Übersicht zum augenblicklichen Stand der Landansprüche der Ureinwohner und der jeweiligen Verhandlungen mit dem 'Office of Native Claims' gegeben. Die eigentlichen Texte der gestellten Ansprüche liegen oftmals nur in Maschinenschrift vor und sind daher sehr schwierig einzusehen. Die Bibliothek der 'Indian Rights Commission' (Ottawa) besitzt jeweils ein Exemplar aller Ansprüche und die sie begleitende Dokumentation. - Der Verfasser arbeitet z. Zt. an einer Zusammenstellung und Analyse dieser Verhandlungen.

Karte 3 : Abgeschlossene und offene Landansprüche der Urbevölkerung in Kanada 1972–1978

(Quelle : CANADA. Indian & Northern Affairs 1977 a–b, 1978)

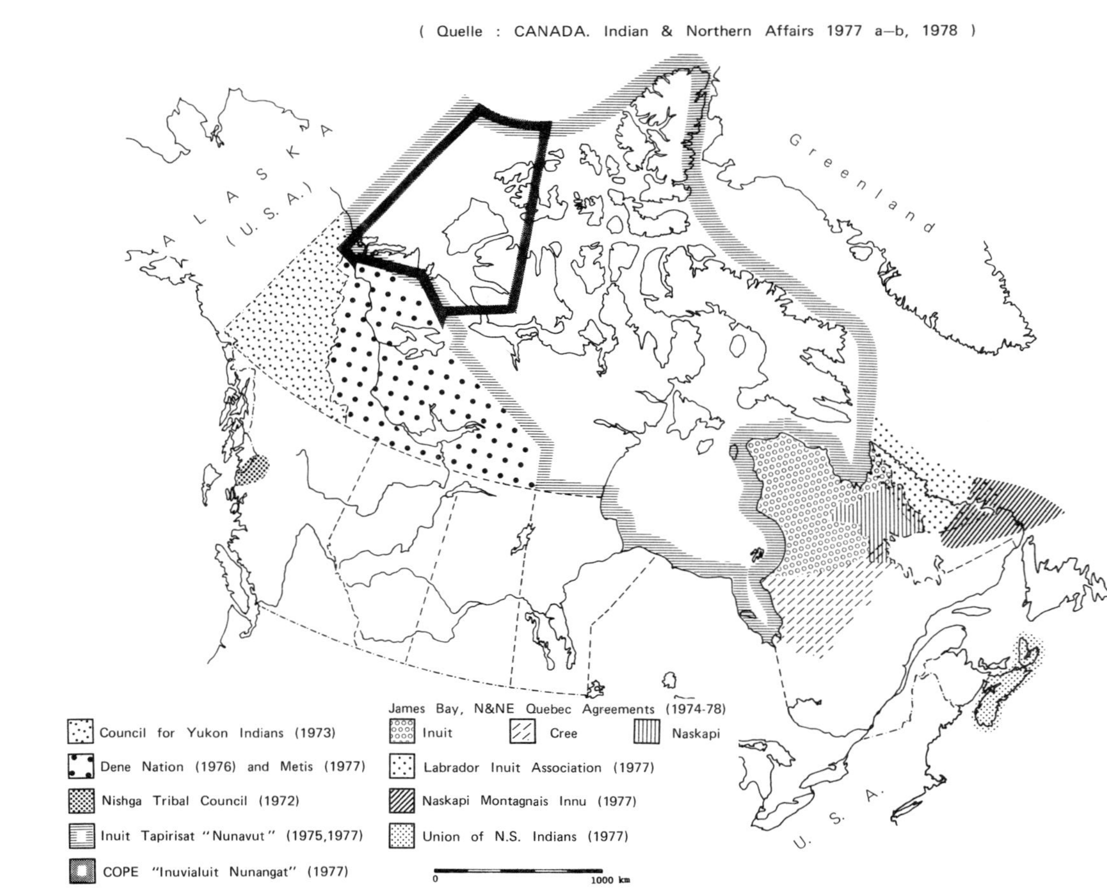

sten Jahre werden zwar einige Vertragsabschlüsse bringen, aber sicherlich nicht zu einer endgültigen Lösung aller die Indianer betreffenden Probleme in Kanada kommen, weil "... es die indianische Auffassung ist, daß sie ein Recht auf einen beständigen Sonderstatus (in Kanada) haben. Richtig oder falsch, diese Einstellung ist der Grundstein des indianischen Selbstverständnisses." (BARBER 1977:5; Übers. v. Vf.).

SUMMARY

The paper deals with the position of Indians and their lands in the evolution of Canada's provincial and federal territories and national integration since confederation in 1867.

Aboriginal title and the importance of land to the political and cultural survival of the Indians in Canada are discussed in relation to land surrender treaties between Indians and Government. These treaties, mainly negotiated between 1871 and 1923, are seen in connection with the successive waves of Canadian socio-economic expansion: the fur, agricultural and industrial frontiers respectively which necessitated legal arrangements with the native population in the areas concerned.

The developments, as they occurred since 1968 in Indian politics, Government policies and finally native claims negotiations, are highlighted in their political, legal and economic ramifications and their bearing on the current issue of national unity.

LITERATURVERZEICHNIS

ARNOLD, Robert D. et al. 1976: Alaska Native Land Claims. Anchorage: Alaska Native Foundation.

ASCH, Michael 1977: The Dene Economy. In: WATKINS 1977:47-61.

BARBER, Lloyd 1977: Commissioner on Indian Claims. A Report, Statements and Submissions. Ottawa: Supply and Services.

BERGER, Justice Thomas R. 1977: Northern Frontier, Northern Homeland. The Report of the Mackenzie Valley Pipeline Inquiry. Vol. 1-2. Ottawa: Supply and Services.

BERGMAN, Edward F. 1975: Modern Political Geography. Dubuque: Brown.

BOURASSA, Robert 1973: James Bay. Montreal: Harvest House.

BRODY, Hugh 1977: Industrial Impact in the Canadian North. In: Polar Record 18, 115:333-339.

CANADA 1891: Indian treaties and surrenders from 1680 to 1890. Ottawa.

CANADA: Indian and Northern Affairs. 1977 a. Comprehensive Native Land Claims in Canada. Ottawa: Office of Native Claims.

1977 b. Native claims in Canada. In: Interim 2. Ottawa: Office of Native Claims.

1978. Native Claims: Policy, Processes and Perspectives. Opinion Paper Prepared by The Office of Native Claims For the Second National Workshop Of the Canadian Arctic Resources Committee Edmonton, Alberta February 20-22, 1978. Ottawa.

CARDINAL, Harold 1969: The Unjust Society. The Tragedy of Canada's Indians. Edmonton: Hurtig.

CHRÉTIEN, Jean 1969: Statement of the Government of Canada on Indian Policy, 1969. Ottawa: Queen's Printer.

1973. Statement on Claims of Indian and Inuit People. Ottawa: Indian and Northern Affairs.

CONVENTION 1976: Convention de la Baie James et du Québec du Nord. Québec: Editeurs officiel.
1978: Convention des Nord-Est Québécois (Québec).

CROWE, Keith J. 1974: A History of the Original Peoples of Northern Canada. Montreal & London: Arctic Institute of North America.

1978. A brief review of the progress of each native claims in Yukon, Mckenzie River, Mackenzie Delta, Eastern Arctic and Labrador. Vortrag während der 'First Inuit Conference', 19.-22.10.1978. Québec: Université Laval.

DOSMAN, Edgar J. 1975: The National Interest. The Politics of Northern Development 1960-75. Toronto: McClelland & Stewart.

DOSMAN, Edgar J. (Hrsg) 1976: The Arctic in Question. Toronto: OU Press.

DORION, Henri 1976. Contribution à une géopolitique des Amérindiens du Canada. In: Les facettes de l'identité amérindienne. Hrsg. von M.-A. Tremblay. Québec: Les Presses de l'Université Laval.

FUMOLEAU, René 1975: As Long As This Land Shall Last: A History of Treaty 8 and 11, 1870-1939. Toronto: McClelland & Stewart.

GAMBLE, D.J. 1978: The Berger Inquiry: An Impact Assessment Process. In: Science 199, 3 March: 946-952.

HAMELIN, Louis-Edmond 1977: Nord et développement. In: Cahiers de Géographie du Québec 21 (52):53-64.

INDIAN CHIEFS OF ALBERTA 1970: Citizens Plus. A Presentation by the ICA to Right Hon. P.E. Trudeau, Prime Minister, and the Government of Canada. Edmonton.

INDIAN CLAIMS COMMISSION 1975: Indian Claims in Canada. An Essay and Selected List of Library Holdings. Ottawa: Information Canada.

KEITH, Robert F. und Janet B. WRIGHT (Hrsg.) 1978: Northern Transitions. Vol. II: Second National Workshop on People, Resources and the Environment North of 60°. Ottawa: CARC.

LESTER, Geoggrey S. 1977: Primitivism versus Civilization: A Basic Question in the Law of Aboriginal Rights to Land. In: Our Footprints Are Everywhere. Inuit Land Use and Occupancy in Labrador. Nain: Labrador Inuit Association. S. 351-374.

LYNGE, Finn 1976: The Relevance of Native Culture to Northern Development: The Greenland Case. Kingston: Queen's University.

LYSYK, Kenneth M., Edith E. Bohmer und Willard L. Phelps 1977: Alaska Highway Pipeline Inquiry. Ottawa: Supply and Services.

MALOUF, Albert 1973: La Baie James Indienne: texte intégral du jugement du juge Albert Malouf. Montréal: Editions du Jour.

MANUEL, George 1978: Native Land Claims. In: KEITH und WRIGHT 1978: 106-107.

MARULE, Marie 1978: Gov't Termination Policy: Civilize the Savage-Assimilate Him. In: Yukon Indian News 6 June:8-9.

McCULLUM, Hugh und Karmel McCULLUM 1975: This land is not for sale. Toronto: Anglican Book Centre.

McCULLUM, Hugh, Karmel McCullum und John Olthuis 1977: Moratorium: Justice, Energy, the North and the Native People. Toronto: Anglican Book Centre.

MORRIS, Alexander 1880: The Treaties of Canada with the Indians of Manitoba and the North-West Territories. (Nachdr. Toronto: Coles 1971).

MÜLLER-WILLE, Ludger 1977: The "Lappish Movement" and "Lappish Affairs" in Finland and Their Relations to Nordic and International Ethnic Politics. In: Arctic and Alpine Research 9 (3):235-247.

NATIONAL INDIAN BROTHERHOOD 1977: A Strategy for the Socio-economic Development of Indian People. National Report. Ottawa.

NATIVE COUNCIL OF CANADA 1976: Pilot Study of Canadian Public Perceptions and Attitudes Concering Aboriginal Rights and Land Claims. (Ottawa).

PIMLOTT, Douglas H. et al. (Hrsg.) 1975: Arctic Alternatives. A National Workshop on People, Resources and the Environment North of 60°. Ottawa: CARC.

RABY, Stewart 1975: Areas of Initiation in the Political Geography of Aboriginal Minorities. In: Musk-Ox 15:39-43.

ROHMER, Richard 1973: The Arctic Imperative. Toronto: McClelland & Stewart.

SCIENCE COUNCIL OF CANADA 1977: Northward Looking: A Strategy and a Science Policy for Northern Development. In: Science Council of Canada Report 26. Ottawa: Supply & Services.

WATSON, Ian (MP Laprairie) 1978: Report from Ottawa.

WATKINS, Mel (Hrsg.) 1977: Dene Nation - the colony within. Toronto: University of Toronto Press.

WEAVER, Sally M. 1978: Recent Directions in Canadian Indian Policy. Vortrag während 'Annual Meetings of the Canadian Sociology and Anthropology Association'. London, Ontario. 31. Mai 1978.

YUKON NATIVE BROTHERHOOD 1973: Together Today for our Children Tomorrow. A Statement of Grievances and An Approach to Settlement by the Yukon Indian People. Whitehorse: Yukon Native Brotherhood.

ZASLOW, Morris 1971: The Opening of the Canadian North, 1870-1914. Toronto: McClelland & Stewart.

Anschrift des Verfassers:

Prof. Dr. Ludger Müller-Wille
Department of Geography/Centre for Northern Studies and Research
McGill University
805, rue Sherbrooke ouest
Montréal (Québec)
Kanada H3A 2K6

DIE DENE DES MACKENZIE UND DIE POLITISCHE LEGITIMITÄT KANADAS (1)

Jean Morisset, Montréal

RESUME

Le Canada septentrional se situe actuellement dans une conjoncture qui rappelle étroitement, autant sur un plan géographique que social, le processus de formation politique du territoire post-confédératif au XIXième siècle. L'on sait comment la pénétration et l'etablissement des Européens à l'intérieur du continent américain furent historiquement fondés sur l'élimination des nations autochtones. Ce 'génocide originel' fut perpétré par le biais de passations de traités en échange des territoires autochtones ou, plus simplement, par une main-mise politique et militaire qui allait permettre aux colons européenes de jouir d'une complète liberté dans le 'Far West'. Le mythe du 'front pionnier' fait toujours partie du référentiel américain, mais c'est le 'Grand Nord' qui assume le rôle et la fonction du 'Far West' et, c'est en partie le Canada qui a succédé aux Etats-Unis. Les mots ont été changés (on ne parle plus de colonisation mais de développement, on propose de signer des conventions plutôt que des traités, la mise en valeur de 'ressources non-renouvelables' remplace l'agriculture et l'élevage, les écologistes ont succédé aux missionaires, etc.) mais le processus d'appropriation demeure essentiellement le même pour le Canada: celui de construire une nation par l'intermédiaire du Grand Nord.

Les Dènè de la vallée du fleuve MacKenzie et des territoires adjacents s'avèrent l'une des nations autochtones les mieux articulées et les plus conscientisées au Canada. Cet essai se propose de décrire, d'une part, l'évolution politique de cette prise de conscience et d'analyser, d'autre part, la géopolitique des grands projets de développement au Canada septentrional. La revendication politique pursuivie par les Dènè - auto-détermination et auto-suffisance - oblige le Canada à réfléchir sur la nature même de ses fondements historiques et à repenser le type d'évolution constitutionnelle qui doit être pressenti dans le Nord. Une conclusion s'impose avec évidence. La mise en valeur des ressources du Canada septentrional et le comportement politique du Canada sont des réalités qui ne peuvent absolument pas être dissociées car ils sont deux aspects d'une même réalité: celle des luttes d'espace provoquées par le développement industriel classique, et celle des mythes géographiques nécessaires à la justification et à la propagation d'un tel développement.

1) Je remercie Rose-Marie Pelletier-Morisset pour les nombreuses discussions, échanges de vue et commentaires dont elle a bien voulu me faire bénificier après une première ébauche de cet article. Je remercie également l'assemblée nationale dènè d'avoir bien voulu m'inviter à assister, comme observateur, aux assises annuelles qui se sont tenues au Fort Norman durant l'été 1978

MACKENZIE: DAS JAHR EINS DER DENE-NATION (1)

Anläßlich einer Generalversammlung, die Anfang 1978 in Fort Franklin am Ufer des Großen-Bären-Sees stattfand, beschlossen die Dene des Mackenzie (2) einstimmig, daß ihre Gemeinschaft fortan mit dem Namen 'Dene-Nation' bezeichnet werden soll und nicht weiter als 'Indian Brotherhood of the Northwest Territories/Fraternité Indienne des Territoires du Nord-Quest'. Hinter dieser Geste muß man bei den Ureinwohnern des Mackenzie ein Wiederfinden ihrer Identität sehen, und davon ausgehend eine Zurückweisung der Vorstellungen und Kategorien, in die sie die Euro-Kanadier immer gezwängt haben. Für die Dene gilt daher: nicht mehr die Unterscheidung zwischen einem 'Vertragsindianer' (d.h. gebührend angemeldet und als solcher gemäß dem 'Indianer-Gesetz' - Indian Act/Loi sur les Indiens - von 1876 anerkannt), einem 'Nicht-Vertragsindianer' und einem 'Métis', sondern nur die Gesamtheit der Einzelnen in der Abstammung als Dene. Es ist in der Tat offensichtlich, daß die Dene - in ihren eigenen Augen - nur 'Dene' sein können und nicht 'Indianer' (dies ist eine Kategorie der 'Weißen'), ebenso wie die Tatsache, daß sie in einem Land leben, das sich 'Dene-Land' nennen könnte und nicht 'Hoher Norden' (Le Grand Nord), welches ebenso eine geographische Kategorie der 'Weißen' ist.

Selbst wenn es übertrieben erscheint - das ist das mindeste, was man sagen kann -, daß plötzlich eine Nation (3) geboren wird, die schon vor über 30 000 Jahren die Fußspuren ihrer Besitznahme hinterließ, so stellt doch das jetzige Jahr - auf politischem Gebiet - das Jahr Eins der Dene-Nation dar. Aber wer sind die Dene, wo leben sie und was fordern sie?

---

1) Dieser Aufsatz ist von Margarete Hackbarth (Bonn) und Linna L. Müller-Wille (Saint-Lambert) unter der Mitwirkung von Rüdiger Busse und Ludger Müller-Wille aus dem Französischen übersetzt worden. Ich möchte ihnen für den außerordentlichen Einsatz meine Anerkennung aussprechen, da sie einerseits den besonderen Stil und Rhythmus des Originaltextes erhalten und andererseits den begrifflichen und gedanklichen Inhalt bewahrt haben.

2) Unter 'Mackenzie' verstehe ich das Gebiet des Mackenzie-Flußtales sowie die Uferbereiche des Großen-Bären- und Großen-Sklaven-Sees.

3) Der französische Begriff 'La nation', der sowohl Kultur- als auch Staatsnation bezeichnet, ist im deutschen Text so beibehalten worden, wie er im Original vom Autor benutzt wurde. Im französichen Sprachgebrauch in Nordamerika wird schon seit dem 17. Jahrhundert der Begriff 'des nations autochthones' als gleichbedeutend für 'native peoples' oder 'Urbevölkerung' gebraucht. (Anm. d. Übersetzer)

Die Dene des Mackenzie sind aus fünf konstituierenden Stämmen oder Völkern hervorgegangen: den Montagnais oder Chipewyan, den Flancs-de-Chien (Dogrib), den Peaux-de-Lièvre (Hare), den Esclaves (Slave) und den Kutchin ('Loucheux'). Sie zählen nahezu 15 000 Stammesangehörige. Sie bewohnen das Flußtal des 'Naotcho' (der Mackenzie der Weißen),das mit den südlich angrenzenden Gebieten der nördlichen Teile der Provinzen Britisch-Kolumbien, Alberta, Saskatchewan und Manitoba mehr als 1 Mill. km^2 umfaßt. Für die Dene gilt die Baumgrenze als nördliche Grenze ihres nationalen Territoriums (Karte 1), hinter dem sich im Norden 'Nunavut' (d.h. Unser Land), das Land der Inuit (Eskimo) befindet (Karte 2). Was die Allochthonen betrifft, so sind diese im Süden des Mackenzie konzentriert und stellen einerseits eine stark fluktuierende Bevölkerungsgruppe dar und sind andererseits den Dene zahlenmäßig unterlegen.

Während die europäischen Nationen ihre Wirtschaftsmächte in allen vier Ecken der Erde zwischen dem 16. und 20. Jahrhundert gründeten, war das Land der Dene langsam durch den Pelzhandel und die Institutionen verändert worden, die die Weißen in ihrem Kielwasser nach sich zogen. Man kann indes sagen, daß erst seit dem Zweiten Weltkrieg die Dene aufgehört haben, dem Prozeß der Kolonisation durch die Nordamerikaner abweisend gegenüberzustehen, und dies zuerst aus strategischen Gründen (indirekte Auswirkungen der Alaska-Kanada-Straße) und im folgenden aus industriellen Gründen (Gruben, Eisenbahn- und Straßennetz). Im Verlauf der letzten vier Jahrzehnte haben die Dene hinreichend Kontakte mit den Weißen unterhalten, um ihr Wertsystem, ihre Institutionen und ihre Ideologien kennenzulernen. (Die ersten an kanadischen Universitäten graduierten Dene erreichen eine Zahl von 20 bis 30 Absolventen). Mit anderen Worten: den jungen Dene ist es geglückt, in das System der Weißen einzudringen, ohne sich von ihrem eigenen politischen System loszulösen. Kurz gesagt, die Dene stellen sich als eine Nation dar, die es verstanden hat, über die Veränderungen, die sie betroffen haben, hinaus ihren Zusammenhalt zu bewahren, und zwar so gut, daß Kanada sich heute einer der autochthonen Gruppe der Neuen Welt gegenüberstehen sieht, die sich am besten artikuliert, sei es auf dem Gebiet der internen Organisation (sie haben eine Verfassung) als auch auf dem Gebiet ihrer externen Rückforderungen.

Da die Dene ihre Rechte mit ihrer Existenz als Nation begründen, stellt sich ihnen als Nation nicht nur die Frage nach der Auslöschung der Rechte als Autochthone als Vorbedingung für jegliche Gebietsregelung, sondern verwerfen die Dene darüber hinaus die verschiedenen Kategorien (Boden-, Sozial-, Kultur- und Umweltsysteme usw.), in die man die Urbewohner in Alaska (1971), wie auch in Québec (1975) und in der westlichen Arktis (1978) in Kanada unterteilt hat. Die Dene wollen also nichts weniger als einen neuen sozialen und politischen Vertrag mit Kanada, der mit einer politischen Organisation verbunden ist, die die Neue Welt bisher noch nicht kannte, und der die politische Selbstbestimmung voraussetzt, die auf einer echten territorialen Devolution und der damit verbundenen legislativen Macht begründet ist.

Karte 1

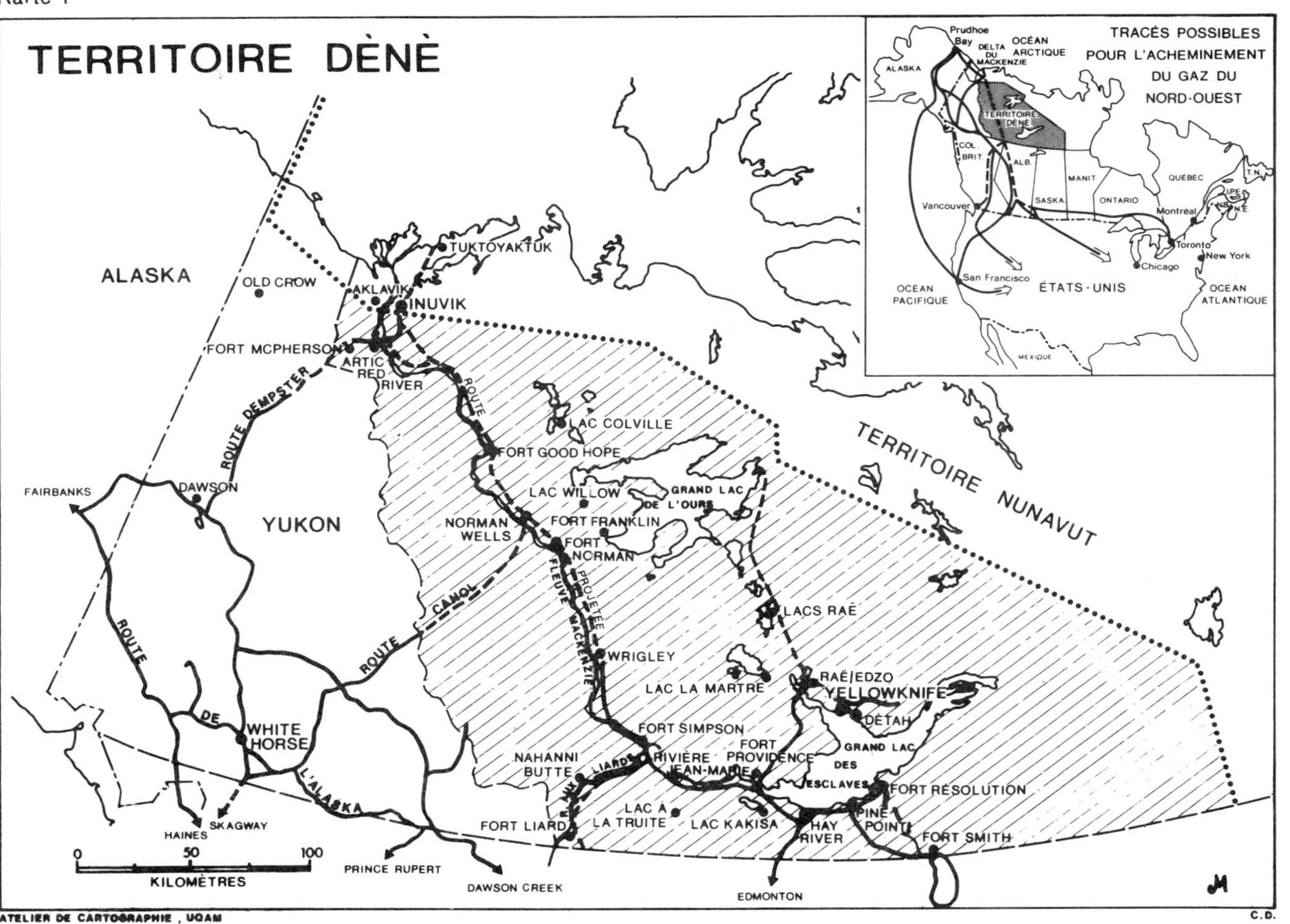

TERRITOIRE DÈNÈ
ALASKA
OLD CROW
AKLAVIK
INUVIK
TUKTOYAKTUK
FORT MCPHERSON
ARTIC RED RIVER
ROUTE
ROUTE DEMPSTER
LAC COLVILLE
FORT GOOD HOPE
FAIRBANKS
DAWSON
YUKON
LAC WILLOW
GRAND LAC DE L'OURS
NORMAN WELLS
FORT FRANKLIN
FORT NORMAN
FLEUVE MACKENZIE
PROJETÉE
ROUTE CANOL
LACS RAË
WRIGLEY
RAË/EDZO
YELLOWKNIFE
DÉTAH
LAC LA MARTRE
ROUTE DE WHITE HORSE
FORT SIMPSON
FORT PROVIDENCE
GRAND LAC DES ESCLAVES
NAHANNI BUTTE
LIARD
RIVIÈRE JEAN-MARIE
FORT RÉSOLUTION
LAC À LA TRUITE
LAC KAKISA
FORT LIARD
HAY RIVER
PINE POINT
FORT SMITH
L'ALASKA
HAINES
SKAGWAY
PRINCE RUPERT
DAWSON CREEK
EDMONTON
TERRITOIRE NUNAVUT
0 50 100
KILOMÈTRES
TRACÉS POSSIBLES POUR L'ACHEMINEMENT DU GAZ DU NORD-OUEST
Prudhoe Bay
DELTA DU MACKENZIE
OCÉAN ARCTIQUE
TERRITOIRE DÈNÈ
COL. BRIT.
ALB.
SASKA.
MANIT.
ONTARIO
QUÉBEC
T.N.
IPE
NB
NE
Vancouver
Montréal
Toronto
New York
Chicago
San Francisco
ÉTATS-UNIS
OCÉAN PACIFIQUE
OCÉAN ATLANTIQUE
MEXIQUE
ATELIER DE CARTOGRAPHIE , UQAM
C.D.

Karte 2

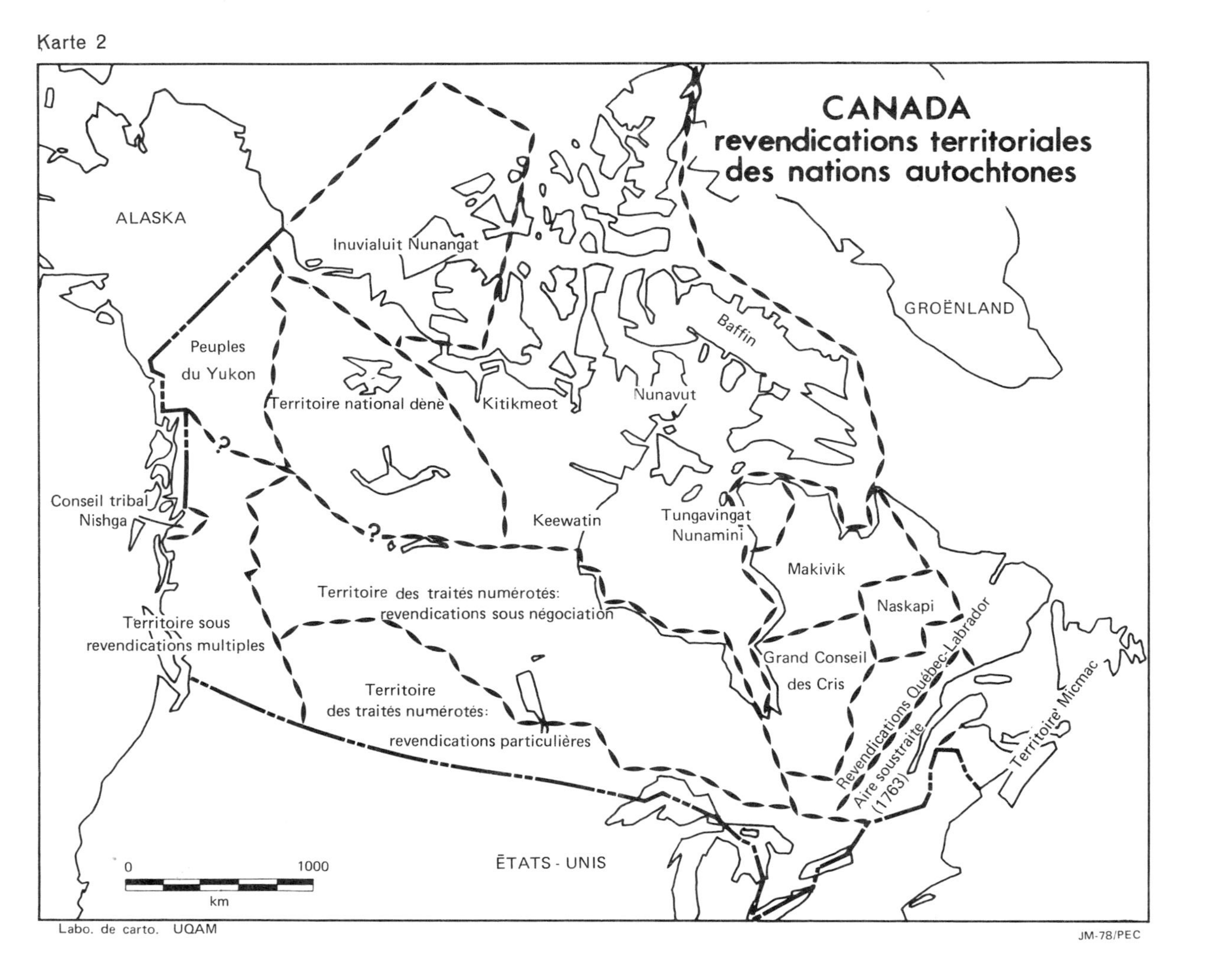
CANADA
revendications territoriales
des nations autochtones
ALASKA
GROËNLAND
Inuvialuit Nunangat
Peuples
du Yukon
Territoire national dènè
Kitikmeot
Nunavut
Baffin
Conseil tribal
Nishga
Keewatin
Tungavingat
Nunamini
Makivik
Naskapi
Grand Conseil
des Cris
Territoire des traités numérotés:
revendications sous négociation
Territoire sous
revendications multiples
Territoire
des traités numérotés:
revendications particulières
Revendications Québec-Labrador
Aire soustraite
(1763)
Territoire Micmac
ÉTATS - UNIS
0
1000
km
Labo. de carto. UQAM
JM-78/PEC

In der Tat können die Rechte der 'nationalen Wesenheit' (entité nationale) sich weder berufen auf:

1) eine besondere Kultur (dem Mythos des Kunsthandwerkes, der Skulpturen und des Mokassins, auf dessen Kern man die Ureinwohner oft beschränkte), noch

2) auf einen speziellen Bezug zur Wirtschaft (diesem Mythos, daß Jägerkulturen, die sich in der Veränderung befinden, weniger Rechte zugestanden werden als den bäuerlichen Kulturen), noch

3) auf den besonderen Bezug zur Umwelt (diesem Mythos, daß die Urbevölkerung auf einen bestimmten Ökologismus angewiesen ist), noch

4) auf eine besondere Lebensweise (dem Mythos, der besagt, daß die Urbevölkerung nur auf wieder erneuerbare Ressourcen ein Anrecht hat, da sie ein Teil der Natur sind. Die nicht wieder erneuerbaren Ressourcen - d.h. alles das, was etwas einbringt - bleiben ausschließliches Eigentum der Weißen).

Nein, die Rechte der Dene sind solche Rechte, die mit denen einer Nation unlösbar verbunden sind, und folglich sind sie umfassende Rechte, die den verschiedenen Kategorien, die wir eben aufgezählt haben, überlegen sind. Dadurch ist es den Dene schon zu Anfang gelungen, nicht in die dreifache Fußangel aus Kulturalismus, Regionalismus und Ökologismus zu geraten und zu verhindern, daß ihre Ansprüche und Forderungen derart vermindert werden. Aber wie haben die Dene einen solchen Sieg errungen? Wie ist es ihnen gelungen, das ideologische Räderwerk des politischen Systems zu demaskieren, das ihnen immer aufgezwungen worden war?

ENERGIEKORRIDORE UND ÖFFENTLICHE ANHÖRUNGEN

Da den Dene Projekte über die Beförderung von Kohlenwasserstoffen aus der Arktis, die sich zu Ende der 60er Jahre abzeichneten, bekannt waren, erfuhren sie, daß ein Finanzkonsortium das wichtigste 'Entwicklungsprogramm' - in Kapitalmarkttermini - vorbereitete, das die westliche Privatindustrie je anvisiert hatte, und zwar den Bau einer Erdgasleitung entlang des Mackenzie-Flusses. Darüber hinaus baute die kanadische Regierung ein neues Teilstück der Mackenzie-Straße, um weiter nach Norden vorzustoßen. Bei diesen Vorhaben nun sollte ihr Land durchquert werden, aber die Dene waren weder informiert noch konsultiert worden. Sie protestierten und erhielten vom Obersten Gerichtshof der Nordwest-Territorien (Urteil des Richters Morrow im Jahr 1973) die Bestätigung ihres Einspruchrechtes, die attestiert, daß sie tatsächlich eine dritte Partei sind, deren Interessen im gleichen Ausmaß respektiert werden müßten, wie die der Regierung und der Privatindustrie. Das Oberste Gericht bestätigte durch dieses Urteil, daß die Dene in der Tat ein Kontrollrecht über ein mehr als 2 Mill. km^2 umfassendes Territorium haben.

Folgendes ist aber von nicht weniger grundlegender Bedeutung. Die öffentlichen Anhörungen und Beweisaufnahmen, die Richter Morrow in den Siedlungen durchführte, und die Zeugenaussagen, die er aufzeichnete, erlaubten es zum ersten Mal, zu beleuchten, was sich in der Epoche der Verträge Nr. 8 und 11 zwischen 1899 und 1922 ereignet hatte (vgl. FUMOLEAU 1975). Zeugenaussagen wie die von Johnny Jean-Marie Beaulieu aus Fort Résolution, von Victor Laffertê aus Fort Providence oder von Louis Norvégien von Rivière Jean-Marie (alles Männer, die bei der Unterzeichnung des Vertrages Nr. 11 mitwirkten und 1973 noch lebten) wurden richtungsweisend. Folgendes erfuhren die jetzigen Dene nach und nach in den Jahren zwischen 1973 bis 1975: "der geschriebene Text der Verträge und die vorausgegangenen mündlichen Vereinbarungen stimmten nicht überein". Vielleicht waren die 'Friedensverträge', die man mit den Dene aushandeln wollte, schon formuliert, als die Vertreter des Dominion sich um die Jahrhundertwende und in den zwanziger Jahren in das Mackenzie-Tal begaben. Darüber hinaus hatte man es unterlassen, umfassende Protokolle der stattgefundenen Diskussionen aufzunehmen.

Und so wurde man sich folgender Tatsachen bewußt: die Großeltern der heute lebenden Dene hatten es als wichtig erachtet, mit den Vertretern des Dominion Kanada zu unterzeichnen, was sie als Friedens-, Schutz- und Beistandsverträge für ihr Land gegen Übergriffe und Verletzungen durch Nicht-Dene ansahen.

Der geschriebene Text der Verträge 8 und 11, den die Mehrzahl der Unterzeichnenden niemals sah und den ihre Enkelkinder erst in den 60er Jahren untersuchten (die Vereinbarung wurde übrigens nie in eine der Dene-Sprachen übersetzt), enthielt Bedingungen, denen die Dene niemals zugestimmt haben, weil sie nie darüber informiert worden waren. (Siehe dazu die gründliche Studie von René Fumoleau (1975) über die Umstände, Ereignisse und die Politik, die die Vertragsunterzeichnung im Mackenzie begleiteten und über die Bedeutung, die man ihnen heute zumißt.)

Dieser Text las sich wie folgt:

> "Die besagten Indianer treten ab, verzichten, überlassen und übertragen durch die Anwesenden an die Regierung des Dominion Kanada, für seine Majestät den König und dessen zukünftige Nachfolger, alle ihre Privilegien, Rechte und Ansprüche, welcher Art auch immer, auf Gebiete, die durch folgende Grenzen eingefaßt sind ..." (FUMOLEAU 1975, Anhang)

Genau diese Begriffe wurden wörtlich wieder im Artikel 2.1 der 1975 zwischen den Cree-Indianern und den Inuit (Eskimo) und den Regierungen von Kanada und Québec abgeschlossenen "Convention de la Baie (de) James et du Nord québecois" aufgenommen.

Nach Meinung der Großeltern der heutigen Dene beschlossen sie eine Vereinbarung, nach der ihr Recht auf Selbstbestimmung niemals verletzt werden sollte ...

"solange die Welt weiter existiert,
solange die Sonne weiter scheint,
solange der Fluß weiter fließt,
solange dieses Land ewig fortbesteht." (FUMOLEAU 1975)

Dies waren unserer Meinung nach die ausschlaggebenden Ereignisse, die die Regierung dazu brachten, im Frühjahr 1974 eine Untersuchungskommission für das im Mackenzie-Tal vorgesehene Rohrleitungsprojekt einzusetzen (Karte 3). Im Mai 1977, nach 39 Monaten Arbeit, wovon 19 Monate allein mit Anhörungen ausgefüllt waren, legte die Untersuchungskommission der Regierung den ersten Teil ihres Berichtes vor (BERGER 1977, I). Er enthielt folgende Empfehlungen: 1) aus Umweltgründen sollte keine Rohrleitung durch das nördliche Yukon-Territorium gebaut werden; 2) aus gesellschaftlichen Gründen sollte nicht vor Ablauf von zehn Jahren eine Rohrleitung durch das Mackenzie-Tal geführt werden; und zwar um der Urbevölkerung Zeit zu lassen, zu einer gerechten Regelung ihrer territorialen Forderungen zu gelangen.

Bevor die Kommission zu diesen Schlußfolgerungen kam, hatte sie mehr als 1 700 Zeugen in 35 Siedlungen des Yukon-Territoriums und der Nordwest-Territorien und in 10 großen Städten des Südens Kanadas angehört. Um diese Folgerungen abzustützen, hinterließ die Kommission 41 000 Seiten Protokoll und 4 300 Beweisstücke.

Die Empfehlungen von Richter Berger (Vorsitzender der Kommission) schlugen wie eine Bombe ein und waren zehn Tage lang Gegenstand der Leitartikel und Kommentare in Funk, Fernsehen und Presse von einem Ende Kanadas zum anderen. Dies war eine ebenso spontane wie plötzliche Bewegung, die ein unerwartetes Ausmaß annahm: die Euro-Kanadier, die 'Südler' (les sudistes), entdeckten ein Land und eine Bevölkerung zugleich, deren Existenz sie kaum vermutet hatten. Diese Realität nahmen sie durch den Anstieg des Kapitals im Norden wahr, so daß die einflußreichen Gruppen zögerten, welche Haltung sie vertreten sollten. Sollte der Umweltschutz die kanadisch-amerikanische Freundschaft in Frage stellen? Die Unterstützung der Forderungen der Urbevölkerung war in Wirklichkeit ein politisches Problem, dessen logische Konsequenzen schwierig zusammenzufassen waren, ohne den kanadischen 'contrat social' - sofern ein solcher überhaupt bestand - in Frage zu stellen. Was die Natur selbst der nördlichen Umwelt und ihrer Zukunft angeht, so besteht keine Möglichkeit sie genauer zu definieren. Hinter der Mackenzie-Rohrleitung versteckten sich letzten Endes die ausreichende Energie-Selbstversorgung der Vereinigten Staaten und ihre Unabhängigkeit von den OPEC-Ländern. Die Rohrleitung schien daher den internationalen geostrategischen Zielsetzungen und einem Einverständnis von Staat und Privatunternehmen zu entsprechen (DOSMAN 1975). Es entstand eine regelrechte 'pipeline debate'.

In der Tat hatte die Wende der Ereignisse eine immense Hoffnung unter der Bevölkerung aufleben lassen. Sollte es möglich sein, eine nördliche 'front pionnier'

Karte 3

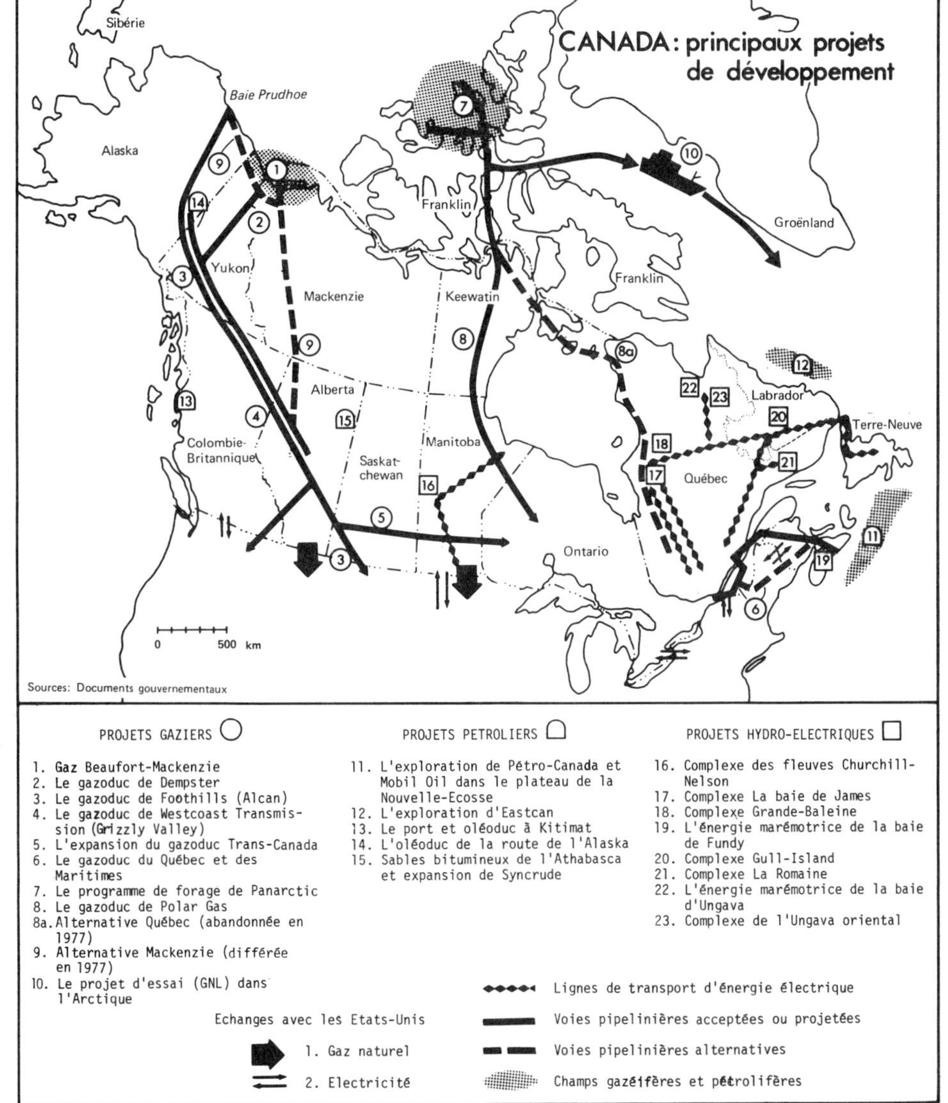
CANADA: principaux projets de développement
Sibérie
Alaska
Baie Prudhoe
Yukon
Mackenzie
Franklin
Keewatin
Groënland
Alberta
Colombie-Britannique
Saskatchewan
Manitoba
Ontario
Québec
Labrador
Terre-Neuve
0 500 km
Sources: Documents gouvernementaux
PROJETS GAZIERS
1. Gaz Beaufort-Mackenzie
2. Le gazoduc de Dempster
3. Le gazoduc de Foothills (Alcan)
4. Le gazoduc de Westcoast Transmission (Grizzly Valley)
5. L'expansion du gazoduc Trans-Canada
6. Le gazoduc du Québec et des Maritimes
7. Le programme de forage de Panarctic
8. Le gazoduc de Polar Gas
8a. Alternative Québec (abandonnée en 1977)
9. Alternative Mackenzie (différée en 1977)
10. Le projet d'essai (GNL) dans l'Arctique
PROJETS PETROLIERS
11. L'exploration de Pétro-Canada et Mobil Oil dans le plateau de la Nouvelle-Ecosse
12. L'exploration d'Eastcan
13. Le port et oléoduc à Kitimat
14. L'oléoduc de la route de l'Alaska
15. Sables bitumineux de l'Athabasca et expansion de Syncrude
PROJETS HYDRO-ELECTRIQUES
16. Complexe des fleuves Churchill-Nelson
17. Complexe La baie de James
18. Complexe Grande-Baleine
19. L'énergie marémotrice de la baie de Fundy
20. Complexe Gull-Island
21. Complexe La Romaine
22. L'énergie marémotrice de la baie d'Ungava
23. Complexe de l'Ungava oriental
Echanges avec les Etats-Unis
1. Gaz naturel
2. Electricité
Lignes de transport d'énergie électrique
Voies pipelinières acceptées ou projetées
Voies pipelinières alternatives
Champs gazéifères et pétrolifères
Labo. de carto. UQAM
JM-78/MB

zu entwickeln, die nicht von neuem von schmählichen Verträgen wie die des letzten Jahrhunderts begleitet ist? Zu Beginn der Untersuchung hatte man dort kaum die Hoffnung gehegt, daß die Berger-Kommission den wirklichen Problemen der Dene ernsthafte Aufmerksamkeit schenken könnte. Aber nun hatte man die Dene angehört und als Auswirkung ihrer Forderungen war für den Bau der Energieleitung ein 'Moratorium' von 10 Jahren empfohlen worden. Der Sieg der Dene über einen multinationalen Konzern war auf nationalem wie auf internationalem Gebiet ein einzigartiges und bisher noch nie dagewesenes Ereignis. In anderen Kreisen dagegen wurde das vorgeschlagene 'Moratorium' lebhaft als Ausflucht bezeichnet, das empfohlen wurde, um den Ureinwohnern des Mackenzie die Möglichkeit zu geben, ihre politische Unabhängigkeit vorzubereiten (MORTON 1977: 7), oder darüber hinaus wurde es als zweifelhaftes Manöver interpretiert, das die Errichtung eines 'Gettos auf weißem Gebiet' bezwecke, während man nun noch die Zeit habe, diese Randvölker in die kanadische Gemeinschaft zu integrieren (SAWATSKY 1977).

Der Kampf um die Anfechtung der Erlaubnis zur Errichtung des Energiekorridors nahm nun eine neue Wende. Eine zweite Untersuchungskommission wurde ernannt; diesmal unter dem Vorsitz von Richter Lysyk, um diejenige Trasse zu begutachten, auf die man aufmerksam wurde, weil sie nicht direkt in den Empfehlungen der Berger-Kommission erwähnt worden war. Und zwar handelte es sich dabei um die Alaska-Kanada-Straße - Alcan Highway (Karte 4). Im Verlauf der Lysyk-Untersuchung zog sich die Hauptgesellschaft (Arctic Gas), die $ 140 Mill. für die Wahl des Mackenzie-Korridors investiert hatte, aus dem Rennen zurück. In der Zwischenzeit veröffentlichte im Juli 1977 das 'Office national de l'énergie du Canada/National Energy Board of Canada' seine grundlegende Zustimmung zur Wahl des Yukon-Korridors, was die Lysyk-Kommission bestätigen sollte (OFFICE NATIONAL... 1977, LYSYK ET AL. 1977). Die Argumentaion lautete wie folgt: der Bau einer Energieleitung würde im südlichen Yukon-Territorium nicht von den unheilvollen Konsequenzen begleitet sein, die man für das Mackenzie-Tal voraussah; denn der Energiekorridor würde parallel zur Alaska-Straße gebaut werden, die das Yukon-Territorium von Südosten nach Nordwesten durchquert (Karte 4). Der ganze 'Umwelt- und soziale Schaden' ist folglich schon vorhanden.

Offensichtlich beruhte dies alles auf Unterscheidungen zwischen dem Yukon und dem Mackenzie, die ihrer Natur nach mehr fiktiv als reell waren (MORISSET 1977). Die Kommissionsmitglieder schrieben übrigens: "Es besteht eine in unseren Augen... trügerische und gefährliche Tendenz, die Yukon-Bewohner in zwei Kategorien einzuteilen - in Autochthone und Nicht-Autochthone - und jeder Gruppe von Grund auf verschiedenartige Werte und Denkweisen zuzuschreiben. Indem man zwei rassentrennende Kategorien schafft, ist es zu einfach, jede einzelne mit kategorischen Gesichtspunkten auszustatten." (LYSYK ET AL. 1977: 2). Durch diese lapidaren Beurteilungen war das Problem der Eigentümlichkeiten der Yukon-Bewohner geregelt, weil man wie bei der Nord-West-Abstufung der kanadischen Gemeinschaft den Multikulturalismus, den Umweltschutz und den Respekt vor der Lebensqualität empfahl!

Karte 4

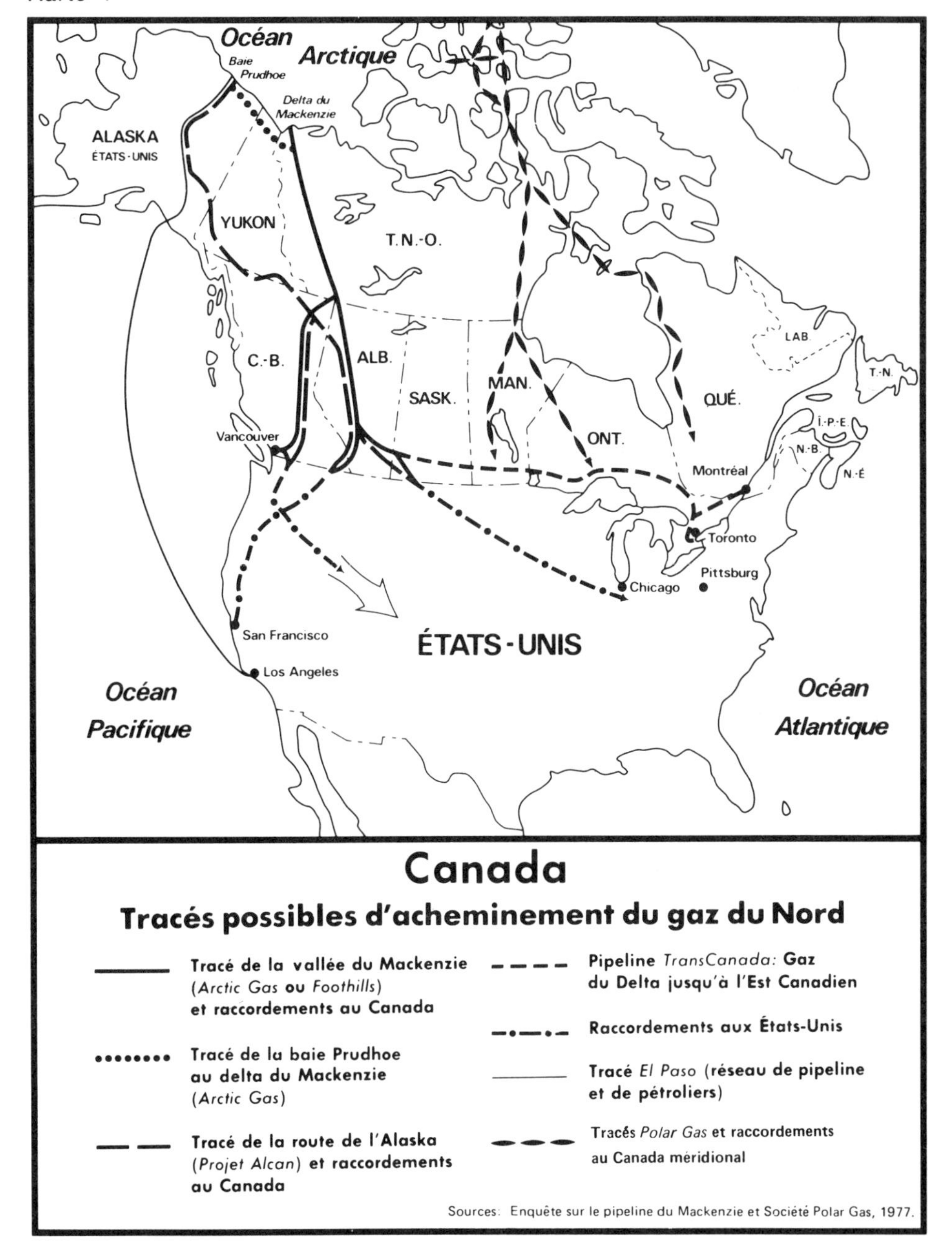
Océan
Arctique
Baie Prudhoe
Delta du Mackenzie
ALASKA
ÉTATS-UNIS
YUKON
T.N.-O.
C.-B.
ALB.
SASK.
MAN.
ONT.
QUÉ.
LAB.
T.-N.
Î.-P.-E.
N.-B.
N.-É.
Vancouver
Montréal
Toronto
Pittsburg
Chicago
San Francisco
Los Angeles
ÉTATS-UNIS
Océan
Pacifique
Océan
Atlantique
Canada
Tracés possibles d'acheminement du gaz du Nord
Tracé de la vallée du Mackenzie (Arctic Gas ou Foothills) et raccordements au Canada
Tracé de la baie Prudhoe au delta du Mackenzie (Arctic Gas)
Tracé de la route de l'Alaska (Projet Alcan) et raccordements au Canada
Pipeline TransCanada: Gaz du Delta jusqu'à l'Est Canadien
Raccordements aux États-Unis
Tracé El Paso (réseau de pipeline et de pétroliers)
Tracés Polar Gas et raccordements au Canada méridional
Sources: Enquête sur le pipeline du Mackenzie et Société Polar Gas, 1977.

Auf dem Gebiet der wirtschaftlichen Entwicklung beschloß Kanada nun, daß die Energieleitung, die dazu bestimmt war, die Produktion von der Prudhoe-Bucht (Alaska) zu den südlichen Märkten zu bringen, die Alcan-Trasse benutzen sollte. Währenddessen ernannte die kanadische Regierung auf Grund von anderen Plänen am 3. August 1977 (zum gleichen Zeitpunkt stand das Verständigungsprotokoll mit den Vereinigten Staaten bevor) eine andere Kommission, die sog. 'Drury-Kommission' (CANADA 1977 a-b), deren Auftrag dieses Mal die konstitutionelle Zukunft der Nordwest-Territorien war.

Während der Untersuchung der Lysyk-Kommission war der Komplex 'Autochthonen' eine wirkliche Plage geworden und erschien bald wie eine Drohung. Eine systematische polizeiliche Durchsuchung der Büros der Dene-Nation war in Yellowknife durchgeführt worden. Zum anderen spielte die 'Gendarmerie Royale du Canada / Royal Canadian Mounted Police' zu diesem Zeitpunkt auf die 'Rote Gefahr' (sic) an, als sie von den Dene sprach, die sich angeklagt sahen, der Sache der nationalen Einheit Abbruch zu tun. Die Dene nahmen ihre Zukunft selbst in die Hand, was letzten Endes mit 'Apartheid-politik' und mit umgekehrten Rassismus verbunden war.

In der Zwischenzeit erreichten die Dene bei den Vereinten Nationen die Annahme eines Bittbriefes und die Anerkennung der Legitimität ihres Kampfes, während sie gleichzeitig, im Einverständnis mit den autochthonen Minoritäten der Neuen Welt, eine Informationskampagne auf internationaler Ebene durchführten (UNITED NATIONS 1977). Sie lehnten es ab, an den Arbeiten der Drury-Kommission teilzunehmen oder sich an die 'Pépin-Robarts-Kommission zur kanadischen Einheit' zu wenden. Die nationalen Führer der Dene wollten mit gleichgestellten Führern Kanadas reden.

VERFASSUNGSDEBATTE UND BEHARRRLICHKEIT DER URBEVÖLKERUNG

Es ist nicht möglich, die Landansprüche der Autochthonen zu analysieren, ohne sich gleichzeitig Klarheit über die Eigenart Kanadas als Nationalstaat zu verschaffen. Zunächst ist festzustellen, daß die Frage der Landansprüche in sich selbst schlecht formuliert ist. In Wirklichkeit geht es hier darum, wie es Georges ERASMUS (Präsident der 'Dene-Nation') mehrfach wie folgt betont hat: "Es sind nicht wir, die Autochthonen, die Ansprüche an Kanada zu stellen haben; es ist in der Tat Kanada, das unser Land beansprucht." Ebenso hat George MANUEL (Präsident der 'Union of Indian Chiefs of British Columbia') nicht ohne Humor daran erinnert, daß "... wir als die einheimischen Besitzer dieses Landes beinahe zu dem Schluß gekommen sind, die Europäer wären vielleicht hierhin gelangt, um zu bleiben; ich hoffe, diese Europäer denken nicht, daß wir schon seit grauer Vorzeit hier sind, nur um jetzt unser Land zu verlassen."

Wir müssen zudem feststellen, daß - vom Standpunkt der Autochthonen - sich die koloniale Situation in Kanada kaum von der in der Dritten Welt unterscheidet. Die Kanadier sind die 'Pieds Noirs' Nordamerikas, deren Stellung, wie die der französischen Kolonisten in Nordafrika oder der englischen Siedler in Südafrika, durch ihre Macht abgesichert wird. Sicherlich werden die Verfechter der Auffassung, daß die Geschichte nicht mehr umgeschrieben werden kann, immer wieder versuchen, zu belegen, daß die obige Behauptung zu theoretisch ist, um irgendeine Bedeutung zu haben, als ob dies ein Grund wäre, es nicht zu machen.

Die beste Weise, zu beurteilen, was Kanada zur Zeit darstellt, ist ohne Zweifel eine sorgfältige Untersuchung der Entwicklung des von den Dene zwischen 1975 und 1978 geführten Kampfes. Als die Dene im Oktober 1975 in Fort Simpson eine Generalversammlung abhielten, nahmen sie das erste mehrerer Manifeste einstimmig an, in dem sie ihr Recht auf Selbstbestimmung festhielten. Im Oktober 1976 überreichten sie der kanadischen Bundesregierung eine Grundsatzerklärung mit folgenden Forderungen:

1) Bewahrung der Rechte als Urbevölkerung;

2) Verhandlungen über einen Sonderstatus im Rahmen der kanadischen Konförderation, der nicht unbedingt dem Status der Provinzen ähnlich sein müßte;

3) Neubewertung ihrer Bedürfnisse als Nation unter dem Aspekt der Integrität in Raum und Zeit; diese Bewertung sollte sich nicht nur auf die Taxierung von Grund und Boden beziehen; und schließlich

4) Kontrolle über wirtschaftliche Möglichkeiten, wie dies dem Recht selbständiger Nationen entspricht.

Diese zwei genannten Dokumente behaupten, daß sowohl eine Regierung als auch allgemeine Körperschaften der Dene gegründet werden müßten, um die Angelegenheit der Dene-Nation zu bewältigen. Aus diesem Grund muß das Land der Dene zunächst entkolonialisiert werden, wie es sonstwo in Ländern, die seit dem Zweiten Weltkrieg die Selbständigkeit erlangt haben, der Fall gewesen ist.

Im Juli 1977 unterbreiteten dann die Dene unter diesem Gesichtspunkt der Bundesregierung den sog. 'Metropolitan'-Vorschlag, der ein wesentlicher Bestandteil der Grundsatzerklärung von 1976 war (DENE NATIONAL ASSEMBLY 1978). In den Augen der Beamten der Territorialregierung (N.W.T.) ging dieser Vorschlag hinsichtlich einer 'Realpolitik' viel weiter als die einfache Grundsatzerklärung, da er die geographischen und politischen Grenzen der zu erstrebenden Selbstbestimmung definierte. Man schlug folgendes vor:

1) Gründung von drei geographisch festgelegten politischen Einheiten innerhalb der Nordwest-Territorien: ein Territorium, in dem die Dene in der Mehrzahl sind; ein Territorium, in dem die Inuit (Eskimo) die Mehrheit der Bevölkerung stellen;

und schließlich ein Territorium, in dem die Euro-Kanadier die Mehrheit bilden. (Letzteres spiegelt die augenblickliche Situation wieder; denn die 'Weißen' konzentrieren sich fast ausschließlich auf den südlichen Teil des Mackenzie-Distriktes im Südwesten der Nordwest-Territorien).

2) Jedes der drei vorgeschlagenen Territorien erhält Machtstrukturen, die zumindest denen der Provinzen im südlichen Kanada ähnlich sind, und eine gesetzgebende Versammlung, die jeweils in ihrem Aufbau an den der Bevölkerung eigenen soziopolitischen Strukturen orientiert ist.

3) Das gegenwärtige Regierungssystem wird auf diese Weise abgelöst, um durch eine politische Einrichtung ersetzt zu werden, die einer kooperativen Verwaltung gleichkäme - daher die Bezeichnung 'Metropolitan' -, die allgemeine Fragen löste und gemeinsame Programme auf dieser Ebene durchführte.

Die Beziehungen zwischen den drei Nationen nördlich des 60. Breitengrades basierten auf diese Weise nicht mehr auf Unterdrückung und Kolonialismus, sondern vielmehr auf einer "gesunden demokratischen Grundlage", wie es die Verbindungen mit gleichwertigen Partnern verlangen.

Die kanadische Regierung erwiderte auf den 'Metropolitan'-Vorschlag mit der Einsetzung der sog. 'Drury-Kommission", deren offizielle Bezeichnung 'Kommission für die konstitutionelle Entwicklung der Nordwest-Territorien' ist. Der Staat lehnte die Forderungen der Dene grundsätzlich ab, indem er präzisierte:

"qu'au Canada les pouvoirs législatifs et exécutifs ne sont pas accordés en fonction des races. La création d'un gouvernement indigène dans la vallée du fleuve MacKenzie ou dans l'Arctique est inacceptable. A moins que les réclamations des autochtones ne veulent dire la création de réserves spéciales, Ottawa ne peut accepter de nouvelles divisions politiques fondées essentiellement sur des races. La juridiction est entre les mains de gouvernements qui sont responsables directement ou indirectement, au peuple, sans distinction de race. L'avenir du Nord devrait être établi selon le processus historique de développement politique au Canada (c'est nous qui soulignons) et en conséquence, les consultations poursuivies inclueront tous les groupes reconnus de la societé du Nord, soit les autochtones,les non-autochtones et le gouvernement du Canada". (CANADA 1977b).

Man muß hier betonen, daß die Beamten der Territorialregierung und die allochthonen ('weißen') Bewohner diese Situation als Vorwand genommen haben, um die Bundesregierung wegen der Fortsetzung eines überholten Neokolonialismus anzuprangern; die Weißen wollen den Kampf der Dene und die wirtschaftlichen Entwicklungsprojekte zu ihrem Vorteil ausnutzen, um nördlich des 60. Breitengrades den Provinzstatus zu erlangen. Die Dene erkennen andererseits die Territorialregierung nicht an, die allerdings das Mandat hat, sie zu verwalten. In der Tat liegt hier eine klassische Kolonialsituation vor, die sonderbarer Weise Ähnlichkeit mit der Rhodesiens aufweist. Yellowknife, die Hauptstadt der Nordwest-Territorien, ist eine Stadt geworden, in der räumlich und auf dem Arbeitsmarkt Rassentrennung vorherrschend ist, deren Umfang nicht unterschätzt werden sollte.

Aus diesen Gründen verstanden die Dene den Auftrag der 'Drury-Kommission' als einen rein taktischen Schachzug, dessen Ziel es ist, die Empfehlungen der 'Berger-Kommission' zu untergraben und den politischen Zusammenhalt der Dene-Nation zu schwächen und die Front ihrer Forderungen aufzureißen. Darüber hinaus geschah dies unter dem Vorwand der demokratischen Beteiligung, um die gesamte kanadische Bevölkerung damit vertraut zu machen, sich über die Zukunft des Nordens klarzuwerden.

Hier sind drei Bemerkungen anzufügen:

1) Wie kommt es, daß die Regierung neue politische Einteilungen nicht akzeptieren kann, die sich, wie sie meint, an rassischen Kriterien orientieren (- in der Tat erklärt die Regierung den 'Metropolitan'-Vorschlag als rassistisch -), während sie selber die Einrichtung von 'besonderen Reservaten' fortwährend befürwortet hat.

2) Wenn es so etwas wie "einen historischen Prozeß der politischen Entwicklung in Kanada" gibt, was beinhaltet dieser Prozeß? Ist er irgendwie definiert worden? Ein Land, das eine 'Kommission zur nationalen Einheit' unterhält, besitzt anscheinend keine nationale Einheit. Das ist wohl das mindeste, was man sagen kann. Infolgedessen darf dieses Land nicht stolz darauf sein, "einen historischen Prozeß der politischen Entwicklung" durchlaufen zu haben. Denn es ist unter dem Deckmantel eines Nationalstaates als Willensgemeinschaft, daß Kanada zur Zeit mit den autochthonen Nationen verhandelt.

3) Die dritte Bemerkung betrifft das 'Indianer-Gesetz', durch das die kanadische Bundesregierung die Rolle des Beschützers und Vormundes gegenüber den Indianern übernommen hat. Kanada hat dadurch die Aufgabe, abgesichert durch das konföderative Abkommen von 1867, die Indianer gegen jeden Eingriff von inner- oder außerhalb des Territoriums zu verteidigen. Hierin ist ebenso einer der Gründe zu sehen, die die Dene veranlaßt haben, ihre Anliegen direkt vor die Vereinten Nationen zu bringen. Prinzipiell gesehen sollten die Dene nicht allein mit ihrem 'Beschützer' verhandeln, letzterer (d.h. die Regierung) ist in der Tat Richter und Kläger zugleich und steht somit im Interessenkonflikt mit seinen 'Schützlingen'. Wohin sollen sich die Dene wenden, um einen annehmbaren Gesprächspartner zu finden? Es scheint offensichtlich, daß eine Art internationaler Schiedsspruch aufgezwungen werden muß.

Gemäß der Charta der Vereinten Nationen gibt es keinen Zweifel, daß die Dene eine Volksgemeinschaft sind, die eine Nation bildet und mit allen Rechten ausgestattet ist, die zur Persönlichkeit einer Nation gehören und über die sie selbstverständlich aus eigenen Kräften verfügen können. Deswegen müssen sie versuchen, die ihnen bevorstehenden Schwierigkeiten auf andere Weise zu lösen.

Es ist nicht unter dem Eindruck der Vorrangigkeit des Prinzips der territorialen Integrität Kanadas gegenüber dem der Selbstbestimmung der Dene, durch den die kanadische Regierung ihre Handlungsweise rechtfertigt. Wenn ja, so geht es hier doch nicht nur um eine juristische Frage, auf welche man die Ansprüche der Dene dauernd zu reduzieren versucht. Auf keinen Fall erkennt Kanada die Existenz eines autochthonen Rechtssystems mit gleicher Berechtigung wie das eigene an. Das Streitobjekt ist daher zu einem Politikum geworden und kann nur noch durch Verhandlungen beseitigt werden, in denen sich der "autochthone Floh" mit dem "kanadischen Löwen" auseinandersetzt. Dies ist die Einstellung, die Kanada augenblicklich angenommen hat.

Es ist deshalb unmöglich, die politische Wirklichkeit von den unterschwelligen Ideologien zu trennen. Dieser Aspekt sollte näher betrachtet werden, um eine Analyse dessen zu versuchen, was in den Augen des Staates der 'historische Prozeß der politischen Entwicklung Kanadas' gewesen ist. Es scheint, daß sich dieser Ausdruck auf das konföderative Kanada und auf seinen unerbittlichen Drang nach Westen während des 19. Jahrhunderts bezieht. Dieser Periode folgte schließlich ein nicht weniger unersättlicher Drang nach Norden, der im Zusammenhang mit dem Geist einer 'front pionnier' zu sehen ist, was dem amerikanischen Begriff der 'frontier' nahe kommt(1).

Aber was hat sich eigentlich Ende des 19. Jahrhunderts im Westen ereignet? Die kanadische Armee wurde dorthin geschickt, um die Ordnung wiederherzustellen, die durch die sog. 'Métis-Rebellion' und indianische Aufstände angeblich gestört worden war. Auf diese Weise hat man immer die Lösung der sog. 'Riel-Affäre' (Lois Riel, Anführer der Métis) erklärt. Doch die heutige politische Analyse erlaubt es, daß die Geschehnisse in einem anderen Licht gesehen werden müssen und eine Reinterpretation verlangen. Das Entstehen und die Entfaltung einer Nation der Métis im ehemaligen Nordwesten (das heutige Manitoba) stellte eine Gefahr für Ontario dar, die unerträglich war: die Entwicklung eines frankophonen Landes an seiner Westflanke. Dies konnte möglicherweise zu einer Umklammerung führen, die durch das französischsprachige Québec im Osten und durch die französischsprachigen Métis im Westen gebildet würde. Ontario durfte den im Osten besiegten Franzosen doch nicht erlauben, sich im Westen

1) In den sechziger Jahren erreichte das amerikanische "Go West, Young Men!" der Jahrhundertwende auch Kanada als "Go North, Young Men!". Die Trudeau-Regierung benutzte während der Epoche der "Société juste/Just Society" das Beispiel des "Peace Corps" der USA unter Kennedy, um Kanadier zu bewegen, in den Norden zu gehen und dort die wahre kanadische Herausforderung zu finden, die eine Nation aufbauen sollte. Aber die Organisation "Compagnie des Jeunes Canadiens" (eigentlich 'corps de la paix'), die in den Norden des Landes ging, mußte bald feststellen, daß sich die Herausforderung vielleicht auf einer ganz anderen Ebene befände.

festzusetzen. Die Erhängung von Louis Riel muß daher als ein politisches Attentat gesehen werden, durch das Kanada gleich zwei Probleme mit einem Schlag beseitigen wollte: in ein und derselben Person tötete es den Franzosen und den Indianer!

Die Nation der Métis, die im Red River Valley (1870) und entlang des Saskatchewan-Flusses (1885) siedelten, war in gleicher Weise ein Hindernis für die Entwicklung und Kolonisierung des Westen wie die Dene, die angeblich dem Ausbau des Energiekorridors und der politischen Entwicklung des Mackenzie zur Provinz im Wege standen. Im Fall der Dene muß man betonen, daß die Regierung eine Einstellung einnahm, die der des letzten Jahrhunderts entgegenstand: sie sprach den Métis im 20. Jahrhundert einen rechtlichen Status zu, wohingegen sie sie im 19. Jahrhundert dezimiert hatte. Wir haben schon erwähnt, daß die Dene die ersten Autochthonen in Kanada gewesen sind, die die von der kanadischen Bundesregierung aufgedrängten rechtlichen Kategorien ablehnten, die die Urbevölkerung in 'Vertragsindianer', Métis (Bois-Brûlé oder Mischling) und 'Nicht-Vertragsindianer' einteilten. Die Bundesregierung hat folglich im Mackenzie die Anerkennung der Kategorie 'Métis' aufgezwungen, um ihnen zu erlauben, mit den von der Regierung zur Verfügung gestellten Geldern eine Grundsatzerklärung über ihre Forderungen vorzubereiten. In den Augen der Regierung hat die Kategorie 'Métis' die gleiche Rechtsgültigkeit wie die der 'Dene', was schließlich ihrerseits ein Mittel war, eine bundesweite Vereinigung der Dene in Hinsicht ihres erweiterten Selbstverständnisses zu verhindern. Später hat Kanada diese Politik auf das ganze Land ausgedehnt und läuft somit Gefahr, daß sich die Situation des Mackenzie wiederholen wird, die besagt, daß die Kategorie 'Métis' nur geschaffen wurde, um der politischen Entfaltung der Vereinigungen der Urbevölkerung entgegenzuwirken. Die Rechte der Métis können sich aber nur auf einen Grund stützen, den der Abstammung als Autochthone.

In dieser Hinsicht taucht im Wust der Verfassungsdebatte ein weiterer Aspekt auf: die Permanenz der Urbevölkerung in ganz Kanada. Zu diesem Punkt läßt sich Thomas BERGER im Abschlußkapitel des zweiten Bandes seines Berichtes über die Ergebnisse der 'Kommission zur Erörterung der Rohrleitung durch das Mackenzie-Flußtal' aus:

> "Les Blancs et les Autochtones savent bien (que le fond du problème est de choisir) si l'on suivra le modèle historique de l'Quest ou si l'on trouvera un compromis pour intégrer l'idée d'auto-détermination des Autochtones ...
>
> La question du statut spécial des Autochtones au Canada et de la forme à lui donner constitue un élément du problème, et la tentative d'arriver à un compromis entre les anglophones et les francophones du Canada constitue l'autre. Les deux questions sont d'une importance vitale, mais différemment. Les revendications Autochtones n'ont pas le même fondement que celles de ces groupes linguistiques. En fait, les Autochtones défendent leurs intérêts face à l'empiètement d'une société dominante, anglophone et francophone, dont les caractéristiques demeurent les mêmes ...

À leurs yeux, leur histoire ne fait pas partie d'un livre dont le dernier chapitre est déjà terminé. Ils croient plutôt que ce chapitre reste à écrire et que personne n'en connaît les éléments."
(BERGER 1977, II: 242).

SCHLUSSFOLGERUNG: DER KANADISCHE MYTHUS IN AUFRUHR

"Our leadership must ensure that we enter the 1980's in a strong competitional position, having shattered once and for all the confederation myth of French and English as the 'two founding cultures'."
(NATIONAL INDIAN BROTHERHOOD 1978)

Im ersten Teil haben wir gezeigt, daß die Debatte um den Bau einer Rohrleitung und die Untersuchungskommissionen im Nordwesten des Landes zur politischen Bestärkung der Dene beigetragen haben. Im zweiten Teil haben wir versucht, festzustellen, wie eine solche politische Entwicklung direkt mit den historischen und ideologischen Wurzeln der kanadischen Gemeinschaft verbunden ist. So gut die Empfehlungen der 'Berger-Kommission' sein mögen, so befinden sie sich doch schon außerhalb der Wirklichkeit der Dene. Es ist nicht nur durch einen besonderen Status, daß die Dene ihre sozio-politische Position neu zum Ausdruck bringen wollen. Vielmehr geht es ihnen um die Errichtung einer nationalen Basis, die aber der Auffassung einer Verfassungsdebatte nach europäischem Muster entgegensteht.

"We have the full right, if we desire, of establishing a separate country of our own with a complete independent government; independent of the Canadian Federal Government. We have the right to complete and radically restructuring government services, government systems, etc. etc..
We can chose, as indeed we have, to settle for less than total independence or total control, but for a relationship with the Canadian Confederation which would give us self reliance and a large degree of self determination within Canada. We are negotiating for a division of the powers which would be ours if we were seeking total soverignty (sic), between a government of our own and the Federal Government." (ERASMUS 1978; 3)

Es steht jetzt schon fest, daß Kanada gegenüber den Dene eine Anerkennungsschuld auf sich genommen hat; denn Kanada wird den Dene dankbar sein müssen, der augenblicklichen Verfassungsdebatte eine richtige Perspektive gegeben zu haben, die besagt, daß die Nationen europäischen Ursprungs ihren politischen Kampf auf dem Rücken der Ureinwohner und in ihrem Land ausgetragen haben. Die Dene betonen, daß die Verfassungsdebatte nur an Legitimität gewinnen könnte, wenn auch die autochthonen Nationen an den Verhandlungstisch gebeten werden, um über die kanadische Verfassung zu bestimmen.

Aber was ist Kanada als geographische Einheit: die Gebietserweiterung des ehemaligen Rupert's Land, das Treuhandgebiet der Pelzhandelgesellschaft 'Hudson's Bay Company'. Kanada wurde von der Geographie des Pelzhandels bestimmt und diese Geographie ist durch den autochthonen Faktor in diesem Land gewährleistet worden.

Die politische Entwicklung im Mackenzie während der letzten drei Jahre erscheint tatsächlich fast wie eine Synopsis der Beziehungen zwischen der Urbevölkerung und den Euro-Kanadiern während der letzten drei Jahrhunderte in ganz Kanada. Es gibt absolut keinen Zweifel, daß die Dene zur Zeit Ereignisse von historischer Tragweite erleben, die uns verpflichten, die ideologischen Fundamente Kanadas zu durchleuchten und den Mythus in Frage zu stellen, der immer nur eine bestimmte Interpretation der 'kanadischen Vergangenheit' vermittelt hat, falls wir die Zukunft eines weniger mythischen Kanadas festigen wollen.

Durch die Verurteilung und Hinrichtung der indianischen Anführer wie Louis Riel, Faiseur-d'Enclos (Poundmaker), Esprit-Errant (Wandering Spirit) darf nicht verborgen werden, daß die territoriale Expansion Kanadas während der ersten zwei Jahrzehnte nach der Konföderation mit Blut behaftet ist. Ist es diese Tradition, die fortgesetzt wird, wenn man den geschichtlichen Hergang der politischen Entwicklung des Dominion betrachtet? Richter Berger war wahrlich umsichtig genug und versäumte es nicht, die Warnung auszusprechen, daß eine unzufriedenstellende Lösung der Landansprüche der Autochthonen zu Gewalttaten führen kann. Es ist an der Zeit, solche 'Trauerkomödien' wie die Abschlüsse der Abkommen im nördlichen Québec von 1975 (CONVENTION 1976, ROULAND 1978) und in der westlichen Arktis mit dem 'Committee of Original People's Entitlement' im Sommer 1978 (CANADA 1978) zu vermeiden. Es ist vielmehr an der Zeit, daß die Politiker endlich wahrnehmen, daß - geographisch, politisch und soziologisch gesehen - schon ein Land im Mackenzie existiert, - das der Dene.

Zum Schluß möchten wir nochmals unterstreichen, daß Kanada seit dem Zusammenschluß von Ober- und Unter-Kanada (Ontario und Québec), der schließlichen Verwirklichung der Konföderation und dem darauffolgenden Bau der transkontinentalen Eisenbahn immerzu versucht hat, *einen Staat zu errichten, um eine Nation zu formen*. Aber die Dene und die autochthonen Gruppen bilden genau genommen schon *eine Nation, der man aber einen Staat verweigert*.

LITERATUR

BERGER, Thomas R. 1977: Le Nord: terre lointaine, terre ancestrale. Vol. 1-2. Ottawa: Approvisionnements et Services. XXVII, 227 S.,; XXIV,291 S.

CANADA 1977 a: Evolution constitutionnelle dans les Territoires du Nord-Quest. Communiqué du Cabinet du Premier Ministre.

1977 b: L'évolution politique des T.N.-O. 3 août 1977, Communiqué de presse et du Cabinet du Premier Ministre. Ottawa.

1978 :Affaires indiennes et du Nord. CEDA et le gouvernement fédéral signent une entente de principe relative à la revendication du Comité d'études des droits des Autochtones (Arctique occidental). Communiqué de presse 1-7849 du 31 octobre 1978. Ottawa.

CONVENTION 1976: Convention de la Baie (de) James et du Nord québécois. Québec: Editeurs officiels du Québec.

DENE NATIONAL ASSEMBLY, 1978: (voir/see KEITH, R. F. and J. B. WRIGHT (Hrsg.))

DOSMAN, Edgar J. 1975: The National Interest. The Politics of Northern Development 1968-75. Toronto: McClelland & Stewart. XVIII, 224 S.

ERASMUS, Georges 1978: President's Report. Dene National Assembly, Annual Report 1978. Fort Norman, August 14-20, 1978.

FUMOLEAU, René 1975: As Long As This Land Shall Last. A History of Treaty 8 and Treaty 11, 1870-1939. Toronto: McClelland & Stewart. (415 S.)

KEITH, Robert F. und Janet B. WRIGHT (Hrsg.) 1978: Northern Transitions. - Dene National Assembly, Metro Proposal. Submitted to the Minister of Indian Affairs and Northern Development in 1977. Ottawa: Canadian Arctic Resources Committee, S. 265-266.

LYSYK, Kenneth M. et al. 1977: En quête sur le pipeline de la route de l'Alaska. Ottawa: Approvisionnements et Services. XVI, 187 S.

MORISSET, Jean 1977: The District of Mackenzie and the Territory of Yukon: A Descriptive Overview. - Working Paper Prepared for the Alaska Highway Pipeline Inquiry. Whitehorse. 225.

MORTON, J. A. und D. N. Morton 1977: Canadian Unity at the Mercy of Pipeline Action. The Globe and Mail 2. August 1977:7. Toronto.

NATIONAL INDIAN BROTHERHOOD 1978: Message from the President. 9th Annual National Indian Brotherhood General Assembly. Frederiction, July 1978.

OFFICE NATIONAL DE L'ENERGIE 1977: Motifs de décision. Pipelines du Nord. Ottawa: Approvisionnements et Services. 3 Vol., 1678 S.

ROULAND, Norbert 1978: Les Inuit du Nouveau-Québec et la Convention de la Baie James. Québec: Presses l'université Laval. 218 S.

SAWATSKY, John 1977: Ethnicity: Dene's Ghetto Spectre. The Vancouver Sun 3 June 1977. Vancouver.

UNITED NATIONS 1977: Indian Brotherhood of the Northwest Territories. 'Self-Determination for Aboriginal Nations in Independent Countries.' In: International Non-Governmental Organizations Conference on Discrimination Against Indigenous Populations in the Americas. Geneva 15 S.

Anschrift des Verfassers: Prof. Dr. Jean Morisset
Dépt. de Géographie de l'Université du Québec à Montréal
C.P. 8888, Succursale "A"
Montréal, P.Q., H3C 3P8, Kanada

DAS ÖKOSYSTEM DER MOSCHUSOCHSENJÄGERSTATION UMINGMAK

Hansjürgen Müller-Beck, Tübingen

Seit bald einem Jahrzehnt befaßt sich das Institut für Urgeschichte der Universität Tübingen mit der Erforschung der Prä-Dorset-Station Umingmak im nördlichen Zentrum von Banks Island im Kanadischen Archipel. Als Basis dafür konnte allerdings nur ein nicht einmal 100 Quadratmeter großer Ausschnitt aus dieser noch etwa 10 Hektar bedeckenden Station ergraben werden. Die Auswertung der etwa 3 500 Jahre alten Funde ist im Gange. Eine erste vorläufige größere Publikation zu den erfaßten Daten liegt vor (H. MÜLLER-BECK 1977). Der Abschluß der Arbeiten, die neben der Universität Tübingen die Deutsche Forschungsgemeinschaft, daß Polar Continental Shelf Project und das National Museum of Man in Kanada ermöglichten, soll 1981 erreicht sein. Allerdings wären ergänzende Feldarbeiten danach wünschenswert und sinnvoll.

Hier soll nur auf die bisher erkennbaren Faktoren des die Station einbettenden Ökosystems eingegangen werden. Das kann naturgemäß zunächst nur in groben Zügen geschehen, die uns aber wegen ihrer Vielfalt schon jetzt ein komplexes Modell ermöglichen, obwohl die gegebenen Voraussetzungen seinen Umfang gegenüber anderen Systemen offenbar stark begrenzen. Ein derartiger vorläufiger Versuch hat sicher eine Berechtigung, zumal ja die urgeschichtliche Siedlungsarchäologie im Grunde als ein früher Abschnitt der Siedlungsgeographie ganz allgemein gelten darf.

Betrachten wir zunächst die heutigen Klimadaten, so lassen unsere eigenen Aufnahmen erkennen, daß die durchschnittliche Sommertemperatur 1970-75 im Juli und August etwa bei 4-5°C liegt. Dabei wurden immerhin Maxima von 24° und eine maximale Tagesdurchschnittstemperatur von 18°C jeweils im Juli erreicht. Durchgehende Jahresmessungen von der Station fehlen. Generell liegen die mittleren Januartemperaturen aber unter -30° und die mittlere Jahrestemperatur unter -10°C. Die Niederschläge bleiben unter 200 mm im jährlichen Durchschnitt. Wir befinden uns also im Bereich des hocharktischen trockenen Tundrenklimas mit spärlichen Sommerregen und sehr schwachen Schneefällen im über acht Monate andauernden Winter. Das nur geringe Relief mit meist weniger als 100 m Differenz und weich abfallenden Hängen in Lockersedimenten setzt dem ständigen arktischen Wind nur wenig Widerstand entgegen, so daß weite ebene Flächen vom Schnee ganz freigehalten werden oder doch wenigstens nur eine sehr dünne Schneedecke aufweisen, die allerdings in Taleinschnitten zu mächtigen Verwehungen führen kann. Das bedeutet, daß einerseits weite Areale dem angepaßten Wild auch im Winter für die Äsung verfügbar sind und daß andererseits an der Leeseite der Täler genügend Schnee angeweht wird, um den Einsatz von Schlitten durch streifende Jäger auch schon in noch oder wieder günstigeren Monaten zu sichern. Das einzige, wenn auch naturgemäß schwerwiegende Problem ist die starke winterliche Temperaturabsenkung, die für Tiere aber durch physiologische Anpassung und für den Menschen durch Entwicklung entsprechender Techniken zu bewältigen ist.

Damit wird auch ohne weitere grundsätzliche Diskussion sicher klar, daß das hier zu beschreibende Ökosystem neben dem eigentlichen Naturraum auch den durch die Anwendung der Technik vom Menschen erst geschaffenen Bereich umfassen muß. Er ließe sich vielleicht am einfachsten als "Technikraum" definieren. Aber wir wollen uns einen eingehenderen Disput dieser Definitionsproblematik ersparen, zumal die Sache als solche genügend klar sein dürfte.

Betrachten wir zunächst den unserer Station vorgegebenen Naturraum. Einen ersten Blick auf das Klima haben wir bereits getan. Zu ergänzen wären noch die Floren- und Faunenfaktoren, die aber in ihrem topographischen Bezug gesehen werden müssen, der wieder durch geologische und geomorphologische Bedingungen bestimmt wird. In ihm eingebettet wären dann die anthropogenen Faktoren des Gesamtsystems zu besprechen. Als Liste lassen sich also zusammenstellen:

Gesamtökosystem

A) nichtanthropogene Faktoren

A 1 Klima
A 2 Gesteinsbildung
A 3 Geomorphologie: a) Geländeformung, b) Gewässer
A 4 Bodenbildung
A 5 Vegetation
A 6 Tierwelt

B) anthropogene Faktoren

B 1 Nahrungsbeschaffung
B 2 Körperschutz: a) Kleidung, b) Behausung
B 3 Geistiger Schutz
B 4 Soziale Kommunikation

Daß der Abschnitt A) systematisch und vertraut wirkt, dagegen der hier angeführte Abschnitt B) das keineswegs so überzeugend tut, zeigt lediglich, daß wir für die anthropogenen Faktoren des jeweils gegebenen menschlichen Ökosystems aus vielerlei, meist eher philosophisch bestimmten Gründen, die hier nicht weiter erörtert werden können, kein allgemein anerkanntes System besitzen. Es ist also ganz klar, daß sich gerade der Bereich B) auch anders gliedern ließe. Uns kommt es hier nur darauf an, daß kein wesentlicher Faktor unbetrachtet bleibt. Gehen wir also nach unserer Liste vor:

A 1 Klima:

Der archäologische Befund zeigt uns vor allem durch die aus dem Sommer stammenden, durch Holzkohle belegten Brennmaterialien, daß das Lager im Sommer genutzt wurde. Das wird durch die Altersgliederung der Beutetiere und die Anwesenheit von Zugvogelknochen bestätigt. Auch wenn wir nicht exakt wissen, welche Temperaturwerte vor 3 500 Jahren im zentralen Banks in unserer Station, die heute von den nächsten Küstenabschnitten etwa 80 km entfernt ist, geherrscht haben, können wir doch annehmen, daß sie ähnlich den heutigen Werten lagen. Allerdings ist schon weniger klar, wie lange dieser "Nutzungssommer" gedauert hat, ob er nur zwei oder sogar vier Monate umfaßte. Gehen wir davon aus, daß die Station mehrere Jahrhunderte immer wieder aufgesucht wurde (J. HAHN 1978), dann werden wir gewiß annehmen dürfen, daß diese Spanne Schwankungen unterlag. Sicher scheint dagegen nach den bisher angetroffenen Siedlungspuren, daß der eigentliche Winter für den Aufenthalt ausfiel. Das Relief hat sich kaum stark verändert. In der gesamten Höhendifferenz allenfalls um maximal 10 m, wenn auch in der Horizontale stellenweise um erheblich größere Ausräumungsstrecken. Die Wind- und Niederschlagsverhältnisse dürften sich auch auf kleinem Raum nicht grundsätzlich verändert haben. Wir haben sogar Grund anzunehmen, daß die Bedingungen eine relativ große Trockenheit voraussetzen. Darauf wird unter A 6 noch einmal zurückzukommen sein.

A 2 Gesteinsbildung:

Im ganzen Bereich der Fundstelle kommen allein Lockersedimente: Schotter, Sande und Schluffe vor. Sie gehen auf glazigene Ablagerungen zurück und wurden z.T. mehrfach durch fluviogene und äolische Verfrachtungen umgelagert. Durch die Einwirkung des Wechsels zwischen Frost- und Auftauperioden werden diese Verfrachtungen in charakteristischer Weise verstärkt.

A 3 a Geländeformung:

In der Umgebung der Station (Karte 1) bestimmt vor allem die Verebnungsfläche des Able Creeks die Topographie, die im Westen durch kuppige Höhen mit sanften und z.T. gestuften Hängen von über 120 m Höhe abgegrenzt werden, die ein weiter westlich dahinterliegendes höheres Plateau ihrerseits nur leicht überragen. Nach Osten steigt das Relief noch sanfter an, um dann wieder zum gut 5 km entfernter liegenden, insgesamt tiefer eingeschnittenen, gegen Norden fließenden Thomsen River abzufallen.

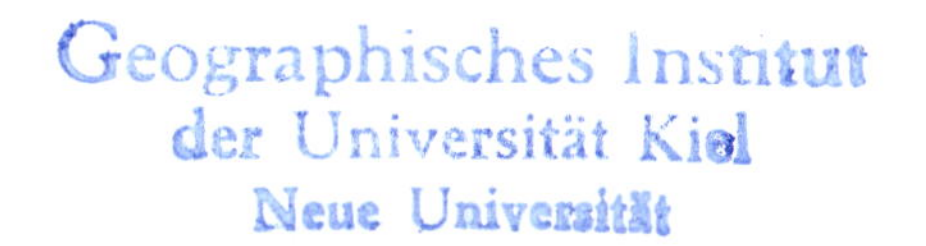
Geographisches Institut
der Universität Kiel
Neue Universität

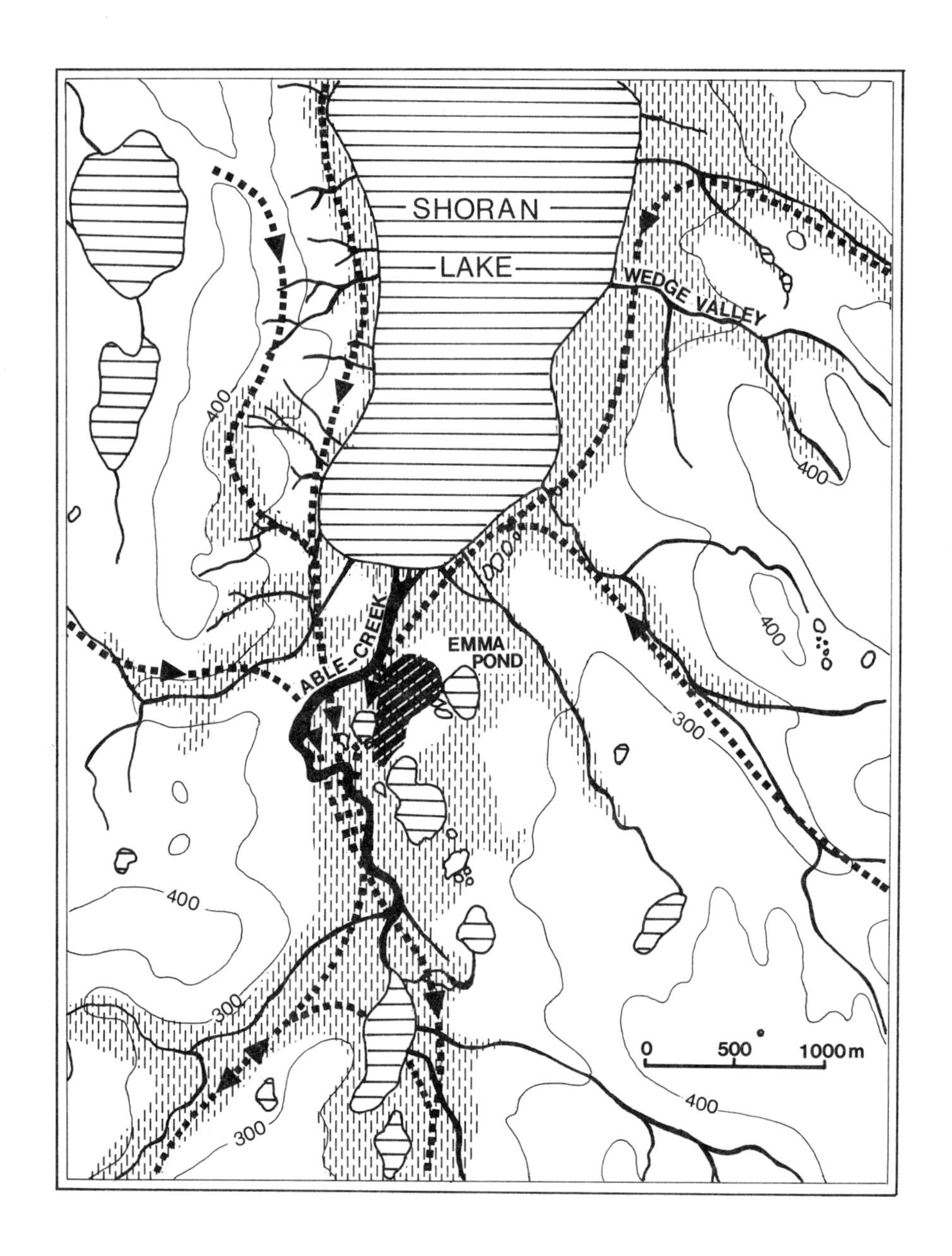

KARTE 1

GENERALISIERTE ZUGROUTEN DER MOSCHUSOCHSENHERDEN AM SHORAN - LAKE 1970 - 1975

Pfeillinien = Zugrichtungen; senkrechte Schraffur = Vegetation mit Seggenanteilen; dunkle Schrägschraffur = erkennbarer Fundbereich der Station Umingmak; Höhenkoten in feet.

A 3 b Gewässer:

Neben dem schon genannten Able Creek, der wie der Thomsen River in der Nähe der Station Umingmak nach Norden fließt - er biegt weiter nördlich nach Osten ab und mündet im Thomsen River - bestimmt vor allem der Shoran Lake das Bild der Landschaft. Von Westen her wird er nur von einem etwas größeren Bach gespeist, der ein relativ weites Einzugsgebiet hat und unabhängig vom Able Creek mündet. Er führt, wie der Able Creek, langfristig im Sommer Wasser, das aber auch völlig stagnieren kann, wenn die Auftautiefe ihre Grenze erreicht und der Wasserzufluß nicht mehr die Verdunstungswerte übersteigt. Westlich des Able Creek liegt eine relativ junge Überschwemmungsebene, die im Osten in gleicher Höhe nur kolkartig auftritt und von einer älteren Terrasse überhöht wird, in der eine ganze Reihe größerer Tümpel eingebettet ist. Von Osten her münden in Entsprechung zum flacheren Relief eine ganze Anzahl von etwas größeren Bächen, die langfristiger Wasser führen, zumal hier auch die größere Sonneneinstrahlung zu umfangreicherem Auftauen des Untergrundes führt. Einer dieser Bäche erreicht eine Länge von 6 km und scheint im Sommer nie gänzlich zu versiegen. Alle Bäche sind relativ flach, so daß die sich je nach Windrichtung an den Ufern des Shoran Lake bildenden Strandwälle sogar den Able Creek, wie auch die übrigen Bäche, bei nachlassender Wasserführung fast alle vollständig abdämmen können. Während der Shoran Lake durchgängig sehr kalt bleibt, erwärmen sich die kleineren Tümpel auf der alten Terrasse recht stark, so daß es zu einer guten Entwicklung der Kleintierwelt kommt.

A 4 Bodenbildung:

Auf den kuppigen Höhen und in steileren Hängen fehlen Böden, ebenso wie im Bereich von Ausblasungen, die eher in flacheren Bereichen auftreten, vor allem östlich des Sees und des Able Creeks. In den Niederungen treten Niedermoor- und Dryas-Torfe mit dünnen Verwitterungsrinden auf. Dazu kommen echte Gleybildungen und weit verbreitete Tundrengley-Zonen, die mit Dryas-Torf-Zonen verzahnt sind. Dort treten auch recht typische Rohböden (Storkerson soil) im Bereich gröberer Ablagerungen auf, die auch auf höheren Verebenungsflächen - etwa im Umkreis der Fundstelle - nicht häufig sind. Selten ist dagegen an Terrassenkanten mit ausreichender Auftaufläche ein Podsol. Ganz kleinräumig treten durch Eulenguano angereicherte Bodenflächen auf (K. BLEICH 1977). Je nach Durchfeuchtung und Nährgehalt bilden sie die Unterlage für verschiedene Pflanzengesellschaften.

A 5 Vegetation:

Die Standortabhängigkeit der Vegetation wird in der hocharktischen Tundra besonders deutlich. Ganz generell engt sie sich auf die Niederungen mit genügender Sommerfeuchte ein. Auch die einen ausreichenden Boden bildenden Hangzonen tragen eine angepaßte Vegetation, während unstabile Partien und der Erosion ausgesetzte Kuppen und Flächen vegetationsfrei bleiben. Vereinfacht ausgedrückt, bildet sich neben Wasserpflanzen in den verschiedenen Gewässern, deren Masse in Entsprechung zur Erwärmung wechselt, in den nassen Niederungen vor allem Seggenbewuchs. Er geht in trockeneren Bereichen in Dryas-Bestände über, die häufig mit Kriechweiden durchsetzt sind, die nur in beschränktem Umfang reine Bestände von geringer Ausdehnung bilden. Eine vereinfachte Karte (Karte 2) zeigt die Aufnahme dieser Grobgliederung, die für unsere Zwecke ausreicht. Im Bereich der eigentlichen Fundstelle wurde eine genauere Kartierung ausgeführt, die eine stärkere Detailgliederung, aber auch die Standortabhängigkeit in kleinerem Maßstab gut erkennbar werden läßt (F. SCHWEINGRUBER 1977).

A 6 Fauna:

Eindrücklichstes Wild des Gebietes ist auch heute noch der Moschusochse, der an Zahl in den letzten Jahren stark zugenommen hat. Dafür mag einmal der bis vor kurzem sehr strenge und auch durchgesetzte Schutz dieser Tiere der Grund sein. Ein wichtiger Faktor könnte aber auch die zunehmende Frühjahrstrockenheit sein, die vielleicht durch geringeres Auftreten von Erkältungen durchnäßter Jungtiere die Verluste an Kälbern reduziert. Nach Ausweis der geborgenen Beutefauna war auch für die Umingmak-Jäger der Moschusochse das wichtigste sommerliche Jagdwild. In unserer Karte (Karte 1) sind die beobachteten heutigen Zugstraßen dieser Tiere, die in Herden bis 20 oder mehr Individuen durch die Seggenbestände ziehen, eingetragen. Da sich das Relief nur in geringem Umfang verändert hat, dürfen wir wohl annehmen, daß auch schon vor 3 500 Jahren ein ähnliches Wechselsystem bestanden hat, das sich vor allem westlich der Station verdichtet. Das Gesamtsystem ist von der Kuppe nördlich der Lagerzone gut zu übersehen, so daß die Jagd auf das langsam ziehende Wild je nach Windverhältnissen in geringer Distanz gleichsam fast täglich möglich ist. Nach den bisherigen, allerdings erst nur groben Bestimmungen der Skelettreste, sieht es so aus, als ob Bullen stark überrepräsentiert sind. Das könnte dafür sprechen, daß die Jäger die Kühe stärker geschont haben, um die Tierproduktion im nächsten Jahr zu sichern. Wir würden also hegerischen Vorstellungen begegnen, wie sie bei arktischen Jägern oder auch in abgewandelter Form bei Renzüchtern zu beobachten sind. Das leicht flüchtige Perryland-Caribou kommt in kleinen ziehenden Trupps von maximal fünf Tieren, meist nur zwei oder drei, im Sommer am Shoran Lake vor. Größere Herden bildet es hier nicht, so daß ein Sommeraufenthalt heute auf diese Bestände sicher nicht abgestellt werden kann, zumal die Wechsel nicht so stetig und gemächlich begangen werden wie beim Moschusochsen. Vielmehr wirken die Bewegungen des Caribous im Gelände unstet und unregelmäßig. Außerdem ist die genutzte Fläche, die den Dryas- und Weidenbereich mit einbezieht, erheblich größer. Dazu kommt auch noch, daß die eigentlichen Freßperioden selbst jeweils sehr kurz sind und auf frühe Beobachter

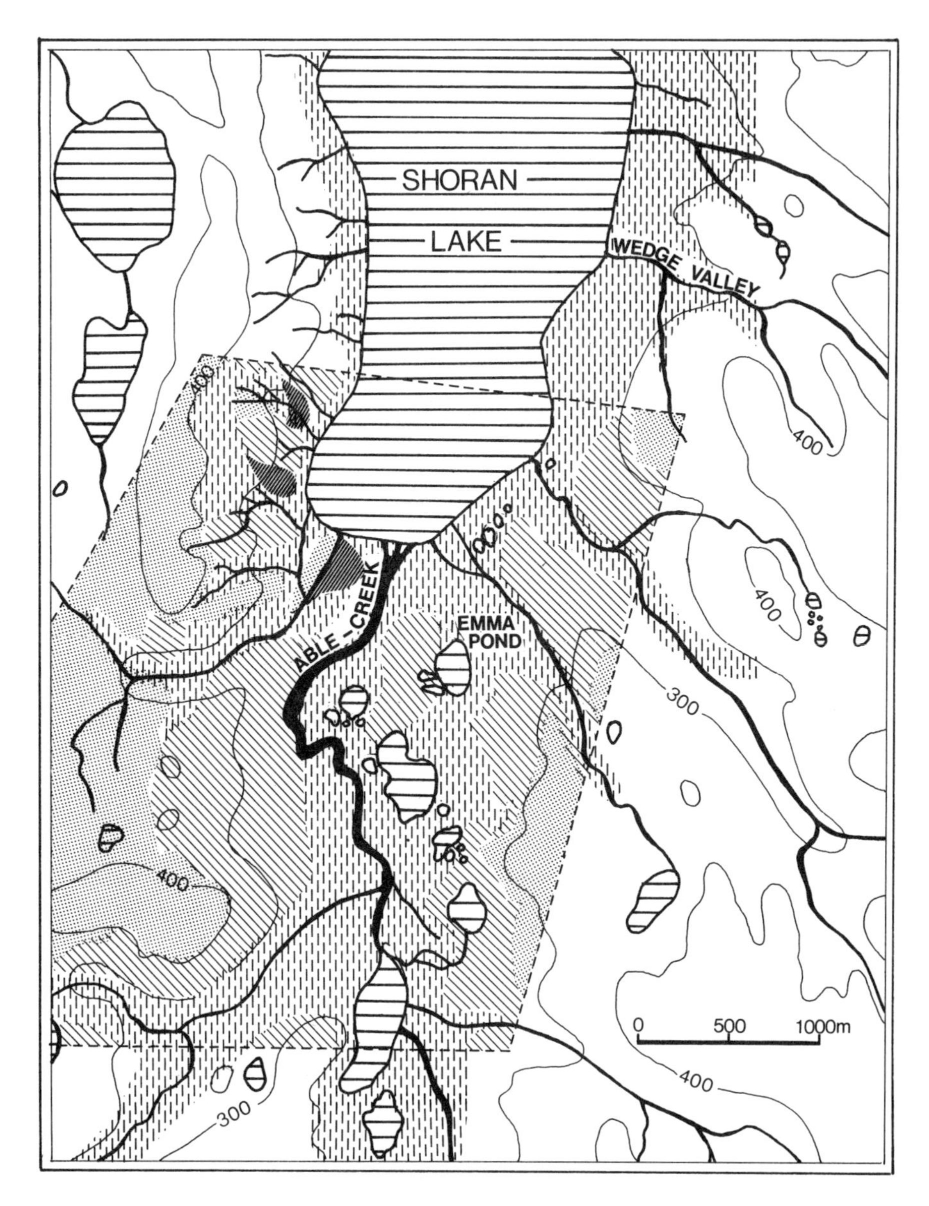

KARTE 2

VEREINFACHTE VEGETATIONSKARTE SÜDLICH DES SHORAN - LAKE
(Aufnahme des Verfassers Sommer 1975 im Ausschnitt)

Punktraster = Ödland ohne Vegetation,allenfalls lokale Flechtenbestände
senkrechte Schraffur = Vegetation mit Seggenanteilen
dünne Schrägschraffur = Dryaszone mit wechselnden Weidenanteilen
starke Schrägschraffur (südwestl. des Sees) = Gehölze vorherrschender Kriechweiden
Höhenkoten in feet

den Eindruck eines "wählerischen Verhaltens" gemacht haben. Tatsächlich ist aber dieses sehr bewegliche Verhalten eher als Schutz des nicht sehr wehrfähigen Tieres gegen den großen, meist im Sommer paarweise jagenden arktischen Wolf anzusehen. Er wurde nur in einem Sommer - als Paar - in der Nähe der Station beobachtet und entwickelte dabei eine beachtliche Streifgeschwindigkeit. An kleineren Säugetieren kommen Eisfuchs, Wiesel und ihre Beutetiere: Schneehase und Lemminge vor. Wie das Ren sind sie alle mit anteilig wenig Knochenresten in der Beutefauna zu finden. Sie treten, wie auch im heutigen Faunenbild, das übrigens nicht durch Bejagung verändert ist, da die Jagdzone der Inuit ihre Nordgrenze weiter südlich hat, neben den Moschusochsen stark zurück.

Die Vogelfauna ist im Sommer recht bunt. Neben allerdings zahlenmäßig seltenen Möven und anderen Kleinvögeln, darunter zahlreiche Ammern, treten als Durchzugsgäste im Sommer verschiedene Gänse und Enten, gelegentlich auch Kraniche auf. Außer eher seltenen Falken kommt die Schnee-Eule recht häufig vor, auch wenn ihre Bestände, wie die der Füchse, ganz offensichtlich vom Auftreten der Lemminge abhängen. Vogelknochen, wohl am ehesten von Gänsen und Enten, finden sich in geringem Umfang auch unter den Beuteresten. Das gilt ebenfalls für Fischreste. Heute scheint der Shoran Lake nur Lachs- und Seeforellen zu beherbergen, die sich offenbar jeweils von den Jungfischen der anderen Art ernähren. Ob das auch vor 3 500 Jahren so war, muß bis zur Analyse der gefundenen Fischknochen offen bleiben. Gänse und Enten werden sich nicht nur von pflanzlicher Nahrung, sondern vor allem auch von Weich- und Kerbtieren in den stärker erwärmten kleinen Tümpeln ernährt haben, wie sie das auch heute tun.

Damit sind die Hauptfaktoren der natürlichen Umwelt beschrieben, die heute genau so wie vor 3 500 Jahren der Nutzung durch den Menschen zur Verfügung stehen. Ihre relativen Anteile lassen sich ohne genauere Aufnahmen, als sie uns möglich waren, auch für die heutige Situation nicht angeben. Aber selbst eine solche Aufnahme würde noch nicht mit den Verhältnissen der uns speziell interessierenden Prä-Dorset-Phase übereinstimmen müssen. Zudem ist auch hier eine breitere Schwankung während der sicher über mehr als ein Jahrhundert sich erstreckenden menschlichen Nutzung anzunehmen. Im Prinzip dürfte der Bestand der Tiere aber ähnlich wie heute gewesen sein, zumal ja keine Bejagung störend eingreift. Allerdings ist einzuschränken, daß der weitziehende Wolf jetzt stark verfolgt wird und sein Besatz wohl kaum der ursprünglichen Situation voll entspricht. Die belegte Jagdbeute selbst aber deutet an, daß die Verhältnisse kaum sehr anders gewesen sein können, vorausgesetzt, daß nicht eine spezielle jagdtechnische Selektion erfolgte. Aber das scheint eher unwahrscheinlich, zumal auch das Vorkommen der Prä-Dorset-Funde sich im Bereich der Caribou-Herdenzone im Süden verdichtet, die ja auch in engem Zusammenhang mit den Inlandjagdregionen späterer Eskimokulturen steht.

B 1 Nahrungsbeschaffung:

Betrachten wir als ersten anthropogenen Faktor unseres Systems die Technik des Nahrungserwerbs, so steht wieder die Jagd auf den Moschusochsen im Vordergrund. Durch sein gegenüber angreifenden Wölfen entwickeltes Verteidigungsverhalten, das bekanntlich in einer Phalanx-Bildung besteht, ist er für den Menschen durch Einsatz weitertragender Waffen relativ leicht zu erbeuten. Allerdings bedarf es wohl nicht nur einer kräftigen Knochenspitze, wie sie im Fundinventar mehrfach belegt ist, sondern auch einer Speerschleuder, wie wir sie sicher voraussetzen dürfen. Der Schaft der Waffe bestand am ehesten aus Treibholz, das wohl an der Westküste gesammelt werden konnte. Es wird durch den Mackenzie in das offene arktische Meer geschwemmt und dann durch die sommerlichen Westwinde angelandet. Die Waffen wurden ausschließlich mit Steingeräten gefertigt, die in mannigfach spezialisierter Form bei den Grabungen gefunden wurden. Sie sind zum Teil derart fein, daß sie nur durch den Einsatz knöcherner "Flaker" ausgeformt werden konnten. Auch sie sind im Fundgut belegt. Als Rohmaterial diente für die Steinwerkzeuge ein extrem feinkörniger bis kryptokristalliner Silex; für Schneidegeräte und Waffenspitzen auch ein feinkörniger weißlicher Quarzit. Beide Gesteine kommen in den örtlich anstehenden Schottern vor. Auch bei der Jagd auf andere Säugetiere wurden ähnliche Waffen eingesetzt, die sich aber in den Details - wie im anschließenden Dorset- und vor allem in ihrer Größe unterschieden haben dürften. Falls Lemminge bei reichem sonstigen Nahrungsangebot überhaupt gejagt wurden und nicht nur als Opfer anderer Todesursachen in das Fundinventar gerieten, können sie auch mit Hilfe von Schlingen erbeutet worden sein. Das dürfte auch für einen Teil des Federwildes gelten, das aber möglicherweise auch schon mit Pfeil und Bogen gejagt worden ist, für die uns allerdings in dieser Zeit in der amerikanischen Arktis der positive Nachweis noch fehlt. Unklar bleibt auch, ob das Fleisch von Raubtieren und Greifvögeln gegessen wurde. Für Füchse ist das zumindest in bezug auf Jungtiere nach sibirischen Parallelen aus historischer Zeit durchaus anzunehmen, ob aber auch etwa für Wölfe, ist gänzlich ungewiß. Zumindest, wenn man von der normalen Nahrungsbeschaffung, also nicht etwa unter Einbeziehung von Notsituationen, ausgeht. Über die Nutzung von Fellen und Bälgen wird weiter unten zu reden sein. Nach Ausweis der Reste wurden in den Sommersiedlungen von Umingmak auch erbeutete Fische, die wohl eher geangelt als unbedingt in Fischwehren gefangen wurden, genutzt.

Keine eindeutige Aussage ist vorerst über eventuelle Sammelpflanzen möglich. Sie mögen eher im Herbst und Winter an der Küste gefunden worden sein, wo einige nutzbare Arten verfügbar gewesen sein dürften. Nur das Brennholz könnte einen gewissen Zusammenhang mit der Nahrungsbeschaffung oder doch zumindest mit deren besserer Auswertung zu tun haben. Nach F. SCHWEINGRUBER (1977) wurde als Brennholz vor allem die allgemein verbreitete Kriechweide verwendet. Da die jeweiligen sommerlichen Wuchsperioden nach Ausweis der Holzkohlenanalyse nicht abgeschlossen sind, müssen diese buschartigen, tellerförmigen Gewächse am Standort - am ehesten durch keineswegs leichtes Ausreißen - gewonnen worden sein. Die von uns zunächst vermutete Möglichkeit, daß auch am Strand der Seen und Tümpel angeschwemmtes Treibholz gesammelt worden ist, scheidet damit als Hauptquelle aus. Wahrscheinlich ist tatsächlich das Angebot derartiger Ablagerungen aus angespülten Weideresten für intensivere Nutzung zu gering, auch wenn es für uns heutigen Ausgräber - vor allem wohl weil die Region seit mindestens zwei Jahrzehnten nicht mehr intensiver genutzt war - neben den Benzinöfen eine praktische Energiequelle im Lager darstellte. An dieser Stelle sei erwähnt, daß die nachweisbaren, flachen und kaum durch Steinsetzungen geschützten Feuerstellen offenbar durch Schutzmauern aus Moschusochsenschädeln gegen den ständigen und Energie verzehrenden Wind abgeschirmt wurden.

Auch wenn wir die Bedeutung der einzelnen Faktoren nicht exakt abschätzen können, wird auch hier wieder deutlich, daß die Nahrungsmittelbeschaffung des Menschen vor allem auf den Moschusochsen konzentriert war. Diese Tatsache stimmt voll mit der Wertigkeit der oben beschriebenen nichtanthropogenen Umweltfaktoren überein. Auf jeden Fall sind Ren, andere Säugetiere, die z. T. vielleicht nur Fellieferanten waren, weniger wichtig. Das gilt auch für die nur periodisch in größerer Zahl auftretenden Vögel, zu denen auch die sicher zu sammelnden, im Shoran-Lake-Becken aber eher seltenen Gelege zu rechnen sind, wie wohl auch für die Fische. Allerdings ist hier Vorsicht geboten, da schon in anderen wenig weit entfernten Frühjahrs- und Herbstlagern, etwa am flachen Ausfluß des Shoran Lake im Norden, die Anlage von Fischwehren recht sinnvoll gewesen sein könnte, um Teile der auf- und absteigenden Tiere im Stile der späteren Eskimofischtechniken zu erbeuten.

Ein letzter Blick sei in diesem Zusammenhang noch auf die Anlage von Vorräten gerichtet. Grundsätzlich muß man derartige Verfahren im Bereich der langen arktischen Winter voraussetzen. Die Masse der erbeuteten Moschusochsen, die im warmen Sommer ohne weitere Vorkehrungen rasch ungenießbar werden dürften, sind wahrscheinlich zu Trockenfleisch verarbeitet worden. Später im Jahr geschossene Tiere können auch eingefroren werden, eventuell sogar in Vorratsbauten aus Stein, die allerdings sicher von den Winterlagern nicht weit entfernt standen. Auch Fische lassen sich trocknen oder tieffrieren, wobei das gleiche Transportproblem entsteht, das sicher ohne Schlitten nicht lösbar ist. Auch damit ergibt sich wieder die hohe Wahrscheinlichkeit, daß die Bewegungen von der Küste, wo wir die Winterlager am ehesten vermuten müssen, schon relativ früh im Jahr, im Mai oder Juni, erfolgten. Die Rückwanderung dagegen spät, im September oder Oktober, zumal man ja auch noch die Vorräte am Sommerlagerort zur Verfügung hatte. Daß zwischen diesen beiden Hauptlagern im Winter und im Sommer im Inland noch Zwischenlager für Fisch- und Vogeljagd eingeschaltet gewesen sein können, ist natürlich möglich. Allerdings ist es fast wahrscheinlicher, daß nur im Frühling ein echtes Zwischenlager eingenommen wurde - wo eventuell auch Vorräte vom letzten Sommer warteten, während im Herbst eher Nebenlager in der Umgebung des Sommerlagers sinnvoll gewesen sein könnten. Ein beigegebenes, freilich sehr hypothetisches Schema soll das veranschaulichen (Abb.1).

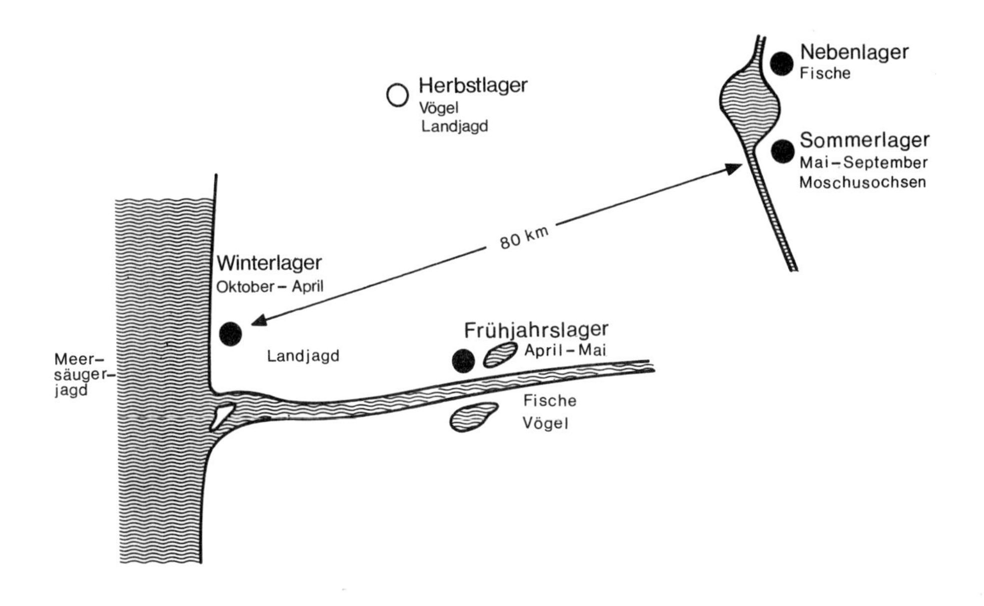

Abb. 1

HYPOTHETISCHE SAISONALE VERTEILUNG DER LAGER DER PRÄ - DORSET - JÄGER VON UMINGMAK

(Station Umingmak = Sommerlager mit betonter Vorratswirtschaft im Sommer)
Bezugsbasis stellt die Westküste von Banks-Island lediglich als Möglichkeit dar.

B 2a Körperschutz, Kleidung:

Ein wesentlicher technischer Faktor ist in der Hocharktis die Kleidung. Mit Ausnahme einiger vielleicht von Kleidungsstücken stammenden Fellresten fehlen alle unmittelbaren Belege dafür in unserer Station. Indirekt wird aber eine sicher schon komplexe und vor allem winddichte Kleidung durch sehr feine Nähnadeln aus Knochen belegt, wie sie ganz allgemein für paläoeskimoische Kulturen typisch sind. Wenn uns auch Details fehlen, so dürfen wir doch annehmen, daß sich bereits Sommer- und Winterkleidung unterschieden und vor allem den Jägern die notwendige Beweglichkeit lassen mußten. Daß als Material nur Felle und in Sonderfällen auch geeignete Vogelbälge zur Verfügung standen, ist vorauszusetzen. Nähmaterial war ebenso sicher nach Ausweis der geringen Öhrweite der Nadeln gespleißte Sehne. Ob dabei schon die Rükkensehnen der Caribous bevorzugt wurden, wie das in historischer Zeit der Fall war, ist freilich offen. Besonders wichtig waren winddichte Konstruktionen, so daß man wohl annehmen kann, daß Parka und Anorak zumindest in Vorformen schon vorhanden waren. Wir dürfen auch damit rechnen, daß die Kleidung bereits mit Fellornamenten und aufgenähten Perlen aus Knochen, die im Fundgut vorkommen, verziert gewesen sind. Beide Verfahren sind weltweit schon im Jungpaläolithikum belegt und treten auch bei allen historischen Gruppen der eurasiatischen und amerikanischen Arktis auf. Sicher ist jedenfalls, daß erst eine möglichst gut den klimatischen Anforderungen angepaßte Kleidung überhaupt das Überleben in der Hocharktis ermöglicht. Eine entsprechend lange Entwicklungszeit für die zugehörigen Gerbe- und Schnitttechniken muß vorausgesetzt werden.

B 2b Körperschutz, Behausung:

Daß im Winter stabile Häuser vorhanden gewesen sein müssen, läßt sich gewiß annehmen, denn ohne diese ist das Überleben im hocharktischen Bereich ausgeschlossen. In Nordgrönland gibt es etwas ältere Befunde ebenfalls in einem Moschusochsengebiet, allerdings oft küstennah, die am ehesten als Kombinationen aus Steinsetzungen und Sodenlagen zu interpretieren sind. Sie zeichnen sich durch relativ große Innenherde aus. In Umingmak wurden bisher keine Strukturen nachgewiesen, die sicher als Behausungsreste zu deuten sind. Offene, flache Sommerfeuerstellen sind vorhanden. Sie wurden mit gesammeltem Holz und mit fetthaltigen und daher brennbaren Knochen beschickt. Da die Feuerstellen z. T. eindeutig durch Schädelsetzungen gegen den Windzug geschützt sind, müssen wir annehmen, daß wenigstens einige von ihnen, wenn nicht überhaupt alle, im Freien lagen. Ob die zugehörigen Zelte kleine leichte Familienzelte aus Fell oder Haut waren, bleibt freilich unklar. Sie könnten Formen aufgewiesen haben, wie wir sie aus dem späteren Dorset in Spuren kennen oder wie sie auch noch historisch bei den Netsilik etwa vorkamen. Möglich ist auch, daß nur kleine Schlupfzelte für zwei bis drei Personen ausschließlich zum Schlafen während Regenphasen benutzt wurden, während für die normale trockene Sommernacht einfache

Fellsäcke aus Moschusochsenhäuten völlig ausreichten. Nach den bisherigen Befunden scheint nur sicher, daß stabilere Behausungen in der Station Umingmak jedenfalls fehlen, andererseits aber auch nicht notwendig waren. Das gilt vor allem naturgemäß dann, wenn das sommerliche Jagdlager etwa nicht von ganzen Familien aufgesucht wurde, sondern nur von einigen gemeinsam tätigen Jägern. Doch dazu noch mehr unter B 4.

B 3 Geistiger Schutz:

Auch dieser Bereich sollte in unser System einbezogen werden, da der grübelnde und in seinen Vorstellungen reflektierende Mensch vor allem in einer derart harten und beeindruckenden Umwelt ohne eine Absicherung seiner Hoffnungen, die man als "geistigen Schutz" sehr vereinfachend subsummieren kann, kaum überlebensfähig ist. Auch wenn wir die Einzelheiten nur schwer interpretieren können, sind genügend Objekte vorhanden, die durch ihre Ornamente erkennen lassen, daß sie einschlägige Funktionen besessen haben müssen (H. MÜLLER-BECK 1977). Interessant ist dabei, daß die Vorstellungen vor allem um das flüchtige Caribou und den eindrücklichen Bär kreisen. Schon das zeigt, daß bereits die Umingmak-Jäger vor allem im Herbst auf die streifenden Rentiere an der Küste, bzw. in deren unmittelbarem Hinterland, angewiesen waren. Daß der Bär und sicher vor allem der Eisbär, auf dem Festland aber auch der Braunbär, also besonders eindrücklich empfunden wurden, läßt ein Blick auf die obenerwähnte Jagdwaffenausstattung leicht verstehen. Es spricht einiges dafür, daß die Darstellungen schon als Schöpfungsmythen zu interpretieren sind. Wir hätten damit ein religiöses Niveau vor uns, das über einfache, unmittelbar auf die Tiernutzung zielende, religiöse Praktiken weit hinausgehen würde. Auch wenn naturgemäß, wie bei allen Jägern, die Handlungen in religiöser Versenkung letztendlich der Sicherung einerseits des Tierkontaktes und andererseits der Erbeutung des gesichteten Tieres dienen. Es ist gut, sich klar zu machen, daß die höheren Mächte ja dafür sorgen müssen, daß überhaupt Tiere geboren werden, die dann auch in die Reichweite des jagenden Menschen gelangen,und daß schließlich das Jagdglück selbst, das ja nicht allein durch technische Vorkehrungen im profanen Sinne gesichert werden kann, sich einstellt. Allerdings ist dabei zugleich zu betonen, daß die uns profan scheinenden technischen Vorkehrungen und jene Praktiken, die wir als "kultisch" bezeichnen würden, für den noch undifferenzierten steinzeitlichen Jäger eine in sich untrennbare Einheit bildeten. Das heißt, daß jede technisch bedingte Tätigkeit zugleich religiöse Bezüge besitzt. Nur in besonderen Fällen verdichten sich die Praktiken so sehr, daß sie ausschließlich abstrahierend zu kultischen Handlungen werden. Wenn man so will, sind es Rückversicherungen gegen das Unfaßbare, gegen all jene Dinge, die der Mensch durch rein körperliches Geschick nicht mehr beeinflussen kann. Eine Grenze, die gerade dem Menschen in der Hocharktis besonders bewußt sein mußte, sei es beim Mann auf der Jagd oder bei der Frau im Zusammenhang mit dem Durchbringen ihrer Kinder. Nur solange man sich auch in abstrakter, übermenschlicher Hinsicht trotz aller Zweifel einigermaßen sicher fühlt, steht man überhaupt die psychischen Belastungen der winterlichen Hocharktis durch. Daß man sich darum auch aktiv, wenn auch in den Details für uns unerkennbar, bemüht hat, zeigen die genannten Ornamentierungen, unter denen das Caribou durch klare "Hieroglyphen" (Heilige Ritzungen!) als Gesamttier und der Bär durch seine Spurenbilder eindeutig zu erkennen sind.

B 4 Soziale Kommunikation:

Noch schwerer und praktisch ausschließlich indirekt ist in unserer Station dieser wichtige menschliche Faktor zu erschließen. Denn unbestritten ist der Mensch ein soziales Wesen, das allein nicht existenzfähig ist und entsprechende Kommunikationsmechanismen entwickeln muß. Auch diese sind so sehr mit dem alltäglichen Lebensablauf verzahnt, daß sie sich nur deskriptiv allenfalls von ihm trennen lassen. Gewiß fertigen die Jäger ihre Waffen selbst, aber schon Geschosse können ausgetauscht werden, allein schon zu Erprobungszwecken. Mütter tauschen genau so leicht Erfahrungen bei der Kinderbehandlung aus. Vor allem aber hat man alle eigenen Tätigkeiten zunächst einmal von Älteren, meist wohl von den eigenen Eltern, gelernt. Wobei bei Jägervölkern darunter zwar in der Regel die leibliche Mutter, aber nicht unbedingt der leibliche Vater zu verstehen ist, gewiß aber der Mann, der mit der Mutter lebt, also der abstrakte, der "soziale" Vater. Denn gewiß dürfen wir davon ausgehen, daß in der Arktis der Jäger ohne Frau, die für seine Kleidung und für seine Behausung zuständig ist, schlichtweg nicht existieren kann. Genau so klar ist, daß ein Kleinkind ohne leibliche Mutter, die nur sehr schwer durch eine andere Frau zu ersetzen ist, es sei denn, diese hat eben selbst ein Kind verloren, nicht durchkommen kann. Die soziale Kommunikation beruht also einmal auf der Frau-Mann- und zum anderen besonders stark auch auf der individualisierten Mutter-Kind-Beziehung. Bedeutsam ist das Lern- und Lehrverhalten, das allein schon durch die Vielfalt der das Überleben sichernden Techniken im weitesten Sinne in der Hocharktis in einer langen Jugendzeit vorauszusetzen ist. Dazu kommt das Zusammenwirken bei den verschiedensten Aktivitäten, von den Hebammendiensten bei der Geburt, über die gemeinsame Jagd bis zur gemeinsamen kultischen Handlung. Alle drei Bereiche, wenn wir sie auch nur indirekt belegen können, dürfen wir voraussetzen. Schwieriger ist dafür der unmittelbare Beleg zu erbringen, wie schon anfangs gesagt. So wissen wir nicht einmal konkret, ob Frauen und Kinder überhaupt im sommerlichen Moschusochsenjäger-Lager am Shoran Lake anwesend waren. Sie könnten durchaus an der Küste zurückgeblieben sein, während nur ein Teil der zugehörigen Männer im Inland der Vorräte schaffenden Moschusochsenjagd oblagen. Daß sie auch bei einem solchen räumlich differenzierteren Modell in das Gesamtsystem gehören, bleibt sicher dennoch unbestritten. Andererseits könnte das aber bedeuten, daß das Sommerlager jeweils nur relativ kurz - etwa am Ende des Sommers - besetzt war, um in großem Umfang Fleischvorräte für den Winter anzulegen und zum Winterlager zu bringen. Hervorzuheben ist dabei, daß es durchaus möglich wäre, eine derartige Differenzierung nachzuweisen. Notwendig wäre lediglich eine gut dokumentierte Ausgrabung eines großen, etwa gleichzeitigen, gut erhaltenen Küstenlagers. Hier wäre festzustellen, ob es lediglich eine Winterbesetzung hatte. Würde es zudem noch gelingen, die tatsächliche Aufenthalts- und Nutzungsdauer aus Tier- und Pflanzenresten zu rekonstruieren, was durchaus bei genügendem Fundanfall und ausreichender Sorgfalt möglich ist, ließe sich der Gesamtzyklus des sich im Raum bewegenden Systems vollständiger rekonstruieren.

Zum Schluß kann also darauf verwiesen werden, daß wir bisher nur den sommerlichen Teil des Ökosystems in seinen Hauptfaktoren erfassen konnten, das den Prä-Dorset-Jäger auf Banks Island umschloß. Nach den gemachten Ausführungen ist es müßig, auf die Komplexität dieses Systems hinzuweisen. Es ist zwar noch relativ einfach, erhält aber durch die Extreme klimatischer Voraussetzungen eine wohl eher überraschende Vielfalt. Zugleich vermag eine derartige Beschreibung zu verdeutlichen, wie komplex menschliche Ökosysteme im Bereich noch differenzierterer technischer Vorgänge und wie schwierig ihre Rekonstruktion dann aufgrund archäologischer Befunde sein müssen. Trotzdem können die Arbeiten in der Arktis dazu beitragen, entsprechende Methoden zu entwickeln, die letzten Endes auch bessere kultur- und siedlungsgeographische Einsichten erlauben. Gewiß aber nur unter Berücksichtigung der natürlichen Umweltfaktoren, die in unserem Zusammenhang erst das Verständnis des Gesamtsystems überhaupt ermöglichen.

ZUSAMMENFASSUNG

Nach den bisher vorliegenden Auswertungsergebnissen der Ausgrabungen in der Prä-Dorset-Station Umingmak im zentralen Banks Island werden die Hauptfaktoren des den Menschen bergenden Ökosystems beschrieben. Dazu gehören die natürlichen, bestimmenden und nutzbaren Faktoren genauso wie die ergänzenden anthropogenen Teile des Systems. In der ersten Gruppe werden bei Begrenzung auf den im Lager belegten Sommeraufenthalt: Klima, Gesteinsbildung, Geomorphologie, Bodenbildung, Vegetation und Tierwelt näher beschrieben. Dazu kommen die nur z. T. näher faßbaren ergänzenden menschlichen Aktivitäten: Nahrungsbeschaffung, Körperschutz, Geistiger Schutz und die Soziale Kommunikation. Als Hauptergebnis wird die Moschusochsennutzung mit Unterlegung der zugehörigen Futtervegetation kartographisch dargestellt. Als Beispiel wird das Modell eines Küste und Inland einbeziehenden Lagersystems entworfen.

SUMMARY

Using the so far available results of the analysis of the excavations in the Umingmak site in Central Banks Island the main factors of the oekosystem sheltering man are described. Those factors include limitating and usable natural ones as well as additional ones made by man. In the first group restricting them to those for summer conditions documented in the inventory of the site are listed: climate, sedimentation, geomorphology, soil formation, vegetation and fauna. There are also mostly only partially fixable human activities as food production, shelter, clothing included, for the body as well as for the mind and social communication. As main result a map on the muskox use together with the feeding vegetation is represented. As an example a model of a camp system combining coastal and inland areas is given.

LITERATUR

BLEICH, Klaus: Soil and Landscape Development in the Region of Umingmak. In: H. Müller-Beck (ed.) 1977, 111-131.

HAHN, Joachim: Besiedlung und Sedimentation der Prä-Dorset-Station Umingmak I D, Banks Island, N.W.T. Polarforschungen 47, 26-37, 1977 (1978).

MÜLLER-BECK, Hansjürgen (ed.): Excavations at Umingmak on Banks Island, N.W.T., 1970 and 1973. Preliminary Report. Urgesch. Materialh. 1, Tübingen 1977.

SCHWEINGRUBER, Fritz: Vegetation Studies in the West Canadaian Tundra: Central Banks Island - Shoran Lake. In: H. Müller-Beck (ed.) 1977, 82-104.

SCHWEINGRUBER, Fritz: Results of the Examination made on Charcoal from Umingmak. In: H. Müller-Beck (ed.) 1977, 105-111.

Anschrift des Verfassers:

Prof. Dr. Hansjürgen Müller-Beck
Institut für Urgeschichte
Universität Tübingen
Schloß
D-7400 Tübingen

RESOURCE DEVELOPMENT AND POTENTIAL IN NORTHERN ALBERTA [1)]

R. G. Ironside, Edmonton

This paper discusses the economic, planning and environmental implications of existing and potential resource development in northern Alberta, a frontier region in Canada. Resources by definition, exist only when they are recognized as being of utility to people. A pertinent question in this respect is how are the benefits resulting from their exploitation distributed? In particular, to what extent have residents of the region in which resource development occurs, improved their livelihood and quality of life? The contradiction between high unemployment and rich resources should be examined. Why is the region a welfare frontier in such circumstances? Local attitudes in particular, reflect a concern for less pollution, for more regional participation in resource development and for more planning control.

Population and Resources

Northern Alberta is a large, sparsely populated region of some 435.000 square kilometres (Census Divisions 15 and 12), more than one and a half times the size of the Federal Republic of Germany. Only 170.122 people (1976 Census) live in the small towns and villages (900 - 2.700 population) and the two large settlements of Grande Prairie (17.471) and Fort McMurray (15.424). The population is becoming more urbanised with both of these centres exhibiting strong rates of growth since 1971, some 34 % and 12 % respectively. All five of Alberta's new towns are in the region: Fox Creek (oil and gas), Grande Cache (coal), Rainbow (oil and gas), High Level (oil and gas , transportation and agricultural servicing) in the Peace River region and Fort McMurray (tar sands) in north east Alberta (Figure 1). Today, approximately 45 % of the population lives in urban municipalities. There are also 14.642 Treaty Indians (BROOKS, 1977), 43 % of Alberta's total and 3.046 Metis. In addition, there are probably about 50.000 non-status Indians out of the 80.000 in Alberta, living in the North. They are not identified separately in the Census of Canada which makes their ennumeration difficult.

Although the population of northern Alberta has grown 14 % since 1971, a 1 % faster growth rate than the province, the region has just maintained its 9 % share of the province's total population. Net in-migration to the boom town conditions of Fort McMurray and a high rate of natural increase among native people, have been offset by net-out migration from the Peace River region which has 107.000 (C.D.15) compared with the 63.000 (C.D. 12) of north east Alberta. Total population in absolute or relative terms, compared with the province, is small. Indeed, it is only approximately one third that of metropolitan Edmonton.

1) Acknowledgement to the cartographic staff at the Department of Geography, University of Alberta, the Peace River Regional Planning Commission and The Government of Alberta is made for assistance.

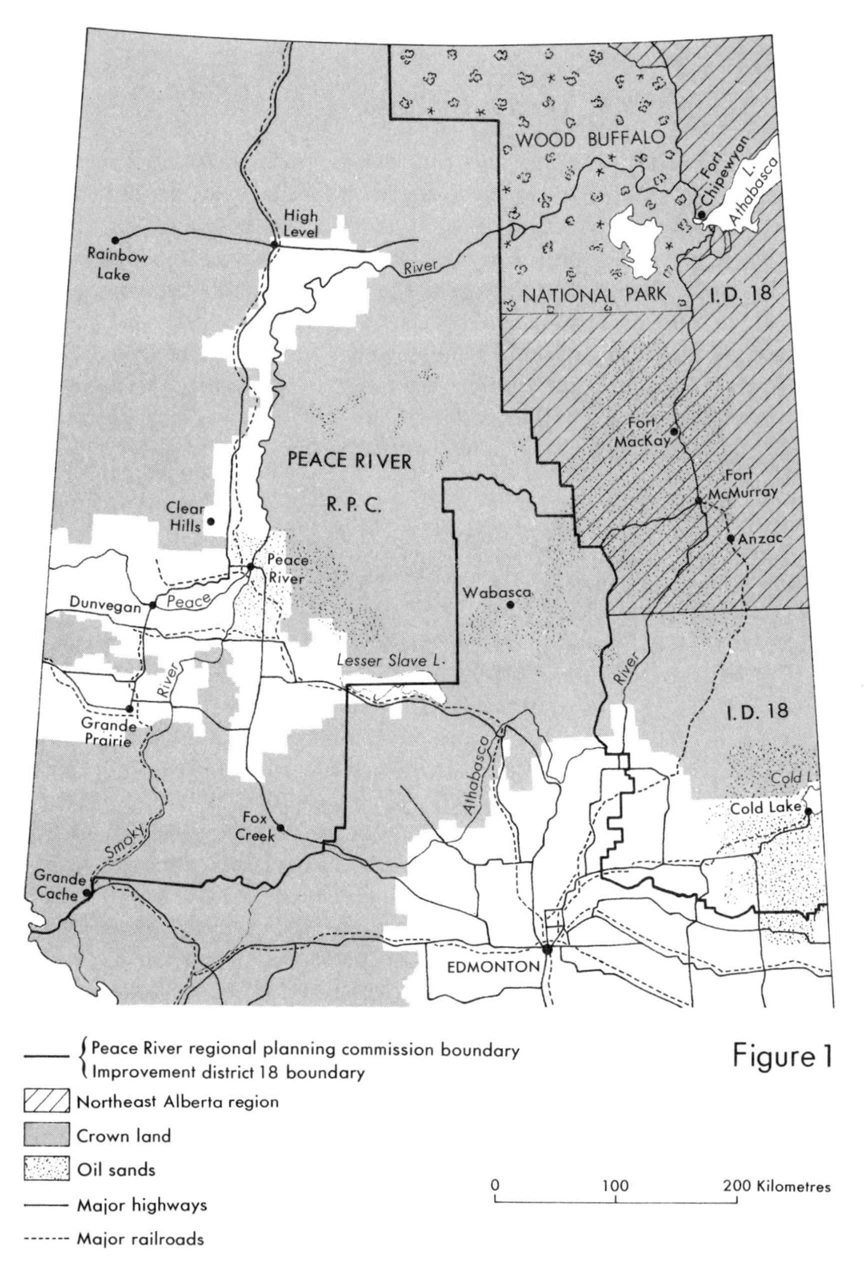

Figure 1

THE PEACE RIVER AND FORT McMURRAY REGIONS OF NORTHERN ALBERTA

Acknowledgement to Uuno Varjo, Oulun Yliopisto, Maantieteen Laitos, Oulu for printing permission

The stereotype images of the homestead farming in the Peace region and the tar sand development in north east Alberta, are both misleading, the former more than the latter. The diverse resources of the Peace region, other than land, have pushed agriculture into the background as the major economic activity. In net dollar returns to the region, the oil and gas and the woods products industry, as well as expenditures by the public sector, are all considerably greater than those of agriculture, although farming still employs the most people (IRONSIDE and FAIRBAIRN, 1977). In particular, the public sector, unlike the other sectors where ownership of most firms lies outside the region, has a large impact in terms of salaries, wages and capital investment because there is no leakage of profits from the region. Taxes of course leave the region but there is a 6:1 ratio in the flow of expenditures from Government into the region compared with the dollar value of taxes leaving the region.

The most recent inventory of resources in the Peace region, as revealed in the Regional Plan of the Peace River Regional Planning Commission, includes:

- 3 billion barrels of conventional crude oil proven
- 75 billion barrels of recoverable oil in tar sands
- 200 billion cubic metres of natural gas
- 40 million board feet of coniferous saw timber and 100 million cords of coniferous pulpwood
- similar quantities of aspen poplar saw timber and pulpwood
- low grade sedimentary iron ore estimated at 227 million tons proven
- 250 to 500 million, tons of coking coal
- 40 % of the province's hydro-electric power
- 4 to 8 million hectares of potential agricultural land

(Patterns for the Future, 1976)

This impressive array of resources belies the arcadian, homestead image of the Peace region.

The north east region is a frontier much less economically diversified than the Peace region. The tar sands are the dominant resource base in terms of exploitation and potential. About 627 billion barrels of bitumen exist in the Athabasca deposit alone, as estimated by the Alberta Resources Conservation Board. Surface mining can recover 38 billion barrels which will produce 26.6 billion barrels of synthetic crude. In situ methods will be able to recover 110 billion barrels or some 80 billion barrels of synthetic crude. A 95 % recovery rate of the sulphur content (5 %) in the bitumen will produce enormous quantities of sulphur. In addition, 200 million tons of titanium (10 % of known world reserves) and 56 million tons of zirconium (1.5 times known world reserves) are also present. In total, from all the tar sands of northern Alberta, including the Athabasca, Wabasca, Cold Lake and Peace River deposits, an estimated 250 billion barrels of synthetic crude oil is recoverable compared with 13 billion barrels of conventional oil reserves in Canada (Northeast Alberta Regional Plan).

Other industrial minerals include deposits of gypsum, sand, gravel, rock salt, limestone, granite, coal and uranium but low grades, small deposits and inaccessibility have conspired to delay their development. Only 1 % of Alberta's timber is produced from the region. The hydro-electric power potential is much less than that of the Peace region although a dam site on the Slave River at Mountain Rapids could produce between 1.500 and 2.150 megawatts. In comparison the City of Edmonton's peak consumption at one point in time is 600 megawatts. Apart from the southern part of the north east region around Lac La Biche and along the Slave River in the north, there is little existing or potential agricultural land.

With this perspective of northern Alberta it would now be pertinent to turn to specific examples of resource development in order to ascertain what their impact has been or may be in terms of the implications mentioned above.

The Land Resource and Agriculture

The Peace region has the largest tract of potential agricultural land in Canada, some estimates being as high as 8 million hectares. Historically an agricultural frontier, it is the only location in Canada where individual homestead applications can be made. However, only 80 were made last year, a sharp decline from the 1.399 civilian homestead sales made in 1965 (Public Lands Division, 1978). This trend is, perhaps, a reflection of the economic and physical difficulties of farming in this frontier region. Applications are largely made today by communal groups such as the Mennonites in the La Crête and Fort Vermilion areas of the north Peace or the sons of existing farmers in the region, who wish to have land of their own and to take advantage of their father's machinery and financing. In practice, father and son(s) may work existing farmland and new homestead land as one operation.

Physical marginality for agriculture in the Peace is represented by a frost free period of 80 to 90 days on average, but which can vary from 22 to 166 days. With a 90 day minimum requirement for most grain crops, this means a high degree of risk is involved in cultivation though yields can also be high because of long hours of sunshine (IRONSIDE et al, 1974). With 31 % of the soils having a ph less than 6, the need for lime is considerable (Carcajou Research, 1977). However, local supplies do not exist, the nearest source being at Exshaw over 500 kilometres to the south.

Other physical problems arise when the land is cleared of bush for agriculture. Erosion control is a major problem because of the easily erodible glacial materials and the deeply entrenched river valleys. Gully erosion and slumping along roadside ditches and field drainage channels can be severe in the vicinity of river valleys. Near Tangent, for example, a gully 200 metres long and 30 metres deep has developed within 7 years (Carcajou Research, 1977). Sheet erosion also occurs on newly cleared land. In a region with shallow top soils, this erosion process presents the farmer with a dilemma of whether to continue to farm large fields with large machines in order to gain economies of scale, or to have smaller fields and protect his soil.

Farmers in the north are also faced with substantial extra economic costs, notwithstanding the vagaries of wheat and livestock markets. The distances over which their supplies have to travel are greater than for farmers 500 kilometres to the south. Consequently delays in obtaining parts and extra transportation charges, raise their costs. Conversely, their 'exports' from the region have so much farther to travel. Most cattle are slaughtered in Edmonton. Unfortunately, adverse rail freight rates on finished products deter the establishment of processing plants in the region. In the La Crête and Hines Creek areas, the absence of rail branch lines necessitates road haulage of grain up to 130 kilometres to railhead elevators. To this litany of economic disadvantages, can be added the high price of good land. At up to $ 750 per hectare, treble the price in 1971, it is little different from the cost in central Alberta.

Such economic and physical difficulties are undoubtedly reflected in the picture of marginality presented by the agricultural statistics. The 1971 Census shows that 38 % of farmers are non - commercial compared with 26 % for Alberta. Indeed, half of all farmers can only survive by doing off-farm work in the logging or oil and gas exploration during the winter. Using income tax data, the Alberta Department of Agriculture has calculated that for the Peace (C.D. 15) in 1974, only 35 % of farm income was provided by agriculture.

Although farm size has increased to an average of 300 hectares, it is hard not to be pessimistic about farming in the north when the potential for intensified production exists elsewhere in regions with better soils, climates and locations adjacent to markets. A recent government appointed Land Use Forum, examined land use in the province and advised that homesteading should not be allowed in the future, despite present government supervision to safeguard against increasing the number of marginal farms in the region. With land clearing costs of $ 250 per hectare and an estimated investment of $ 250.000 - 300.000 needed to develop a viable farm, it is clear that most new farmers, without such capital funds, are under-financed and incur a massive debt immediately.

The survival of the northern farmer is, nevertheless, ensured by a multitude of government programmes. The Government of Alberta is encouraging the build-up of beef cattle herds by a $ 26 million investment in 15-20 new public grazing reserves during the next 10 years. Cattle numbers have, in fact, increased 60 % since 1971. Under a Nutritive Processing Agreement between the provincial and federal governments, aid for new agricultural processing plants is forthcoming (Nutritive Processing Agreement, 1974). However, there is no overall plan for land development. The Public Lands Division reacts to applications for land. These are now few in number because of the high costs of successful homesteading. Agriculture, with some 8.000 farmers out of a labour force of 32.360 (1971 Census) in the Peace, is, nevertheless, the major direct employer, while indirectly the economy of most small centres depends upon the multiplier impact of the farmer's dollar.

The Timber Resource and the Forest Products Industry

The gross forest inventory of northern Alberta is substantial being about 174 billion f.b.m. of coniferous species and 127 billion of poplar. Problems of accessibility and difficult terrain, slow tree growth and world markets, have resulted in a much lower annual cut than is allowable for conservation purposes. Among the renewable resources it is timber which holds the most potential for expanding regional employment. The establishment of a large plywood plant in 1956 by North Canadian Forest Industries at Grande Prairie, which now employs 600 persons and in 1974, a pulp mill within commuting distance, employing 560 in the plant and 250 in lumbering and transportation, indicate the scale of the employment impact. As a result, Grande Prairie is experiencing considerable growth. Building permits issued by the city have risen from $ 16 million in 1976 to $ 25.8 million in 1977. More recent developments include the Swanson Lumber mill at High Level, the largest in Alberta and the Simpson Timber Company's Blue Ridge mill in the Whitecourt Forest. In 1977, 77 million board feet of lumber was produced and employment increased from 250 to 352, almost three-quarters being hired locally. A fully integrated complex is planned with glue products and fibre board plants and possibly a pulp mill. The company is 40 % owned by the Alberta Energy Company, a provincial government company. As with the tar sands in north east Alberta, the government is selectively participating in resource development. With a 1977 payroll of $ 4.7 million, $ 4.2 million paid to logging and trucking contractors and $ 1.4 million to construction firms, it is clear that the local impact is substantial. Evidence for this is found in the nearby town of Whitecourt which has increased its population from 2.800 in 1970 to 4.100 this year and its building permits from $ 1 million to $ 10 million. Not all forest products developments, however, have been successful. Near Slave Lake town a stud mill and other wood products firms in a new industrial park, assisted by government grants created 428 direct jobs but failed because of the collapse of the American housing market in the 1974 recession, the high costs of training native workers and pioneering the use of poplar lumber (MELLOR and IRONSIDE, 1978).

Recognizing the success of the forest products firms in creating employment in the north, the government has allowed them timber rights to much of the Green Zone or Crown land in Alberta surrounding the privately owned farm land or Yellow Zone. Most resource development in the north is in the Green Zone. Difficulties arising from this situation are that occasionally competing claims by companies for timber leases occur and suspicion has arisen that the government is restricting the development of potential farm land, especially for grazing, in the zone. More serious is the past exclusion of the Peace River Regional Planning Commission from participation in the decision-making over new resource developments. The latter come under the jurisdiction of individual departments of the provincial government. By the Planning Act of Alberta, regional planning commissions have no authority over the Green Zone which covers 60 % of the Peace region and nearly all north east Alberta. However, the new towns in the zone have many linkages to service centres in the agricultural Yellow Zone for which the Planning Commission does have responsibility (IRONSIDE, 1977, BILL 15, 1977). There is, as a consequence, no coordinated physical and economic planning in the Peace River region. Ad hoc liason is improving now as the Commission is being notified more of developments and involved in the preliminary discussions.

The Tar Sand Resource and the Petroleum Industry

The major resource development in north east Alberta involves the Athabasca tar sands. At present the Syncrude plant has been completed while the Great Canadian Oil Sands plant has been in production since 1967. They produce some 100.000 and 65.000 barrels of oil per day respectively.

> 'Each of these enterprises is essentially a mining and processing complex whose chain of activities include the following steps: removal of vegetation from areas to be mined; drainage of these areas; removal of overburden and lean tar sands; strip-mining of tar sands; extraction of bitumen from the sands; upgrading bitumen to lighter crude oil; and disposal of the tailings (waste material). Much raw material must be extracted per unit of product; one ton of oil-bearing sands yields only about one -half barrel of oil. Compared to the pumping of conventional crude, this is a laborious method of producing oil' (SEIFRIED,1977).

The massive dimensions of the Syncrude operation is indicated by the area to be strip mined over 25 years, approximately 4.500 by 7.500 metres. The sludge ponds and a tailings disposal area will cover 29.6 square kilometres, although as mining proceeds, tailings will be placed in mined -out areas.

It is these features which have caused concern about the environmental effects. When the construction of 10 or more such plants is a possibility then the physical impact, even in a relatively uninhabited wilderness region, can have serious ecological repercussions. Only now, after plants have been built, is environmental research proceeding. Some scepticism about the government implementing its strict environmental legislation has also arisen because of financial investment by the provincial government directly in the Syncrude operation. The sulphur dioxide emissions and relatively frequent violations of government standards, have already caused alarm. For specific details of the land surface, atmospheric and hydrological problems, SEIFRIED's article is informative. The environmental impact problem, however, is common to frontier resource development and is sharpened in the face of the regional preference for pollution free industry (People of the Peace, 1972). The federal and provincial governments, well aware of the adverse publicity of 'dirty', foreign owned industry, gave a grant of $ 13 million to the Proctor and Gamble Company to pay for pollution equipment at their pulp mill near Grande Prairie. Residents of the region also dislike the boom town social environment created by rapid resource development. Consequently, the Peace River Regional Planning Commission has recommended that no further new resource towns be created and that new projects be serviced from existing settlements or that temporary camps be used (Patterns for the Future, 1976).

The employment impact during and after the construction phase of the plants at Fort McMurray, has been considerable. The estimated peak construction labour force for the Syncrude plant was 7.200, while the Great Canadian Oil Sands plant permanentl employs 1.800 people. With the near completion of the former plant, there are only 1.400 workers on site but a permanent work force of 2.800 is expected. The population of Fort McMurray is now estimated at 24.000 with 30.000 forecasted by 1980. It is clear that if 10 or plants are built, the region's population will rise to around 100.000. This would necessitate the expansion of Fort McMurray and the construction of a new town 70-90 kilometres to the north where the thickness of the overburden still allows strip mining of the tar sands. Workers would then commute to the plants (IRONSIDE, 1977).

The accomodation, infrastructure and social problems engendered by the present boom conditions, galvanised the government into passing.The North East Alberta Regional Commission Act in 1974 which established the post of a Commissioner for a newly demarcated North East Region. He has sweeping powers to plan and coordinate private and public activities in the region. By 1976 a regional plan was produced and major research projects initiated with government financing, into the environmental and social impact of the tar sands development. In the absence of a Regional Planning Commission in the region, this ad hoc legislation was necessary. By this action, the lack of an appropriate regional planning framework for the province as a whole, which could integrate development of peripheral frontier regions with that in central regions, is highlighted.

Regional Benefits from Resource Development

It was pointed out in a previous study (IRONSIDE and FAIRBAIRN, 1977) that the relationship of the Peace River region and by extension, northern Alberta as a whole, to the industrial centres of Canada and the U.S.A., was almost a colonial one. The forest products, coal mining, oil and gas and tar sands companies are headquartered outside the region, the province and Canada. Profits and dividends flow beyond the region as a consequence. The residents of the region, though they do not participate directly through ownership of resource companies, benefit indirectly by new jobs. An exception is the government's Alberta Energy Company which has invested in the forest products and tar sands developments and has sold shares to Alberta citizens, including, no doubt, a few who live in the north of the province. Nevertheless, there is a growing feeling by northern residents that they should benefit more from development of the region's resources. Their participation, even in the new employment, is selective. Hiring for construction projects usually occurs in Edmonton, Calgary, Vancouver and elsewhere. For many jobs union membership is mandatory. Skilled tradesmen are required during the construction phase, while when production begins, the sophisticated technology of the resource industry needs qualified operators. These requirements exclude a large part of the region's labour force from being considered for new jobs. In particular, the Indian and Metis people do not have the necessary skills. Companies have been slow to establish training programmes for these people although provincial government vocational and other programmes to help them adjust to modern industry and an urban life-style, are now being relatively successful.

The booming resource projects mask the picture of stagnation or decline in over two thirds of the communities in the north. A provincial government survey last year reported that 20.4 % of all registered unemployed persons were in C.D. 15, the Peace region and 8.2 % in C.D. 12, north east Alberta. They were mainly in the construction, manufacturing, transportation and service industries. Included were particularly single people, females and those with grade 8 education or less. Unemployment rates are estimated as high as 15 % in some communities while unofficial rates as high as 80 to 90 % on Indian Reserves exist.

There is no doubt that Indian unemployment contributes substantially to overall unemployment levels. The cause lies, however, beyond the lack of work skills. It is embarrassing to note the fundamental problems of culture and environment which result in low educational qualifications of native people, which still exist. In a report in 1972 by Worth, there is a concise statement of present barriers:

> 'The evidence is uncompromisingly clear: native learners are caught in a network of mutually reinforcing handicaps ranging from material poverty through racism, illness, geographical and social isolation, language and cultural barriers, defacto segregation and simple hunger. And how does one study at home when home is a two room structure sheltering twelve people?'

An O.E.C.D. report (1975) on Canadian Indian education reported drop-out rates before the end of high school, as high as 70 to 95 %. Vocational training and adult education were praised but the overall conclusion was that a comprehensive programme for Indian education did not exist.

This frontier region, then, is still a disadvantaged periphery with isolated growth settlements often employing recent in-migrants in both temporary and permanent employment. Although long term residents have filled many of the new jobs, the potential for more of them to do so should be realized.

Potential Resource Development

Completely undeveloped resources in northern Alberta include the hydroelectric power potential of, especially, the Peace and Slave rivers; the energy locked in the deeply buried tar sands in the Peace River, Wabasca, and Cold Lake deposits and the Clear Hills iron ore. In addition major undiscovered conventional oil and gas reserves may exist such as the recently proven Elmworth-Wapiti gas field astride the British Columbia-Alberta boundary.

The iron ore deposits, if worked, could provide permanent employment for 1.200 people directly and 3.000 during construction of an ore beneficiation and steel plant, probably at Peace River town. Although the ores are relatively low grade (30 % iron), their size (227 million tons) make them the best potential source of iron ore in the four western provinces (People, Plans and the Peace, 1976). With recent interest by provincial governments and industry in establishing an integrated steel industry in the west, substantial research into the economic and technical problems of processing the ores has been initiated. It would seem, however, that considerable difficulties still exist in developing the deposits commercially.

The Peace River and Cold Lake tar sands lie at a depth of over 200 metres. Even 90 % of the Athabasca deposit lies at depths of up to 650 metres, too deep for surface mining methods of extraction. Pilot plants at Cold Lake and Peace River using in-situ extraction processes, are being planned to explore whether it is technically and economically feasible, to develop this resource. Environmentally, the impact of in-situ plants is much less than the mining plant operations at Fort McMurray. Economically, the impact will be just as great with permanent labour forces of up to 1.000 per plant. Such resource development with 10, 20 or even 30 plants forecasted could lead to a substantial population increase in northern Alberta.

The hydroelectric power potential of northern Alberta, like that of conventional oil and gas, will not create directly much employment. The construction phase for dams is the main employment source; technology requirements for the subsequent operation of dam and power stations, as in the case of gas plants or oil and gas pipelines, requires few personnel. For example, the Alcan Pipeline which will transport Alaska gas to the U.S.A., will pass through 300 kilometres of the Peace River region. The construction labour force will total some 550 union workers for each of two phases, most of whom will be hired outside the region (Alcan Pipeline, 1977). The main regional impact will be in terms of increased tax revenues for the Municipal Districts traversed by the pipeline.

Conclusions

The rich resource base of northern Alberta distinguishes this region as the part of the Canadian frontier where major population increases, perhaps permanent ones, may be possible. However, in the absence of adequate regional statistics it is difficult to measure to what extent the region's residents are benefiting from resource development. Unemployment data are incomplete particularly for Indians; there is no information on the numbers of in-migrants who take seasonal jobs with the oil and gas and forest products companies; there is no information on the overall extent to which new permanent jobs have been taken by recent in-migrants. In the case of the Slave Lake firms which failed, it was found that 46 % were taken by people resident in the region less than five years. The reason was a local labour shortage because of the long lead time it takes in social programming to train and prepare a native worker and his family for an urban-factory life style. The extent to which workers are benefiting, not only by increased wages but by new access to other material, recreational and cultural pursuits, is unknown.

What is known is that gasoline costs 20 % more in the north than in the Edmonton area, electricity bills are 40 to 100 % higher and natural gas 25 to 60 % higher (Peace River Regional Planning Commission, 1978). At the same time per capita incomes are 12 % below the provincial average according to the Alberta Bureau of Statistics in 1975. Residents in the region are querying these costs when so much of Alberta's energy is produced in the region! As a result of higher costs, the quality of life is lower, taxes are higher and municipalities can afford only basic services. With the refusal of the provincial government to share resource revenues with the municipalities, growing political opposition is emerging which has produced recently a revival of the demand for a province of the Peace River.

Yet, as has been pointed out (IRONSIDE and FAIRBAIRN, 1977), the government cannot be said to neglect the region. The public sector's expenditures in the region are immense relative to its small population. However, a redirection of government investment is needed to the human resources, particularly the further education and vocational training of school leavers, both white and Indian. The high unemployment clearly indicates that many people do not have access to the new jobs and incomes created by resource development. It takes a long time to produce an educated, skilled native worker, not least because of their living conditions. Inevitably, therefore, their participation in resource development now is constrained, when major efforts to assist them only began in the 1970s.

To assuage the feelings and finances of municipalities, a degree of revenue sharing by the provincial government is a possible solution. A portion of tax revenues from resource development in a region could be allocated to its municipalities. But the government needs to institute a regional accounting system if this is to happen. Resource poor regions would also not be happy if the regional basis was the only one for resource revenue sharing.

Residents of northern Alberta wish more processing of resources in the region in order to produce higher value products and higher wage jobs. This might help also to offset cyclical problems associated with resource industries. However, the freight rate structure will first have to be changed to favour the 'export' of processed products as well as raw materials. Such overdue changes would assist the region to change from a traditional peripheral role of raw material producer to one where enlarged secondary and tertiary sectors create a more balanced economy.

Above all, there is a need for an indicative plan from the provincial government which can provide guidelines for the regional planning commissions. The latter should be fully consulted over the implications of future resource development to aid their planning functions. The member municipalities can then plan adequately for the impact on their communities. In addition the North East Regional Commission should be changed from a government agency to a full regional planning commission with municipalities as members. With the exception of shared political sovereignty over resources, it is only by such advances that the region's poorer communities and native people will not be bypassed by the fruits of the impressive resource development in the region.

REFERENCES

(Alcan Pipeline):"Alaska Highway Project and 48 " Pipeline, Peace River Regional Planning Commission, Grande Prairie, 1977.

BILL 15: The Planning Act, 1977, Queen's Printer Edmonton.

BROOKS, I.R.: "Native People in Alberta: A Demographic Survey", Native Student Services, University of Calgary, 1977.

Carcajou Research Ltd.: "Agriculture in Northern Alberta: An Introductory Study", Northern Alberta Development Council, Edmonton, 1977.

IRONSIDE, R.G., V.B. PROUDFOOT, E.N. SHANNON, C.J. TRACIE: "Frontier Settlement", Monograph 1, *Studies in Geography*, University of Alberta, 1974.

IRONSIDE, R.G. and K.J. FAIRBAIRN: "The Peace River Region: An Evaluation of a Frontier Economy", *Geoforum*, Vol. 8, 1977, pp. 39-49.

IRONSIDE, R.G.: "The Planning Framework for Resource Development in Northern Alberta in *Rural Development in Highlands and High Latitude Zones*", Edited by L. Koutaniemi. *I.G.U. Symposium, Commission on Rural Development*, University of Oulu, Finland, 1977.

MELLOR, I. and R.G. IRONSIDE: "The Incidence Multiplier Impact of a Regional Development Programme: A Frontier Example", *The Canadian Geographer*, Vol. 22, 3, 1978.

"Northeast Alberta Regional Plan: Information Base", *Northeast Alberta Regional Commission*, Edmonton, Nov. 1976, p. 64.

Nutritive Processing Agreement, Subsidiary Agreement to the General Agreement between the Federal Department of Regional Economic Expansion and the Government of Alberta, 1974.

O.E.C.D. *External Examiner's Report*: "Internal Canadian Perspectives on Issues and Trends in Canadian Education", 1975.

Patterns for the Future: A Regional Policy Plan for the Peace River Region of Alberta. Peace River Regional Planning Commission. Grande Prairie, Sept. 1976.

Peace River Regional Planning Commission. *Peace River Energy Issues Study* (Part 15) 1978 (Forthcoming).

People of the Peace: Their Goals and Objectives. Peace River Regional Planning Commission, Grande Prairie, 1972.

People, Plans and the Peace: "The Clear Hills Iron Ore Deposits", Peace River Regional Planning Commission, Vol. 3. No. 4, April 1976.

Public Lands Division, Department of Lands and Forests, Government of Alberta, Edmonton, Personal Communication 1978.

SEIFRIED, N.: "Economic and Environmental Risks and Certainty in Frontier Resource Development: Case Study of the Athabasca Oil Sands." *Geoforum*, Vol. 8, 1977.

WORTH, H.W.: *Report of the Commission on Educational Planning*, Government of the Province of Alberta, 1972, p.8.

Anschrift des Verfassers:

Prof. Dr. R.G. Ironside
Dept. of Geography
University of Alberta
Edmonton T 6 G 2 H 4
Canada

REKULTIVIERUNG BERGBAULICH GENUTZTER GEBIETE IN ALBERTA

Hartmut Volkmann, Bochum

1. DIE NOTWENDIGKEIT VON REKULTIVIERUNGSMASSNAHMEN

Die Gewinnung fossiler Energieträger im Tagebaubetrieb führt zu nachhaltigen Eingriffen in die bestehende Kultur- bzw. Naturlandschaft. Angesichts der weltweit steigenden Nachfrage nach Energie und der gleichzeitig sich abzeichnenden Verknappung und Verteuerung wird die Berechtigung dieser flächenintensiven Abbautechnik kaum in Zweifel gezogen. Unabhängig davon stellt sich jedoch die Frage, was mit den ausgedehnten Flächen nach der nur zeitweiligen, häufig aber den Boden völlig zerstörenden Nutzung geschehen soll.

Die Antwort darauf wird in Abhängigkeit von mehreren Determinanten unterschiedlich ausfallen. Ein wesentlicher Aspekt dürfte neben der Gesellschaftsordnung und der dominanten Wirtschaftstheorie der Besiedlungsgrad und die 'Landreserve' des jeweiligen Staates sein. In der Bundesrepublik, einem Land mit hoher Bevölkerungsdichte, gelangt man notwendigerweise zu anderen Schlußfolgerungen als in Kanada, einem Land mit großen Landreserven, die noch der Erschließung harren (1). So scheint es nur natürlich zu sein, daß in der Bundesrepublik z.B. dem rheinischen Braunkohlebergbau bereits 1950 durch gesetzliche Bestimmungen auferlegt wurde, die ausgekohlten Tagebaue zu rekultivieren, d.h. sie der land- bzw. forstwirtschaftlichen Nutzung wieder zuzuführen oder für Siedlungen und Verkehrswege nutzbar zu machen. In ganz Nordamerika gab es ähnliche Auflagen nicht. Mitte der 60er Jahre hatten sich daher in den USA über 2 Mio acres (= 800 000 ha) durch Tagebaue zerstörtes Land angesammelt, Ausdruck eines "Laisser-faire" Denkens.

Angesichts der landwirtschaftlichen Überproduktion in den Industriestaaten und einer landwirtschaftlichen Nutzflächenreserve allein in Kanada von ca. 13 Mio ha, scheinen solche Flächen vernachlässigbar. Das trifft jedoch nur bei oberflächlicher Betrachtung zu, denn der Großteil dieser 'Landreserve' liegt in Marginalräumen und kann nur mit erheblichen Kosten kultiviert werden. Überwiegend gehört es den Klassen drei und vier der siebenstufigen kanadischen Bodenschätzung (Canada Land Inventory) an, in denen mäßige bis schwere Einschränkungen für eine landwirtschaftliche Nutzung festgestellt wurden.

---

1) Einige Symposiumsteilnehmer sprachen sich gegen einen solchen Vergleich aus. Vf. hält jedoch die vergleichende Beobachtung für ein wichtiges Prinzip geographischer Arbeit und die conditio sine qua non einer relevanten Prognose.

KOHLEFELDER UND HOCHWERTIGE ACKERBÖDEN IN ALBERTA

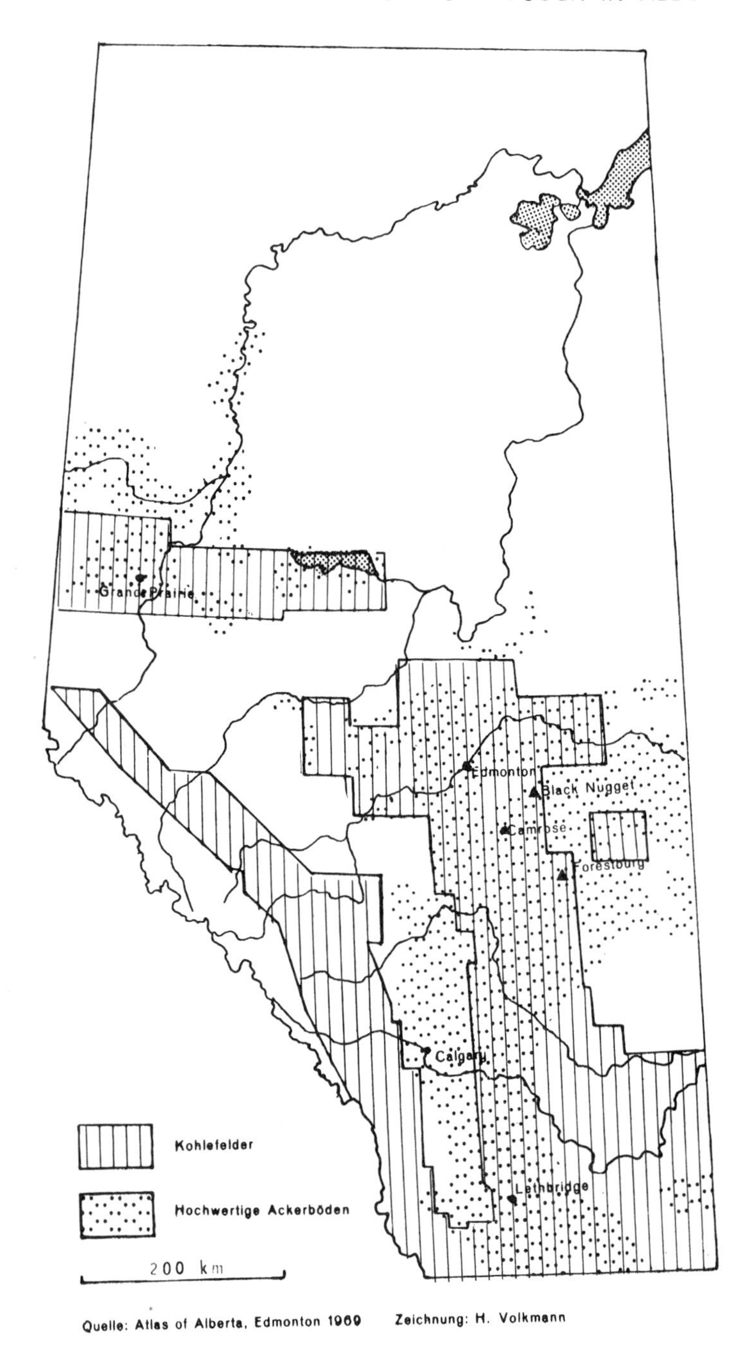

Quelle: Atlas of Alberta, Edmonton 1969 Zeichnung: H. Volkmann

Gerade das beste Ackerland geht in Kanada der Landwirtschaft verloren durch die Flächenansprüche der Urbanisierung. Da die meisten der größeren Städte aus landwirtschaftlichen Zentren in den besten Ackerbaugebieten hervorgegangen sind, liegt über die Hälfte des besten Ackerlandes (class 1 des Canada Land Inventory) innerhalb eines 50 km-Radius um die 22 Census Metropolitan Areas (= Verdichtungsgebiete mit mehr als 100 000 Einwohnern) und damit in der von einer städtischen Überbauung gefährdeten Zone (1). Bei den beiden folgenden Güteklassen beträgt der Anteil 28,6 bzw. 20 %. Die wirtschaftliche Bedeutung dieser Flächen erhellt aus der Tatsache, daß 1971 rund 44 % des Produktionswertes der kanadischen Landwirtschaft auf diesen Flächen erzeugt wurde (MANNING, E.W. and J.D. McCUAIG 1977, S. 4). Dennoch überziehen Halbmillionenstädte wie Edmonton ihr Umland weiterhin mit landaufwendigen Einfamilienhaussiedlungen und lassen erst wenige Anzeichen einer verdichteten Wohnbebauung erkennen.

Eine Analyse des Lands Directorate ergab, daß bei Fortsetzung dieses Trends in fünfzig Jahren der überwiegende Teil der kanadischen landwirtschaftlichen Nutzfläche zur Eigenversorgung benötigt wird und nicht, wie bisher, als Ernährungsbasis für andere Länder dienen kann (MANNING, E.W. and J.D. McCUAIG 1977, S. 11). Auf die Konsequenzen für die Zahlungsbilanz sei hier nur verwiesen. Bei aller Skepsis gegenüber Prognosen bleibt festzuhalten: Die bisherige leichtfertige Inanspruchnahme bester landwirtschaftlicher Böden kann auf Dauer nicht weitergehen.

Urbanisierung ist ein irreversibler Prozeß, der nur schwer einzuschränken ist. Umso größere Aufmerksamkeit muß jenen Agrarflächen gewidmet werden, die nur vorübergehend von einer anderen Nutzung in Anspruch genommen werden. Sie müssen der ursprünglichen Nutzung wieder zugeführt werden, sofern und solange eine solche Umwandlung möglich ist. Dies gilt insbesondere für den Kohleabbau in den Prärieprovinzen. Die Kohlefelder sind relativ klein, doch enthalten die meisten im Tagebau abbauwürdige Kohle. Damit ist ein Landnutzungskonflikt vorprogrammiert, da die Kohle gerade in einem Gebiet ansteht, das über die besten landwirtschaftlichen Böden verfügt (vgl. Karte). Die Notwendigkeit eine Rekultivierung der ausgekohlten Flächen anzustreben, wird vom kanadischen Landwirtschaftsministerium durchaus gesehen:

> "In areas underlain by extractable minerals and particularly where surface extraction methods are feasible, agricultural lands are frequently seriously disturbed or rendered unsuitable for agriculture. This problem warrants greater attention than it has received in the past because of the probability of development of extensive

1) Zwischen 1951 und 1971 gingen in Ontario und Quebec 2,8 Mio ha Ackerland durch den Urbanisierungsprozeß verloren, davon 1,1 Mio ha in der Periode 1966-71. Die Hälfte dieser Verluste betraf Böden der höchsten Bonität. (SHIELDS, J.A. and J.L. NOWLAND 1975, S. 47).

coal deposits in the Prairie Provinces where agricultural requirements are most likely to increase."
(Dept. of Agriculture Committee on Land use, Agricultural Land Use in Canada, Ottawa 1975, S. 133).

2. ANZEICHEN EINER NEUBEWERTUNG NATÜRLICHER RESOURCEN

Der sich abzeichnende Bewußtwerdungsprozeß findet seinen Niederschlag in gesetzlichen Vorschriften und in der Förderung von Forschungsprogrammen. Dies soll am Beispiel der Provinz Alberta aufgezeigt werden.

2.1 Gesetzliche Regelungen

Schon frühzeitig versuchte man in Alberta einer rücksichtslosen Ausbeutung der Rohstoffe durch außerhalb der Provinz ansässige Gesellschaften vorzubeugen, um die Deckung des eigenen Bedarfs langfristig sicherzustellen. Der "Oil and Gas Resources Conservation Act" von 1938 verfolgte vor allem dieses Ziel. Es dauerte aber noch Jahrzehnte, ehe die übrigen Naturschätze als solche erkannnt, bewertet und in ähnlicher Weise vor planloser Verschwendung geschützt wurden. Hierzu zählen die guten Ackerböden der Provinz. Wie die darunterlagernde Kohle, das Erdgas und das Erdöl sind sie als Bodenschatz anzusehen, der aus volkswirtschaftlichen Gründen erhalten werden muß.

Das Ausmaß dieses Umdenkens spiegelt sich in Umweltschutzgesetzen wider, von denen einige beispielhaft angeführt werden sollen:

der "Environment Conservation Act" (1970), der "Soil Conservation Act" (1970), der "Clean Water Act" und der "Clean Air Act" sowie der "Energy Resources Conservation Act" (alle 1971), der "Coal Conservation Act" und der "Land Surface Conservation and Reclamation Act" (1973, letzterer ergänzt 1976), die "Regulated Coal Surface Operations Regulations" und die "Land Conservation Regulations" (1974).

Die wiederholten Novellierungen der Gesetze belegen, daß der Gesetzgeber die Problematik erst allmählich in den Griff bekommt.

2.2 Forschungsprogramme

2.2.1 Das wohl bekannteste Forschungsprogramm ist AOSERP (Alberta Oil Sands Exploration Research Programme), das von Bundesregierung und Provinzregierung gemeinsam getragen wird und die ökologischen Auswirkungen des Ölsandabbaus bei

Ft. McMurray untersuchen sowie Rekultivierungsmaßnahmen vorschlagen soll. Erst nachträglich wurden auch die sozialen Auswirkungen dieser Industrieansiedlung am Rande der Ökumene in das Forschungsprogramm aufgenommen.

Nicht sehr glücklich an diesem Forschungsvorhaben erscheint, daß die beiden Träger zugleich Aktionäre von Syncrude Ltd. sind, der größten bislang im Ölsandgebiet tätigen Gesellschaft (1). Kontrolleur und Kontrollierte sind daher teils identisch und die Versuchung der Interessenvermischung keineswegs völlig auszuschließen.

2.2.2 Die staatlichen Stellen können nicht alle Untersuchungen selbst durchführen, sondern beauftragen Beraterfirmen. Diese sind in der Canadian Land Reclamation Association zusammengeschlossen, die seit 1976 Jahresversammlungen einberuft, auf denen Probleme diskutiert sowie Erfahrungen und Ergebnisse ausgetauscht werden. Auch die Existenz dieser Gesellschaft gibt der Einsicht in die Notwendigkeit ökologischer Vorsorge Ausdruck.

3. DAS REKULTIVIERUNGSGESETZ DER PROVINZ ALBERTA

Der "Land Surface Conservation and Reclamation Act" auferlegt allen Bergbautreibenden die Verpflichtung, die Tagebaue wieder zu rekultivieren. Ohne eine entsprechende Zusage wird seit dem 1. Juli 1974 keine Abbaugenehmigung mehr erteilt oder verlängert, was sich bereits in der Bezeichnung "Development and Reclamation Approval" ausdrückt. Wichtige Bestandteile einer solchen Erlaubnis sind die Dauer, die Art und zeitliche Abfolge der erforderlichen Rekultivierungsmaßnahmen sowie die Höhe der finanziellen Sicherheiten, die seitens des Unternehmens gestellt werden müssen.

Kriterien, nach denen über die Erteilung einer Genehmigung zum Abbau (und bereits zur Exploration) von Bodenschätzen entschieden wird, sind

1. die allgemeinen Auswirkungen des Betriebes auf die Umwelt,
2. die Fähigkeit des Antragstellers, den Abbau und die Rekultivierung in zufriedenstellender Weise durchzuführen, sowie
3. die bisherigen diesbezüglichen Leistungen des Antragstellers.

Insbesondere dem letzten Punkt kommt erhebliche Bedeutung zu, da sie Unternehmen, die eine Ausweitung ihrer Abbaufläche anstreben, zwingt, erfolgreiche Rekultivierungen vorzuweisen. Sofern die Kommission aus Vertretern der beteiligten Ministerien

---

1) Am Gesellschafterkapital ist die Bundesregierung zu 15 %, die Provinzregierung von Alberta und von Ontario zu 10 % bzw. 5 % beteiligt. Von den Reinerträgen fließen 50 % der Provinz Alberta als Royalties zu.

Bedenken hegt, kann sie zusätzliche Auflagen erteilen, z.B. die Bereitstellung von Ersatzland fordern oder die Erhöhung der finanziellen Sicherheiten beschließen.

Zu jedem Antrag auf Genehmigung eines Tagebaus gehört neben geologischen Gutachten, Plänen bezüglich Umfang, Dauer des Abbaus, Zahl der Beschäftigten und ihre Quartiere auch ein Rekultivierungsplan. Er soll Aufschluß geben über

- Dauer und zeitlichen Ablauf der Rekultivierung
- die angewandten physikalischen und chemischen Methoden
- sowie eine Beschreibung des Endzustandes und der Folgenutzung.

Verständlicherweise kann weder ein aufwendiges Genehmigungsverfahren noch eine Kaution die tatsächliche und sachgemäße Rekultivierung sicherstellen, dazu bedarf es einer gründlichen Kontrolle. Jeder Bergbautreibende hat daher jährlich einen Bericht über die Abbauentwicklung einzureichen, dem Luftaufnahmen im Maßstab 1:5 000, Beschreibungen der Rekultivierung und des bereits rekultivierten Landes samt Photos beigefügt sein müssen. Sofern sich daraus Beanstandungen ergeben, kann die Genehmigung jederzeit widerrufen bzw. eine weitere Auflage erteilt werden.

Freilich, jede Rekultivierung kann nur so gut sein wie ihre Zielsetzung, die vom Department of Energy and Natural Resources der Provinz Alberta wie folgt umrissen wird:

> "The primary objective in land reclamation is to ensure that the mined or disturbed land will be returned to a state which will support plant and animal life or be otherwise productive or useful to man at least to the degree it was before it was disturbed. In many instances the land can be reclaimed to make it more productive, useful or desirable than it was in its original state; every effort will be made towards this end."

Der entscheidende Punkt dieser Zielbeschreibung ist der Terminus "productive", der durch die Assoziation mit "useful" und "desirable" außerordentlich vage wird und ein breites Spektrum von Ermessensentscheidungen zuläßt. Der Vergleich mit ähnlich so gelagerten Fällen in der Bundesrepublik liegt nahe. Welche Nutzung der ausgekohlten Tagebaubetriebe bei Köln ist wünschenswerter und damit "produktiver": die als Naherholungsraum vor den Toren eines Ballungsraumes oder die als Agrarfläche mit Bodenmeßzahlen zwischen 70 und 90? In Kanada muß freilich berücksichtigt werden, daß kein Ballungsraum ohne schnell erreichbare Erholungsräume besteht.

Dieser Gesetzgebungsrahmen zeitigt langsam Erfolge, doch lassen sich alte Versäumnisse nur begrenzt, falls überhaupt, wieder gutmachen. Häufig sind die früheren Betreiber eines Tagebaus nicht mehr festzustellen und die notwendigen Rekultivierungsmaßnahmen dem Staat zu kostenaufwendig. Hier soll an zwei Beispielen dargelegt werden, welche Möglichkeiten einer aktiven, vorbeugenden bzw. passiven, nur Schäden behebenden Rekultivierung gegeben sind.

4. ZWEI BEISPIELE EINER TAGEBAUREKULTIVIERUNG

4.1 Die Abbauverfahren im Kohlentagebau der kanadischen Plains

Verglichen mit den Braunkohlentagebauen im Rheinland, deren Sohle z. T. in über 200 m Tiefe liegt, handelt es sich in den Plains nur um verhältnismäßig kleine Eingriffe in den Naturhaushalt. In der Regel schwankt die Mächtigkeit der Deckschichten zwischen 7 und 10 m, darunter folgt das 2-3 m mächtige Kohleflöz.

Entsprechend klein dimensioniert sind die eingesetzten Geräte. Schaufelradbagger mit großen Tagesleistungen können auf den kleinen Kohlefeldern nicht eingesetzt werden, sie arbeiten erst auf großen Flächen wie den Ölsanden im Athabaskagebiet bei Ft. McMurray rentabel. Im Kohlentagebau genügen gewöhnlich Bagger und Raupen. Ein selektiver Abbau des Deckgebirges wird mit diesem Gerät nur bedingt möglich. Er forderte vor allem eine Förderbandstraße und einen Absetzer. Von den möglichen Abraumbewegungen:

1. eine Trennung des Materials findet nicht statt;
2. der Oberboden (ca. 4 inch tief) wird abgehoben und getrennt gelagert;
3. alle Schichten werden getrennt abgehoben und gelagert;

überwog bis in die späten 60er Jahre das erste Verfahren. Nur in wenigen Fällen wird über eine Trennung berichtet. Welche dauerhaften Schädigungen des Naturpotentials dadurch hervorgerufen wurden, belegt das erste Beispiel.

4.2 Der Black Nugget Park

Das erste Beispiel, der Black Nugget Park, ca. 80 km südöstlich von Edmonton gelegen, veranschaulicht den älteren Kohleabbau, wie er bis Ende der 60er Jahre üblich war und die mögliche Rekultivierung sowie anschließende Nutzung.

Das Gelände liegt in der zentralen Aspen Park Region Albertas, einem Gebiet mit günstigen Voraussetzungen für die Landwirtschaft: einer frostfreien Periode von mehr als 90 Tagen, zwischen 400 und 450 mm Niederschlag und Schwarzerdeböden auf Geschiebemergeln, z. T. hat sich Solonez entwickelt. In der Umgebung werden alle für die Prärien typischen Feldfrüchte angebaut.

Das 2-3 m mächtige Kohleflöz liegt unter einer 8-10 m Deckschicht und wurde ursprünglich untertage abgebaut. Erst 1908 ging man zum Tagebau über, der 1953 eingestellt wurde (1). Von den insgesamt vier Tagebauen, die während der 30er und 40er Jahre das Gebiet gründlich umgestalteten, wird in der Nachbarschaft noch einer weiterbetrieben (Dodds Mine).

Die abgebauten Flächen, insgesamt 160 acres (= 64 ha), wurden von der Provinz Alberta und der County of Beaver übernommen. Mit geringen Mitteln, der größte Teil des Etats wird dem Miquelon Lake Provincial Park zugeführt, versucht man eine Rekultivierung durchzuführen. Sie zielt auf einen Wiederbewuchs der nicht eingeebneten Abraumhalden und bleibt damit weit hinter den heutigen Ansprüchen an eine Rekultivierung zurück. Zunächst wurde eine Begrünung mit Klee und Alfalfa versucht, die insgesamt gesehen erfolgreich war; doch bestehen auch heute noch, d.h. nach ca. 25 Jahren, Flächen, auf denen eine Vegetation bislang nicht Fuß fassen konnte. An diesen Stellen liegt ein blauer Tonschiefer, der aus dem Liegenden des Kohleflözes stammt zutage, da der Abraum in umgekehrter Reihenfolge zu seiner ursprünglichen Lagerung verfüllt wurde und unterbindet einen Bewuchs. Z.T. wirkt sich auch eine dünne, aber sehr harte Kruste aus, die durch eine Sortierung des feineren Materials während der Starkregen und eine wiederholte Austrocknung sowie Durchfeuchtung dieser Schicht entstanden ist (vgl. SCHUHMACHER, A.E.A. et al. 1977, S. 12).

Eine Bodenbildung läßt sich nicht beobachten. Sie wird erschwert durch die sehr starke Verdichtung des Materials infolge der schweren eingesetzten Traktoren und Planierraupen, der nicht durch eine anschließende Auflockerung entgegengearbeitet wurde. Die Wurzeltiefe der Pflanzen bleibt daher gering.

Ein natürlicher Baumbewuchs stellt sich erst jetzt ein. Untersuchungen an anderen Stellen ergaben, daß etwa nach 20 Jahren Espen und Weiden als Pionierpflanzen auftreten, die sich in weiteren 10 Jahren zu größeren Baumgruppen entwickeln. SCHUHMACHER, A.E.A. et al. 1977, S. 13) kommen zu folgenden Sukzessionsstufen ohne Rekultivierungsmaßnahmen:

Vegetationsstufe	Zeitraum
Kräuter-Stadium	1- 4 Jahre
Frühes Grasland-Unkräuter-Stadium	5-20 Jahre
Frühes Grasland-Stadium	20-30 Jahre
Grasland-Stadium	30-50 Jahre
Frühes Aspen Parkland-Stadium	über 50 Jahre

Das bedeutet, daß frühestens nach einem halben Jahrhundert die ursprüngliche Vegetationsgesellschaft wieder herausgebildet worden ist.

---

1) Rund 2 400 t Kohle wurden täglich abgebaut, die in den Prärieprovinzen, überwiegend in Saskatchewan, Abnehmer fanden. Der Versand erfolgte vorwiegend mit der Bahn, in die nähere Umgebung auch mit Lastkraftwagen.

Ende der 60er Jahre wurden daher über 2 000 Bäume gepflanzt, um mit den gleichzeitig errichteten Picknick- und Campinganlagen ein Naherholungsgebiet zu schaffen. 1977 wurden in den zahlreichen Teichen 22 000 Regenbogenforellen ausgesetzt. Frühere Versuche hatten ergeben, daß die Gewässer keine toxischen Stoffe enthalten und sich für die Sportfischerei eignen. Damit ist auch die heutige Nutzungsmöglichkeit umrissen: ein Gebiet für Sportfischer, das überwiegend ältere Leute aus dem nahen Edmonton aufsuchen. Das Provincial Recreation Department schätzt die Besucherzahl an besonders regen Wochenenden auf etwa 1 000, an Wochentagen wurden 10-15 Fahrzeuge gezählt, woran der Nutzungswert und die Bedeutung als Naherholungsgebiet abzulesen ist. Im Gegensatz zur Bundesrepublik, wo ein solches Gebiet Tausende anziehen würde, besteht in Kanada und speziell in diesem Teil Albertas keine ähnlich starke Nachfrage, da Naherholungsgebiete wie der bereits erwähnte, größere Miquelon Lake Provincial Park in ausreichendem Maße vorhanden sind.

4.3 Die Diplomat Mine

Das zweite Beispiel ist der noch aktive Tagebau Diplomat Mine der Forestburg Collieries Ltd., rund 200 km südöstlich von Edmonton am Battle River gelegen. Die Kohle wird im konventionellen strip-mining-Verfahren abgebaut (1), bei dem zwei Schaufelbagger eingesetzt sind und ein Seilzugbagger für die Abraumbewegung. Die Lagerungsverhältnisse gleichen denen im Black Nugget Park: das 2-3 m mächtige Flöz liegt unter einer 8-10 m mächtigen Deckschicht. Auch die übrigen Naturverhältnisse entsprechen sich weitgehend.

Der Unterschied liegt in der Behandlung des Abraums. In Forestburg wird der Boden ein bis zwei Fuß tief abgehoben und getrennt gelagert. Nach dem Abbau der Kohle und der Wiederverfüllung des Tagebaus (wobei die tieferen Schichten natürlich vollständig gemischt werden und eine recht homogene Masse bilden) wird dieser Oberboden wieder aufgetragen. Die hierbei eingesetzten Raupen und Bodenhobel verursachen ebenfalls eine starke Verdichtung; dies trifft aber nicht auf die für das pflanzliche Wachstum wichtige Deckschicht zu. Die unterschiedlich starke Verdichtung ruft positive Auswirkungen hervor: die höheren Lagen bleiben relativ trocken, in ihnen ist eine gute Durchlüftung und Durchwurzelung möglich, die tieferen Schichten stauen das Wasser und erhöhen das Wasserhaltungsvermögen.

In der Regel versucht die Gesellschaft, die ausgekohlten Flächen als Weideland zu rekultivieren. Im vorliegenden Fall soll das Land innerhalb von drei Jahren so weit

---

1) Jährlich werden 1 Mio t Kohle gefördert, die das nahe Wärmekraftwerk am Battle River (360 Mio KW/Jahr) versorgen. Sie werden in Speziallastwagen mit 60 t Fassungsvermögen transportiert. Darüberhinaus wird der lokale Markt versorgt und die Griffith Grube in Nordontario, wo sie im Direktreduktionsverfahren eingesetzt wird.

verbessert werden, daß es sich für Getreideanbau eignet und die ursprüngliche Bonität aufweist. Bereits das erste Jahr brachte einen Ertrag für Heu von ca. 3 t/acre, der Provinzdurchschnitt betrug 1,64 t/acre (1976).

Auch das ursprüngliche Aussehen der Grundmoränenlandschaft soll soweit wie möglich wiederhergestellt werden. So werden Vogelschutzgehölze angelegt und der Resttagebau soll als Gewässer erhalten bleiben. Ohne Frage wurde hier ein zufriedenstellendes Ergebnis erzielt, das aber nicht verallgemeinert werden darf. Denn:

1. Der gesamte Abraum besteht überwiegend aus Geschiebemergeln, die den erfolgreichen Aufbau eines neuen Bodenprofils erleichtern, das eine spätere agrare Nutzung ermöglicht.

2. Die Kosten einer solchen Rekultivierung sind erheblich. In dem hier vorgestellten Fall beliefen sie sich auf rund $ 2 000/acre. Sie überstiegen damit den Kaufpreis der benachbarten Ländereien ($ 600 - 1 000/acre) um das Zwei- bis Dreifache. Der aufgetragene Boden hatte jedoch nur eine Dicke von 10 cm (4 inch). Wollte man den Boden auf eine Tiefe von 4 - 5 Fuß (1,20 - 1,50 m) abheben und Ober- und Unterboden selektiv behandeln, erwüchsen daraus Kosten von $ 6 000/acre; der größte Posten davon entfiele auf den Einsatz eines Schaufelbaggers mit Bandstraße und Absetzer ($ 4 500).

Die tatsächlichen Gründe für die aufwendige Rekultivierung sind denn auch anderer Natur. Die Gesellschaft will auf der Südseite des Battle River einen neuen Tagebau in Betrieb nehmen und kann mit diesem Paradestück einer gelungenen Rekultivierung fraglos eine Genehmigung erhalten. Zum anderen benötigt sie Tauschland, mit dem sie Farmern, deren Land sie für diese Tagebaue in Anspruch nehmen muß, entschädigen kann.

5. ZUSAMMENFASSUNG

Die Beispiele zeigen, daß ohne eine einwandfreie Selektion des Bodenmaterials eine Rekultivierung der Kohlentagebaue erschwert oder gar unmöglich gemacht wird. Eine Nutzung wie vor dem Abbau und damit das Erreichen des vom Staat gesetzten Zieles ist dann ausgeschlossen. Ein nachträgliches Planieren mit Raupen bewirkt keine Verbesserungen, es sei denn ästhetischer Art, dem aber eine noch stärkere Bodenverdichtung und damit Behinderung des Pflanzenwachstums gegenübersteht. Eine durchgreifende Rekultivierung läßt sich nur durch das kostenintensive Aufbringen einer neuen Bodendecke erzielen.

Von einigen Autoren wird hervorgehoben, das Aufbringen einer Bodenschicht sei nicht absolut notwendig (z.B. SCHUHMACHER, A.E.A. et al. 1977) und in manchen Fällen könne davon abgesehen werden. Dem stehen die Erfahrungen im rheinischen

Braunkohlenrevier entgegen wie auch kanadische Untersuchungen. So fand McALLISTER für den Gerstenanbau, daß

1. der Auftrag von humosem Mineralboden zu signifikanten Ertragsverbesserungen führt;

2. die Erträge auf Geschiebemergel, der bis zu vier Fuß Tiefe gemischt wurde, sich nur unwesentlich von den Erträgen auf ungestörten Geschiebemergeln unterscheiden;

3. eine Mischung mit bis zu 25 % Tonschiefer ebenfalls gleich hohe Erträge bringt;

4. eine weitere Erhöhung des Tonschieferanteils die Erträge herabdrückt. (Mdl. Mitteilung.)

Neben der Zusammensetzung des Obermaterials, die von dem Ausgangsboden und dem Abbauverfahren abhängt, kommt den physikalischen Eigenschaften des neuen Substrats große Bedeutung zu. Ein häufiges Befahren mit schwerem Gerät oder auch eine starke Beweidung führen zu ungünstigen Verdichtungen mit Staunässen, schlechter Durchlüftung, geringer Durchwurzelung u.a. Folgen.

Eine schnelle Durchführung der Rekultivierung trägt zum Erfolg wesentlich bei, da ein zu starker Bewuchs mit Unkräutern und eine Krustenbildung (s.o.) größere Zeiträume für ihre Ausbildung benötigen. Eine Bearbeitung des Bodens verbessert Bodenstruktur und -klima.

Darüberhinaus ist für eine gute Oberflächenentwässerung zu sorgen, um ein Versickern evtl. vorhandener Salze zu ermöglichen und der Bildung von Solonez vorzubeugen. Im Laufe der Zeit wird sich in jedem Fall ein Bodenprofil entwickeln. Es gilt jedoch, diesen Vorgang abzukürzen und positiv zu beeinflussen.

Die hier vorgestellten Beispiele umfassen nur kleine Areale. Sie belegen jedoch, daß die vom Gesetzgeber als notwendig erachtete Notwendigkeit der Rekultivierung landwirtschaftlicher Flächen (auch in einem Land wie Kanada mit großen 'Landreserven') möglich ist und auch durchgeführt wird.

SUMMARY

The paper points out the necessity of land reclamation even in a state like Canada that commands a considerable 'land reserve' which, however, is less than commonly assumed. After giving an outline of legal regulations in the Province of Alberta two examples of land reclamation are taken up to illustrate the possibilities of reclaiming surface mines and the way a successful reclamation procedure has to take.

LITERATUR

ALBERTA AGRICULTURE: Agriculture Statistics. Yearbook 1976. Edmonton 1976.

DEPARTMENT OF AGRICULTURE: Agricultural Land Use in Canada. Ottawa 1975.

ENVIRONMENT CANADA; LANDS DIRECTORATE: Land Capability of Agriculture. Canada Land Inventory. A Preliminary Report. Ottawa 1976.

GOVERNMENT OF THE PROVINCE OF ALBERTA: The Land Survace Conservation and Reclamation Act. Alberta Regulation 125/74. Edmonton 1974.

GOVERNMENT OF THE PROVINCE OF ALBERTA: The Land Surface Conservation and Reclamation Act. Alberta Regulation 170/74. Edmonton 1974.

GOVERNMENT OF THE PROVINCE OF ALBERTA: The Land Surface Conservation and Reclamation Act. Alberta Regulation 56/76. Edmonton 1976.

MANNING, E.W. and J.D. McCUAIG: Agricultural Land and Urban Centres. An Overview of the Significance of Urban Centres to Canada's Quality Agricultural Land. Ottawa 1977.

SCHUHMACHER, A.E.A. et al.: Coal Mine Spoils and Their Revegetation Patterns in Central Alberta. In: Proceedings of the Second Annual General Meeting of the Canadian Land Reclamation Association. Edmonton 1977.

SHIELDS, J.A. and J.L. NOWLAND: Additional land for crop production: Canada. In: Proceedings of the 30th Annual Meeting of the Soil Conservation Society of America. San Antonio 1975.

SHIELDS, J.A. and W.S. FERGUSON: Land resources, production possibilities and limitations for crop production in the Prairie Provinces. In: Proceedings of the Symposium on Soil Seed and Pulse Crops in Western Canada. Calgary 1975.

US DEPARTMENT OF THE INTERIOR: Surface mining and our Environment. Washinton D.C. 1967.

Anschrift des Verfassers:

StProf. Dr. H. Volkmann
Geographisches Institut
der Ruhr-Universität Bochum
Universitätsstraße 150

4630 Bochum 1

NEUERE ENTWICKLUNGEN IN NORDSASKATCHEWAN+

Roland Vogelsang, Paderborn

Saskatchewan, die mittlere der drei sogenannten Prärieprovinzen ist keine Prärieprovinz, zumindest steckt in dieser Klassifizierung nur die halbe Wahrheit.

53 % der Provinz nimmt allein Staatswald ein, der, in die Forstregion und die potentielle Forstregion unterteilt, ausschließlich nördlich des natürlichen Espengürtels liegt (s. Abb. 1). Nimmt man die natürliche Vegetation als komplexen Ausdruck von Relief-, Klima- und Bodenbeschaffenheit, so kann die Südgrenze des borealen Waldes als Grenze zwischen dem Norden, der so gesehen fast 2/3 des Landes einnimmt, und dem Süden Saskatchewans angesehen werden. Im Süden herrscht in der Region der landwirtschaftlichen Nutzung die Weizenlandschaft vor, mit der Saskatchewan so häufig identifiziert wird. Die hier bestimmende Landwirtschaft erzielt insgesamt noch immer rd. 50 % des Nettowarenwertes der Provinz, trotz der stärker werdenden Industrie. Erwirtschaftet wird dieser Wert aber auf weniger als 40 % der Provinzfläche.

Doch nicht nur nach dieser einfachen Unterteilung, vielmehr auch im sozialökonomischen Sinn hat Saskatchewan Teil am Norden. Nach HAMELINs Zonengliederung des kanadischen Nordens (HAMELIN, L.-E., 1970/71), die aufgrund vielfältiger Indizien vorgenommen wurde, zählen von der Provinz rd. 40 % zur Écumène principal, 13 % zum Pré-Nord, 40 % zum Moyen-Nord und 7 % zum Grand-Nord.

Auch politisch gibt es ein Nordsaskatchewan. Es ist der mit dem Northern Administration Act (1966) bzw. mit dem Department of Northern Saskatchewan Act (1972) entstandene Northern Administration District (=NAD, s. Abb. 1), der dem einzig regional definierten Ministerium, dem DNS untersteht. Dieses nimmt eine Sonderstellung gegenüber den übrigen Fachressorts ein und besitzt weitgehende planerische und koordinierende Kompetenzen. Nordsaskatchewan (i.d.F.: NSask.) besteht zu überwiegendem Teil geologisch aus dem Kanadischen Schild, liegt jenseits der landwirtschaftlichen Anbauzone, nördlich der südlichen Forstgrenze und ist nur durch Stichstraßen vom Süden her erschlossen. Die Grenze ist so gezogen, daß Wirtschaft und Siedlungen, wie sie im südlichen Sask. bestimmend sind, ausgeschlossen werden. Aus geographischer Sicht kann dieser NAD am besteh als NSask. akzeptiert werden (1). Er nimmt mit 249 286 qkm (etwa die Größe der BRD) knapp die nördlichen 40 % der Provinz ein. Hier haben sich in den letzten eineinhalb Dekaden so viele Veränderungen ergeben, daß es lohnend erscheint, sie zusammenfassend darzustellen.

+) Vorliegende Ergebnisse sind Teil einer größeren Untersuchung, die 1977 mit Unterstützung der Deutschen Forschungsgemeinschaft durchgeführt werden konnte. Dafür sei auch an dieser Stelle herzlich gedankt.

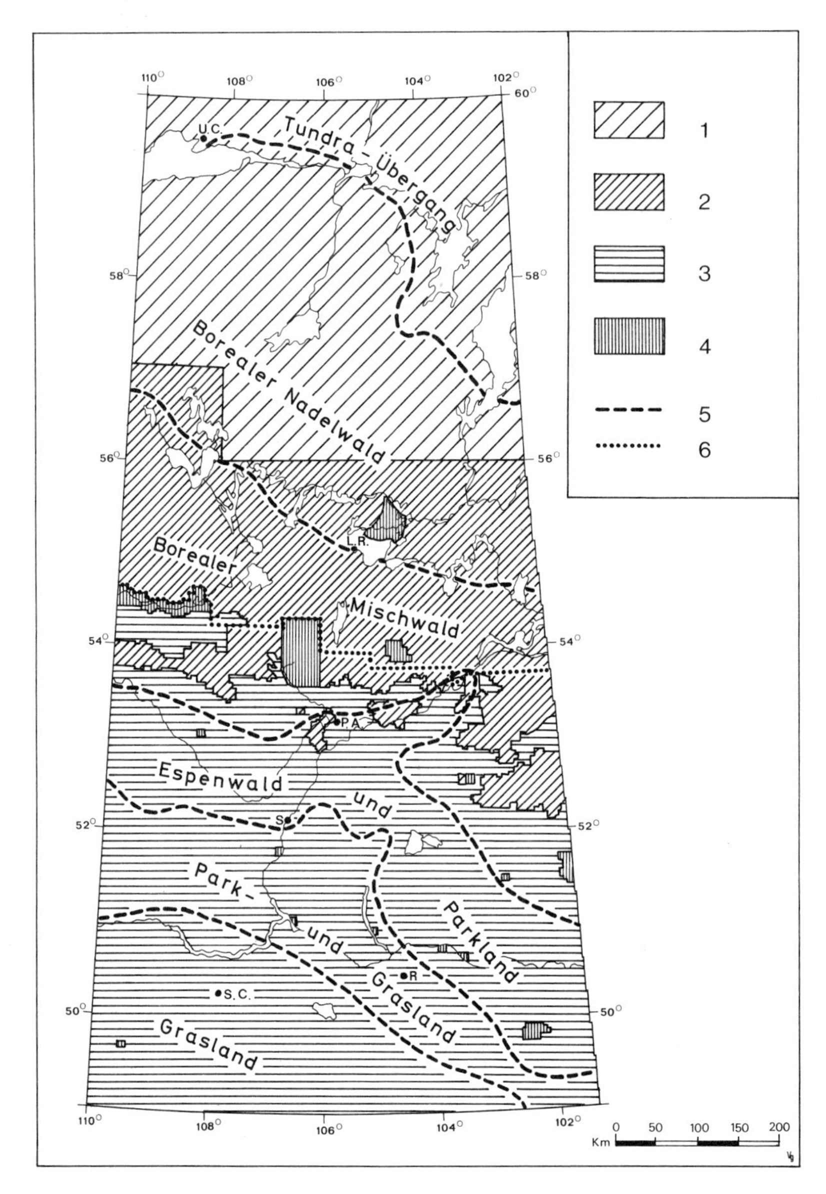

Abb. 1: GLIEDERUNG SASKATCHEWANS

1) Potentielle Forstnutzung; 2) Forstnutzung; 3) Landwirtschaftliche Nutzung; 4) National- und Provinzpark; 5) Grenze natürlicher Vegetationsregionen; 6) Südgrenze des NAD (Northern Administration District).

Quellen: RICHARDS, J. H. und K. I. FUNG (1969); Sask.: DTRR: Saskatchewan's Forest Resources (1974); Sask.: DNS: Northern Saskatchewan (1976).

Entwurf und Zeichnung: R. Vogelsang

Historischer Rückblick

Die ersten Erkundungsfahrten in der heutigen Provinz Sask., die 1690 und ab 1741 im Zusammenhang mit dem Fellhandel unternommen wurden, führten durch Teile des Nordens. Der Nord-Saskatchewan-River und das Seensystem des Churchill River waren die natürlichen, durch das damalige Transportmittel, dem Kanu, bedingten Erschließungsachsen vom Nordosten her. Der frühe, ungeregelte Fellhandel, bei dem rivalisierende Gruppen auftraten, wie der ab 1821 geordnete Handel unter der Hudson Bay Company (H.B.C.) bewirkten eine nachhaltige ökonomische und soziale Umorientierung der Cree und Chipewyan Indianer. Die Monopolstellung der H.B.C. erlaubte eine vollständige Kontrolle einerseits über die Abnahme der Felle, andererseits über den Tausch der Handelsgüter. Die hierarchische Organisation integrierte einige Indianer und Mestizen und erreichte über deren Vermittlung praktisch eine Bindung aller Bewohner des Nordens an die Company.

Neben dem Fellhandel war es die Missionstätigkeit, die ab 1845/50 von außen her zum umgestaltenden Faktor wurde. An den bis dahin unbekannten, permanenten Siedlungen ist ablesbar, daß in beiden Fällen der Entwicklungsschwerpunkt im Norden Saskatchewans lag, wo sich mit Cumberland House und Stanley Mission die wichtigsten Innovationszentren befanden. Dies veränderte sich ab ca. 1880 durch die agrare Kolonisation, den Ausbau des Eisenbahnnetzes und durch die Entstehung neuer Ent- und Versorgungszentren. Diese entscheidenden Veränderungen erfolgten ausschließlich im Süden. Schon der erste Regierungssitz lag mit Battleford an der Grenze des damaligen Nordens zum Süden und wurde bald (1833) weiter nach Süden verleget.

Das Auftreten neuer Organisations- und Verwaltungsformen wurde zur dritten verändernden Kraft im Norden. Die Treaty-Abschlüsse (1898, 1899, 1906) bewirkten außer den einzelnen Vereinbarungen, die eine Präsenz des Weißen bedeuteten, die Trennung der nichtweißen Bevölkerung in Treaty-indians und Non-treaty-indians bzw. Mestizen. - Auch nach der formalen Übergabe von Ruperts-Land an die Regierung Kanadas (1870) behielt die H.B.C. für lange Zeit die Kontrolle über den Norden. Die Fernwirkungen, die in der Folgezeit vom Süden ausgingen, lassen sich in folgenden Punkten zusammenfassen:

1. Durch die Schaffung der neuen Hauptverkehrsachsen und durch die Entwicklung der innerprovinziellen wirtschaftlichen Kernregionen im Süden erfolgte eine langsame verkehrsgeographische Umorientierung. Der Aufbau der Süd-Nord-Transportverbindungen erfolgte allerdings langsamer als in den Nachbarprovinzen Manitoba und Alberta, wo natürliche Wasserwege den Ausbau von Eisenbahn und Straße begünstigten. Erst 1946 wurde die erste Allwetterstraße nach La Ronge, das im Süden von NSask. liegt, fertiggestellt. Es besteht bis heute keine direkte Eisenbahnverbindung zum Süden Sask.'s.

2. Der Bergbau blieb bis zu Beginn der 50er Jahre auf 2 Punkte beschränkt. Zwischen 1936 und 1942 wurde in isolierter Lage am Lake Athabaska Gold abgebaut. Die Erschließung der Kupfer- und Zinklagerstätten mit Nebenprodukten in Flin Flon erfolgte ab 1930 im wesentlichen von Manitoba aus.

3. Mit der Aufsiedlung im Süden und dem Ausbau des Verkehrssystems entwickelte sich eine wirtschaftlich noch untergeordnete Holznutzung, die zwischen den beiden Weltkriegen auch die südliche Peripherie NSask.'s erreichte.

4. Bereits bis auf die Jahre 1918 geht der sporadisch durchgeführte, auf den Süden ausgerichtete, kommerzielle Fischfang zurück. Zunächst diente er nur der Selbstversorgung und der lokalen Versorgung der größeren Pelzhandelsstationen, entwickelte sich dann aber doch zur Einnahmequelle neben dem Fellhandel. Der kommerzielle Fischfang blieb aber lange saisonal auf den Winter beschränkt und ohne große Bedeutung.

5. Die wirtschaftliche Depression und die Trockenheit der 30er Jahre besaßen nicht nur Auswirkungen auf die Pelzpreise, sondern brachten auch Weiße vom Süden in den Norden, die in der Folge von saisonalen oder permanenten Stützpunkten aus mit den Trappern des Nordens in Konkurrenz traten und wegen des Mangels an Kontrolle die bereits stark zurückgegangenen Pelztierbestände so reduzierten, daß diese als Lebensgrundlage zu erschöpfen drohten.

   Nach den großen und tiefgreifenden Veränderungen in der Frühzeit fand demnach in NSask. bis in die 50er Jahre hinein nur eine langsame Entwicklung statt. Es erfolgte eine lediglich schrittweise Ausweitung in der Nutzung der natürlichen Ressourcen. Nachdem sich die grundlegende Wirtschaftsweise des Fallenstellens im Zusammenhang mit extensivem Fischfang und der Jagd zur Selbstversorgung herausgebildet hatte, veränderte sich für die Indianer und Mestizen in einer langen Periode nur wenig. Besonders die semipermanente Siedlungsweise blieb bestimmend. Weder in der Verkehrsentwicklung noch im Bergbau oder in der Forstwirtschaft ereigneten sich umwälzende Neuerungen. Auch der Ausbau der Dienstleistungen ging nur langsam voran, was sich u.a. in der Bevölkerungszahl spiegelt, die sich nicht signifikant veränderte.

Bevölkerungsentwicklung

Obwohl allen Zahlen wegen der Erfassungsschwierigkeiten mit Skepsis begegnet werden muß und die Umrechnungen auf den abgegrenzten Raum einige Probleme mit sich bringen, lassen sich Trendbewegungen zuverlässig genug verdeutlichen (2).

Die Bevölkerungszahlen NSask.'s veränderten sich seit 1920 in einigen Wellen, die verständlicher werden, wenn eine weitere Untergliederung vorgenommen wird (s. Tab. 1). Analysiert man zunächst die Bevölkerung in den Bergbauregionen, die lange den wesentlichen Teil der Zuwanderung aus dem Süden ausmachte, so sind in den ersten Dekaden in den Gebieten Flin Flon/Creighton an der Grenze zu Manitoba und in Goldfields am Athabaska See zusammen weniger als 1 000 Einwohner zu registrieren. Mit der Erschließung der Uranlagerstätten in der Region von Uranium City stieg die absolute Zahl und der Anteil dieser Bevölkerung sprunghaft (bis auf rd. 36 %) und verringerte sich in der Folgezeit nicht unwesentlich (auf rd. 22 % Anteile). Tab. 1 zeigt im einzelnen die Auswirkungen des Bergbaues auf die Gesamtbevölkerung NSask.'s. Die hohen Zuwachsraten (in den Abschnitten 1921-26, 1951-56) aber auch niedrige Zuwachsraten (1971-76) finden hier teilweise eine Erklärung.

Differenziert man weiter, indem man die in den Indianerreservaten lebende Bevölkerung abtrennt, so erkennt man bei der restlichen Bevölkerung in den 30er Jahren die starke kurzfristige Zuwanderung aus dem Süden, auf die bereits hingewiesen wurde. Ein signifikanter, bevölkerungsstruktureller Wandel setzt hier aber erst ab 1951 ein.

Innerhalb einer Dekade sank die jährliche Sterberate von 14 % auf rd. 6 %, woraus sich eine jährliche natürliche Zuwachsrate von ca. 3,5 % ergab (vgl. BUCKLEY, H., 1963, S. 12f). Sie stand im direkten Zusammenhang mit der Entwicklung besserer medizinischer und sonstiger sozialer Versorgung. Der Norden wurde bevölkerungsgeographisch zu einem Entwicklungsland mit Kennwerten, wie sie nur für wenige unterentwickelte Staaten der Erde anzutreffen sind. Da nur eine zu vernachlässigende Abwanderung erfolgte, erhöhte sich die Einwohnerzahl im größten Teil NSask.'s kontinuierlich, bis sich eine bestimmte Abwanderung bemerkbar machte, die aber, wie der Vergleich mit anderen Quellen zeigt, nicht überschätzt werden darf. Ab 1972 ist eine beträchtliche Zunahme der weißen Bevölkerung festzustellen, die auf die Verlagerung wesentlicher Teile der DNS-Verwaltung nach Norden (nach La Ronge) zurückzuführen ist.

Insgesamt ist in NSask. zwischen 1951 und 1976, also in 25 Jahren, ein Bevölkerungszuwachs von 87 % zu verzeichnen, während der entsprechende Wert für die Provinz Sask. bei 9 % liegt. In der letzten Dekade betrug der Zuwachs im Norden 13 %, die gesamte Provinz nahm dagegen um 5 % ab (Berechnungen nach Census-Ergebnissen). Nach dem Sask. Hospital Services Plan, dessen Zählungen vermutlich die besseren Quellen darstellen, lag der entsprechende Zuwachs bei 24 %, der Bevölkerungsverlust der Provinz bei 2 %. Heute leben in NSask. rd. 21 000 Menschen oder 2 % von ganz Saskatchewan (3).

Der Bevölkerungszuwachs seit dem letzten Krieg bietet sich zum begrenzten Vergleich mit Pionierphasen anderer Regionen Kanadas an. Sind die Ursachen im einzelnen auch verschieden, so sind Pionierregionen bevölkerungsgeographisch doch gekennzeichnet von Zuwanderung, einer hohen natürlichen Zunahme und einer deutlich von jungen Jahrgängen geprägten Bevölkerungsstruktur. Dabei ist zu berücksichtigen, daß

Tab. 1: Bevölkerung in Nordsaskatchewan 1921-1976

Jahr	Census Div. 18	NAD = Census Div. 18 - L. I. D.s - P. A. N. P. - Goodsoil abs.	Zunahme in %	Bergbauregionen (i. NAD): Creighton Flin Flon Goldfields (bis 1951) U.C. + District	Indianerreservate (i. NAD):	Bevölkerung i. restl. Teil des NAD abs.	Zu- bzw. Abnahme in %
1921	4 445	4 221	-	-	2 365	1 856	-
1926	5 405	5 370	27,2	710	1 758	1 902	2,5
1931	6 456	5 434	1,2	385	2 747	2 302	21,0
1936	9 357	7 529	38,5	919	3 179	3 431	49,0
1941	11 039	7 688	2,1	1 147	2 778	3 763	9,7
1946	12 182	8 320	8,2	1 107	3 087	4 126	9,6
1951	14 654	10 929	31,4	2 318	3 249	5 362	29,9
1956	19 910	16 363	49,7	5 832	3 936	6 595	23,0
1961	20 708	17 687	8,1	5 636	3 727	8 324	26,2
1966	21 126	18 093	2,3	4 384	4 312	9 397	12,9
1971	21 821	18 924	4,6	4 537	5 170	9 217	-1,9
1976	23 118(1)	20 491	8,3	4 063	4 930	11 498	24,7
1964 (2)		16 228	-	4 816			
1966 (2)		17 224	-	4 311			
1971 (2)		19 486	13,1	4 547			
1976 (2)		21 333	9,5	4 421			

1) Schätzung nach Grenzziehung 1971
2) Nach Sask. Hospital Services Plan 1964,1966,1971,1976.

Abkürzungen: NAD = Northern Administration District; L. I. D. = Local Improvement District; P. A. N. P. = Prince Albert National Park; U. C. = Uranium City.

Quellen: Berechnungen nach: Canada, Dept. Trade and Commerce: Census of the Prairie Provinces 1946 (für 1921-1946); Canada, DBS: Census 1961 (Cat. 92-539); Statistics Canada: Census 1971 (Cat. 92-702); Statistics Canada: Census 1976 - Preliminary Population Counts.

(Zur Berechnung der Bevölkerung im NAD s.a. Anm. 2b).

gerade auch in den bedeutendsten Immigrationsabschnitten der älteren Pionierregionen die natürliche Zunahme außerordentlich hoch lag und oft die Zuwanderung überstieg (vgl. a. Statistics Canada: Census 1971, Profil Studies, Cat. 99-701, p. 6-10 und URQUHART, BUCKLEY, 1965, p. 22, A 221-232).

Veränderungen in den Wirtschaftsbereichen der traditionsgebundenen nördlichen Bevölkerung

Seit der Pelzhandel vor mehr als 200 Jahren Sask. erreichte, haben Indianer wie Mestizen und einige wenige zugezogene Weiße ihre Lebensgrundlage fast ausschließlich im Fallenstellen, Jagen und Fischen gefunden. Es ist offenkundig, daß die Zahl derer, die bei einer solchen Wirtschaftsweise in einer Region leben können, eng begrenzt ist. Der geschilderte Bevölkerungszuwachs und die geringen beruflichen Ausweichmöglichkeiten führten zu einem verschärften Wettbewerb, der insbesondere bei den Pelztieren zur Übernutzung führte.

Die problematische Situation verschärfte sich durch die veränderte Lebens- bzw. Wohnweise mehr und mehr. Wurden früher große Entfernungen von der ganzen Familie zurückgelegt und die Siedlungen nur temporär (2-3 mal im Jahr) aufgesucht, so sind die meisten Bewohner heute wegen der Schulen, der sozialen Einrichtungen, aber auch in der Hoffnung auf eine wenn auch nur vorübergehende Arbeitsmöglichkeit vermehrt zu permanenten Siedlern geworden. Dies läßt sich nur schwer mit dem Fallenstellen vereinbaren. Immer größere Entfernungen müssen überwunden werden, um erfolgversprechende Trapperpfade zu erreichen. Moderne Verkehrsmittel erweitern zwar den Aktionsradius, sind aber mit hohen Kosten verbunden und schmälern so den Gewinn.

Versuche, das Fallenstellen zu regulieren, gehen auf das Jahr 1944 zurück (Northern Fur Conservation Programm). Fur Act und Northern Sask. Conservation Board Act, beide von 1965 und vom DNS kontrolliert, beschränken das Fallenstellen grundsätzlich auf die Bewohner des Nordens, worunter diejenigen zu verstehen sind, die mindestens 15 Jahre oder die Hälfte ihres Lebens in der Region lebten. Die Bestimmungen zeigen auch Ansätze für deren Mitwirkung bei der Durchführung von Schutzbestimmungen. Die Erfolge des Fallenstellens sind stark abhängig von schwankenden Pelztierbeständen und den ständig sich verändernden Fellpreisen. Um wenigstens einen geregelten und kontrollierbaren Zwischenhandel zu gewährleisten, wurde der Saskatchewan Fur Marketing Service, eine regierungseigene Fellhandelsgesellschaft, aufgebaut, die regelmäßig in Regina anerkannte Auktionen durchführt.

Die heutgie Situation der Trapper NSask.'s abzuschätzen und zu beurteilen ist wegen des Mangels einiger Daten schwierig. Es werden jährlich ca. 2 500 Trapperberechtigungen im Norden vergeben, mit leicht steigender Tendenz. Bei diesen Zahlen muß man allerdings berücksichtigen, daß die Treaty-indians, die insgesamt 35 % der Bevölkerung des Nordens ausmachen, von der Registrierung ausgeschlossen sind. Das jährliche durchschnittliche Einkommen aus Fellverkäufen schwankte allein in den Jahren 1973 und 1977 zwischen 275 und 680 Dollar (Saskatchewan, DTRR, annual reports). Andererseits gab es einzelne Trapper, die auf einen Pelzverkaufswert von über 20 000 Dollar/Jahr kommen. Dies setzt aber beständiges und geordnetes Fallenstellen voraus - ein nicht zuletzt soziales Problem - und die volle Nutzung aller in Frage kommenden Tiere. So werden heute neben den traditionellen Pelztieren Biber, Nerz, Lux, Silberfuchs und Marder zunehmend auch kleine Tiere, wie Bisamratte und Eichhörnchen genutzt. Dennoch ist die Lebensgrundlage im Fallenstellen zu eng geworden, wenn es auch nach wie vor, gemessen an der Arbeitszeit, für die Mehrheit der Bewohner NSask.'s den wichtigsten Wirtschaftszweig darstellt. Finanziell kommt es in der Regel aber nur noch als zusätzliche Verdienstmöglichkeit in Frage.

Für die traditionsgebundene, nördliche Bevölkerung spielt die Jagd für den Lebensunterhalt noch immer eine beträchtliche Rolle. Die Situation soll anhand der Elche illustriert werden. Sie spielen für die Selbstversorgung mit Fleisch und für die Herstellung von Kunstgewerbeartikeln auch heute noch eine wichtige Rolle. Der Wechsel im Bestand der Tiere hat daher hier große Auswirkungen. Nach einem schweren Rückgang der Elche in den 40er Jahren wurde das Sportjagen für 8 aufeinanderfolgende Jahre untersagt. In den 60er Jahren wuchs ihre Anzahl wieder bis zu einem Maximum von knapp 50 Elchen pro 100 qkm, eine unter den gegebenen ökologischen Bedingungen sicherlich zu hohe Dichte. In der Folgezeit sank die Elchzahl beträchtlich bis auf eine Dichte von knapp 26 im Jahr 1973 (s. Abb. 2). Der Verkauf von Jagdgenehmigungen wurde rigoros auf 5 775 beschränkt, von denen nur 400 an Jäger mit Wohnsitzen außerhalb der Provinz vergeben wurden.

Obwohl davon ausgegangen werden kann, daß nicht allein die Abschlußzahlen, sondern in stärkerem Maße schneereiche Winter für den jüngsten Rückgang der Elchzahlen verantwortlich sind, werden Jagdrestriktionen als der praktikabelste Weg angesehen, eine ausreichende Tierpopulation zu erhalten. Das Abschußquotensystem, das in NSask. seit 1973 praktiziert wird und das sich in erster Linie auf die Sportjäger bezieht, dient auf diese Weise besonders den Bewohnern des Nordens.

Im Bereich des kommerziellen Fischfangs sind ebenfalls Neuerungen durchgeführt worden. Bereits 1949 wurde durch die Initiative der Provinzregierung der Saskatchewan Fish Marketing Service eingerichtet, der wachsende Bedeutung gewann. Wichtigste Aufgabe war zunächst eine Qualitätskontrolle einzuführen und die Seen nach der Fischgüte zu klassifizieren. Anlandestellen, von denen der Fisch gegebenenfalls ausgeflogen wird, wurden eingerichtet und teils private, teils staatliche Fischverarbeitungsanlagen aufgebaut. Weitere Assistenz bestand in der Instruktion über effektivere Fischfangmethoden. Flugtransport, Straßen und der von der Regierung organisierte Handel wirkten in der Folgezeit zusammen, die Produktionskosten zu senken, eine gewisse Stabilität in der Abnahme zu erreichen und neue Seen für den

Fischfang zu erschließen. Außerdem konnte die Hauptfischsaison vom Winter auf den Sommer verschoben werden. Wichtig wurden die neuen Bestimmungen für die Lizenzvergabe, die die nördlichen Seen für die Bewohner des Nordens limitierten. Die größte Fischereiexpansion erfolgte bis in die Anfänge der 60er Jahre, seit dieser Zeit ist eine Stagnation, in einigen Gebieten auch ein merklicher Fangrückgang zu verzeichnen. Insbesondere die indirekten Subventionen durch das DNS haben sich aber verstärkt. Heute werden 185 Seen kommerziell von 1200-1500 Fischern genutzt. Rund 3,6 Mill. kg Speisefische (insbesondere Weißfische, verschiedene Hechtsorten und Seeforellen) werden angelandet mit einem Verkaufswert von 3,5 Mill. Dollar bzw. einem Ankaufwert im Produktionsgebiet von ca. 2 Mill. Dollar. Außerdem wurden im letzten Jahr noch ca. 125 000 kg für den lokalen und eigenen Gebrauch und 230 000 kg für die 50-60 Pelztierfarmen im Norden gefangen.

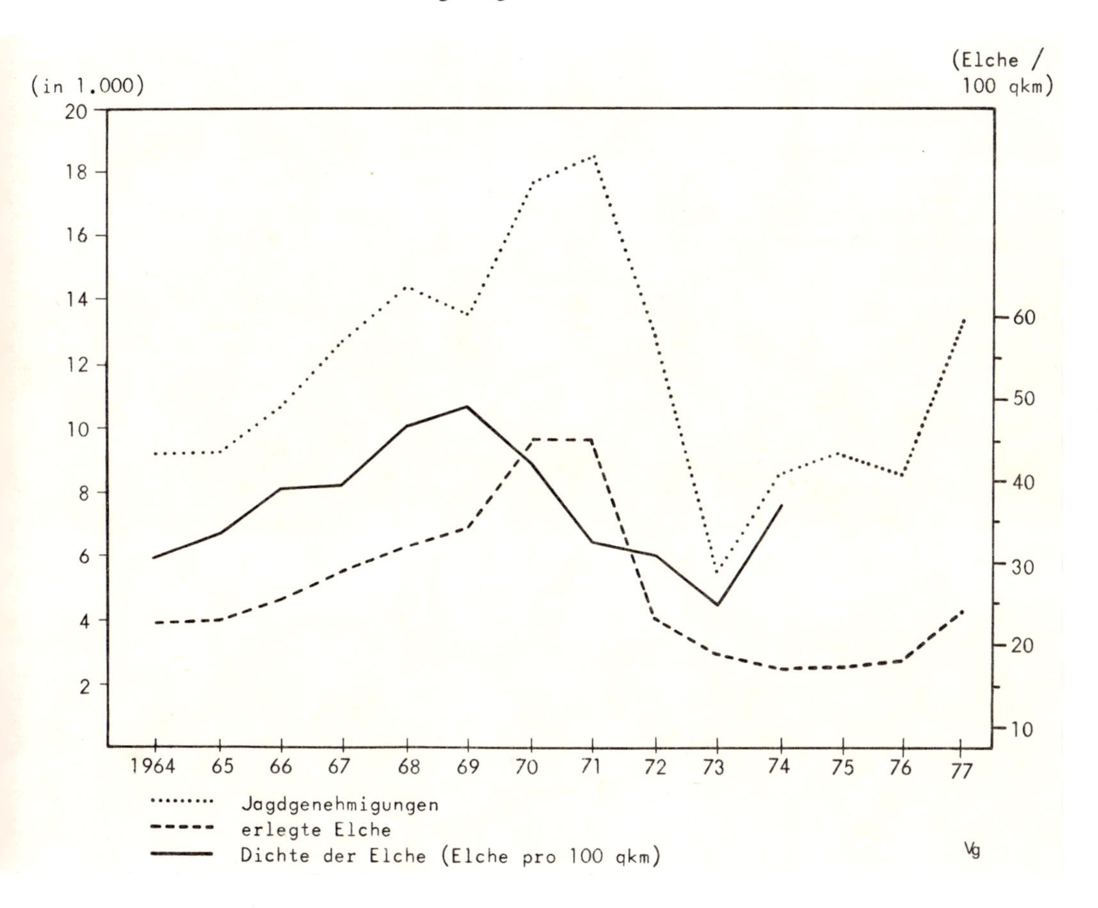

Abb. 2: ELCHBESTAND UND ELCHJAGD IN SASKATCHEWAN 1964 - 1976

Quellen: Sask.: DTRR: Hunter Survey Reports, Report of Hunter and Game Population Surveys, Annual Reports und sonst. Unterlagen des DTRR.

Die Verdienstmöglichkeiten sind so gesehen beim Fischen durchschnittlich 2-4 mal höher als beim Fallenstellen. Dennoch sind auch hier Beschränkungen der Fangquoten und die Konkurrenz durch Sportangler spürbar geworden. Eine Erhöhung der im kommerziellen Fischfang Tätigen erscheint kaum mehr möglich. Die Zahl der Fischer beträgt schätzungsweise nur ein Drittel der Trapper. Die Verbindung beider Möglichkeiten, traditionell stärker bei skandinavischen Nachfahren, kommt finanziell nur bei einigen hundert Beschäftigten zum Tragen.

Die jüngeren Entwicklungen in den traditionsgebundenen Wirtschaftsbereichen haben insgesamt für die Bewohner des Nordens die Abhängigkeiten von außen verstärkt; gerade auch die Verwaltung greift hier organisierend, durch direkte Subventionen aber auch durch Restriktionen so tiefgreifend ein, daß sich nicht nur die Wirtschafts- sondern auch die Lebensweise darauf ausrichtet.

Veränderungen in den Wirtschaftsbereichen, die an die südliche Bevölkerung gebunden sind

Ganz überwiegend aus den Bedürfnissen und zum Nutzen der Bewohner aus dem Süden geschieht die Erschließung im Zusammenhang mit dem Bergbau, der Forstwirtschaft und dem Tourismus in NSask.'s, das zu 95 % dem mineralreichen Schild zugehört.

Die Geschichte des Bergbaus, die nach ihrer Produktion in Abb. 3 zusammengefaßt wird, ist in Sask. sehr wechselvoll verlaufen. Dies liegt im wesentlichen an der großen Anzahl kleiner, wenn auch oft hochwertiger Vorkommen, die daher eine nur kurze Ausbeute erlaubten; daher besonders die Schwankungen in der Nichtedelmetallproduktion.

Einen großen Aufschwung erlebte der Bergbau ab 1953 durch die Ausbeute der Uranlagerstätten in der Beaverlodge Region bei Uranium City. Durch die Kündigung der US-amerikanischen Abnahmeverträge fiel auch diese Produktion rasch wieder ab, bis sie in jüngster Zeit durch die Entwicklung der Atomenergie für nichtmilitärische Zwecke erneut auflebte und derzeit stark expandiert.

In den letzten 15 Jahren ist die wissenschaftliche Erforschung der geologischen Verhältnisse in NSask. gezielt voran getrieben worden. Dies verstärkte sich noch ab 1972. Zur Zeit sind rund 400 Lagerstätten von verschiedener ökonomischer Bedeutung bekannt; etwa 45 können als nutzbar betrachtet werden. Alle Vorkommen von Gold, die auf Abb. 4 verzeichnet sind, könnten rentabel abgebaut werden, wenn der Goldpreis absehbar konstant hoch bleibt. In der Wollastone Faltenzone sind in jüngster Zeit Blei-,Zink- und Kupfervorkommen von wirtschaftlich interessantem Wert entdeckt worden. In diesem Gebiet liegen die Lagerstätten weitgehend bedeckt, so daß

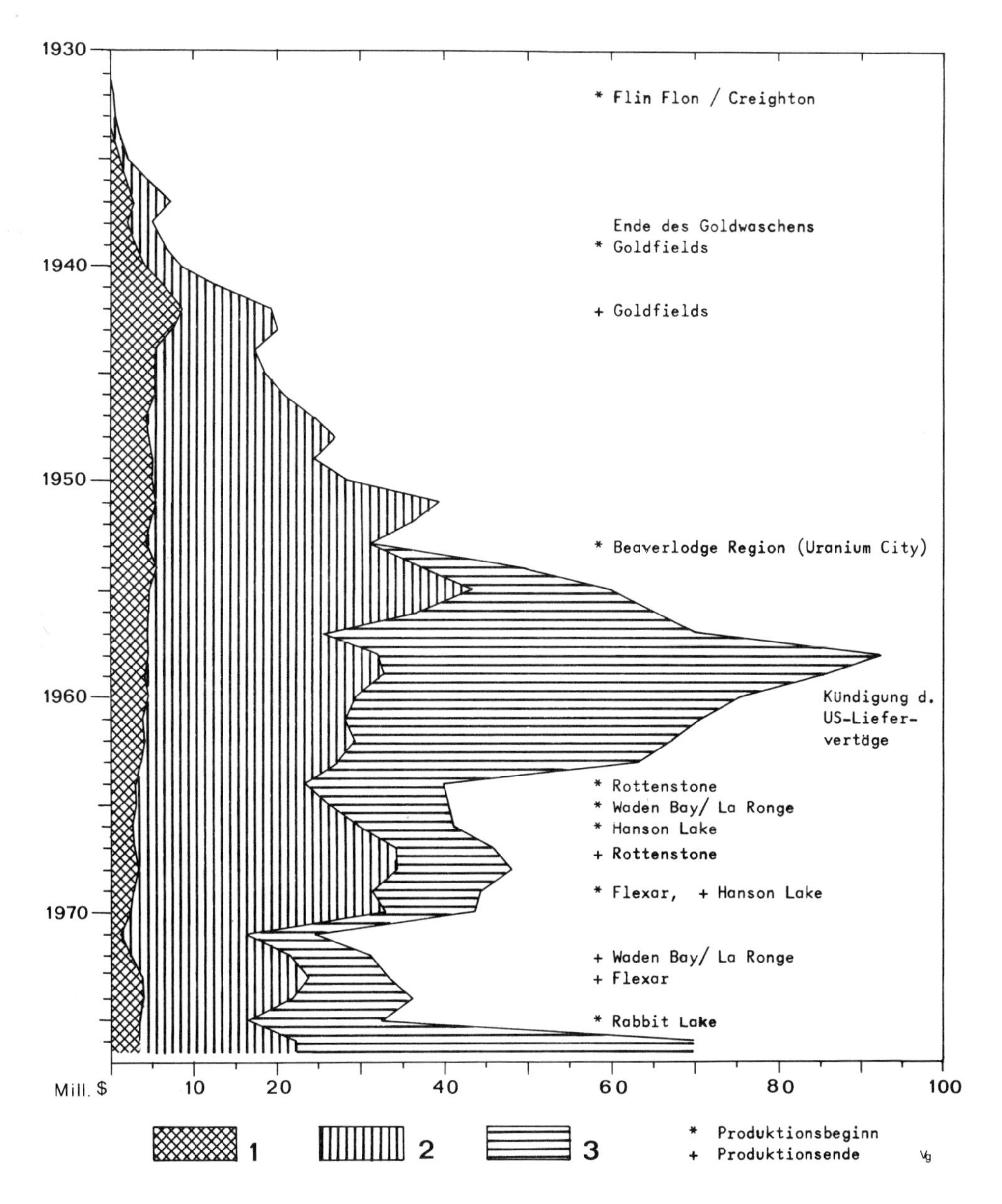

Abb. 3: PRODUKTION VON METALLEN IN NORDSASKATCHEWAN 1930 - 1976

1) Edelmetalle (Gold, Silber, Platin, Palladium); 2) Nicht-Edelmetalle außer Uranium (Kupfer, Zink, Blei, Nickel, Selen, Tellur, Cadmium); 3) Uranoxyd.

Quellen: TWEEDIE, J. A. (1973); Sask.: DMR: Annual Reports, Mineral Statistics Yearbooks; SASK. RESOURCE CONFERENCE, 1964.

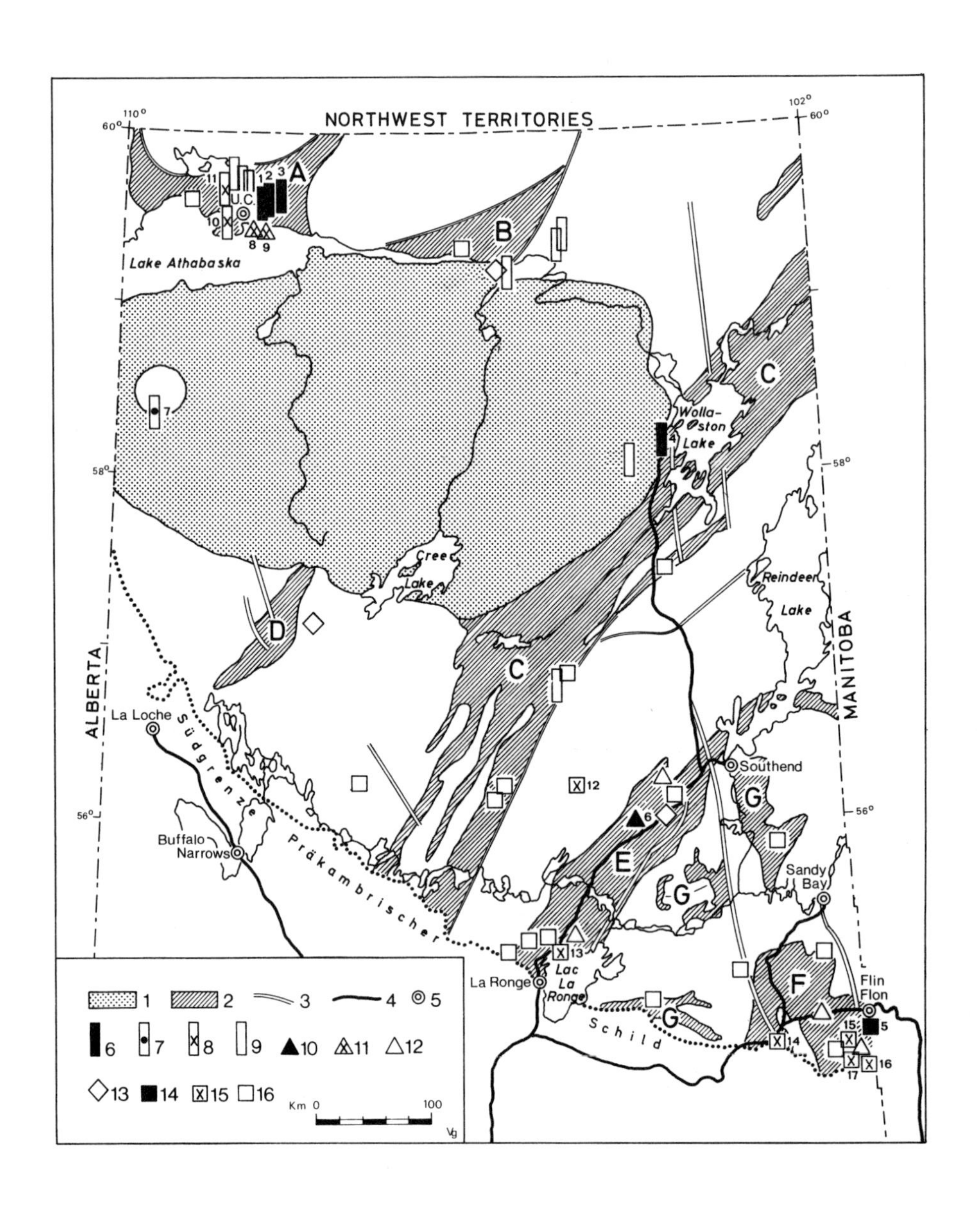

Abb. 4: BERGBAU UND LAGERSTÄTTEN IN NORDSASKATCHEWAN

Quellen: Sask.: DMR: Mineral Deposits Map of Northern Sask. (1972), Inventory and Outlook of Sask.'s Mineral Resources (1976), Annual Reports; BECK, L.S. (1971); TWEEDIE, J.A. (1973).
Entwurf und Zeichnung: R. Vogelsang

Abb. 4: BERGBAU UND LAGERSTÄTTEN IN NORDSASKATCHEWAN

1) Athabaska Formation; 2) Metamorphose Zone; 3) wichtige Verwerfung; 4) Straße; 5) Siedlung; Uran-Bergbau: 6) aktiv, 7) in Vorbereitung, 8) stillgelegt, 9) Lagerstätte; Goldbeergbau: 10) aktiv (aperiodisch), 11) stillgelegt, 12) Lagerstätte; 13) Eisenerzlagerstätte; sonstiger Erzbergbau: 14) aktiv, 15) stillgelegt, 16) Lagerstätte.

Geologische Einheiten: A) Beaverlodge Bruchzone, B) Stony Rapids Bruchzone, C) Wollastone Faltenzone, D) Virgin River Faltenzone, E) La Ronge - Reindeer metamorphose Zone, F) Flin Flon metamorphose Zone, G) Metamorphose Vorkommen im Dreieck: La Ronge - Lynn Lake - Flin Flon;

Bergbaustätten im einzelnen:

Nr.	Lage	Gesellschaft	Erz	Bemerkung
	Aktiver Bergbau			
1	Uranium City District	Eldorado Nuclear	Uran	Ace-Schacht
2	wie 1	Eldorado Nuclear	Uran	Fay-Schacht
3	wie 1	Eldorado Nuclear	Uran	Hab-Tagebau
4	Rabbit Lake, Wollastone L.	Gulf Minerals	Uran	Tagebau
5	Flin Flon/ Creighton	Hudson Bay Mining a. Smelting	Kupfer, Zink, (Blei, Gold, Silber)	seit 1930
6	Mallard Lake	IOLU	Gold	aperiodisch
	In Vorbereitung			
7	Cluff Lake	Amok Ltd.	Uran	Tagebau
	Bergbau stillgelegt			
8	Goldfields, L. Athabaska	Athona Mines	Gold	1935-1939
9	wie 8	Consolidated Mining	Gold	1935-1942
10	wie 1	Gunnar	Uran	1954-1963
11	wie 1	diverse andere	Uran	15 Bergwerke 1954-1960
12	Rottenstone L.	Rottenstone Mining	Kupfer, Nickel	1964-1968
13	Waden Bay	Anglo-Rouyn	Kupfer	1966-1972
14	Hanson Lake	Western Nuclear M.	Blei, Zink, Kupfer	1967-1969
15	Flin Flon	Hudson Bay Mining	Kupfer	Flexar, 1969-1972
16	Flin Flon	Hudson Bay Mining	Kupfer	Coronation
17	Flin Flon	Hudson Bay Mining	Blei, Zink, Kupfer	Birch Lake

weitere Probebohrungen erforderlich sind. Drei bedeutende Eisenerzlagerstätten sind bislang in NSask. bekannt, deren Verhüttung an Ort und Stelle aber noch nicht rentabel erscheint; die Fundorte liegen zu isoliert; die Tonnen/km-Transportkosten sind zu hoch.

Ähnlich verhält es sich mit 3 großen und hochwertigen Quarzsandlagerstätten (Südküste des Wapawekka Lake, am Bow River zwischen Montreal Lake und Lac La Ronge sowie am Hanson Lake), die alle im südlichen aber eben doch unbesiedelten Bereich NSask.'s liegen.

Am wichtigsten ist gegenwärtig die verstärkte Prospektion und Ausbeute der Uranlagerstätten. Neben der Erweiterung der alten Anlagen und dem erst seit 1975 produzierenden Betrieb Rabbit Lake ist die Cluff Lake Mine in der Aufbau- und weitere in der Planungsphase.

Die Einflüsse der Bergwerksaktivitäten auf den Norden Sask.'s sind sehr unterschiedlich zu beurteilen. Bis zur Mitte der 60er Jahre waren die direkten Auswirkungen gering: Das Gebiet von Flin Flon wurde im wesentlichen von der Nachbarprovinz Manitoba aus erschlossen, und Uranium City, isoliert im Hohen Norden, besitzt weit bessere Verkehrsverbindungen nach Edmonton, Alberta, von wo aus die Bergbauanlagen verwaltet und wohin die Produkte ausgeflogen werden. Eine Allwetterstraße im Zusammenhang mit dem Bergbau entstand 1965, um die Kupfererze von La Ronge zur Verhüttung nach Flin Flon abfahren zu können. Auch die Straße nach La Ronge in den Süden gewann an Bedeutung durch den Nickel- und Kupferabbau am Rottenstone Lake in den Jahren 1965 bis 1968.

Die wichtigsten durch den Bergbau verursachten, infrastrukturellen Veränderungen für NSask. erfolgten erst in jüngster Zeit im Zusammenhang mit dem Uranbergbau. Die Straße nach Rabbit Lake ist die erste, die in weit abgelegene Gebiete führt. Der geplante Straßenausbau nach Cluff Lake wird eine ähnlich lange Süd-Nord-Achse schaffen.

Die Bedeutung dieser neuen Straßen ist durchaus zweischneidig. Die besseren Transportbedingungen können zwar auch von den Bewohnern des Nordens genutzt werden, kommen aber insgesamt mehr der Bevölkerung aus dem Süden zugute, da sie neben der Hauptaufgabe, der Bergwerksver- und entsorgung, vor allem den Touristen den leichteren und mit den Wohnmobilen meist unabhängigen Zugang zu entlegenen Gebieten verschaffen. Damit werden die lokalen und regionalen Verdienstmöglichkeiten geringer. Darüber hinaus treten die Touristen als Konkurrenten der einheimischen Fischer und Jäger auf und beeinträchtigen auch die Erfolge der Trapper. Die Erwerbsmöglichkeiten, die nur im bescheidenem Ausmaß neu entstehen, gleichen die negativen Einflüsse nicht aus. Beim Bergbau selbst entstehen für die Bewohner des Nordens Arbeitsplätze fast nur in der Explorations- und Konstruktionsphase. In den bisher in NSask.

etablierten Bergwerken kommen rd. 95 % der Beschäftigten aus dem Süden. Der sehr hohe regionale Bedeutungskoeffizient des Bergbaues, der sich für NSask. mit 3 326 $ Produktionswert pro Kopf der Bevölkerung (1976) errechnen läßt, ist daher mehr theoretisch interessant und läßt sich derzeit höchstens für davon ableitbare finanzielle Ansprüche ins Feld führen. Die Gründe für den geringen Anteil der nicht-weißen Arbeitskräfte im Bergbau sind vielfältig und können hier nicht im einzelnen dargelegt werden (4).

Auf die Forstwirtschaft kann nur mit wenigen Hinweisen eingegangen werden. Abb. 1 verdeutlichte bereits, daß der Hauptteil des wirtschaftlich nutzbaren Waldes von Sask. im Norden der Provinz liegt. Dennoch werden bislang nur relativ leicht zugängliche und lediglich die produktiveren Teile in dessen südlichem Teil genutzt. Die Errichtung der ersten Zellulosefabrik in Sask. (in Prince Albert, 1968) mit einem Jahresausstoß von rund 220 000 t brachte einen spürbaren Entwicklungsimpuls für den Norden, so daß heute bereits 16 % des Holzeinschlages der Provinz hier erfolgt. Bezeichnend ist aber, daß von den insgesamt 351 Sägemühlen nur 14 (= 3,9 %) im Norden arbeiten, wo sie hauptsächlich für den lokalen Bedarf produzieren. Der Löwenanteil des geschlagenen Holzes geht in die Sägewerke und in die Papierfabrik im Süden und schafft dort Arbeitsplätze. Aufgrund der höheren Mechanisierung im Norden finden auch beim Einschlag selbst nur rund 10 % der einheimischen Arbeiter dort Beschäftigung, von denen schätzungsweise höchstens 20 % Indianer und Mestizen sind.

Etwas anders sieht es bei den Schutzaufgaben aus, die im Verantwortungsbereich des DNS liegen. Berücksichtigt man, daß beispielsweise im letzten Jahr in Sask. rund 400 Waldbrände eine Fläche von 150 000 ha nutzbaren Holzes vernichteten (durchschnittlich mehr als 50 000 m^3/pro Jahr), so wird verständlich, daß auf Beobachtungstürmen und in der Feuerbekämpfung immer wieder alle verfügbaren Hilfskräfte gebraucht werden. Rund 400 Beschäftigte werden allein im NAD für diese Aufgabe permanent benötigt; in Krisenzeiten verständlicherweise ein mehrfaches davon.

Der Tourismus hat in den nördlichen Teilen Sask.'s recht alte Wurzeln. Er konzentrierte sich aber lange Zeit auf den Prince Albert Nat. Park und den 1959 etablierten Meadow Lake Prov. Park. Beide liegen südlich des heutigen Nordens.

Abgesehen von einigen lokalen Einrichtungen nahe Flin Flon/Creigthon, die im Zusammenhang mit der Bergbaubevölkerung standen, begann der Tourismus im heutigen Norden Sask. erst nach dem 2. Weltkrieg. Zwei für den Norden kennzeichnende Erscheinungsformen des Tourismus, deren Unterschiede im wesentlichen verkehrsbedingt sind, sollen hier kurz dargelegt werden: Vermietbare Ferienhäuser bzw. Sporthütten und die Campingplätze.

Zwischen 1946 und 1950 entwickelte sich La Ronge zum zentralen Standort für Sportfischer, insbesondere für US-Amerikaner. In der Folgezeit wurde das Revier kontinuierlich erweitert, ein verhältnismäßig dichtes Netz von Außenposten geschaffen, die jeweils 1-2 Hütten besitzen, und die zentraler gelegenen Ferienhäuser quantitativ und qualitativ ausgebaut. Abb. 5 verdeutlicht die heutigen Verhätlnisse. Es sind 16 zentrale Camps vorhanden, die Hälfte davon im Gebiet von La Ronge. Diese versorgen allein in Sask. insgesamt 62 Außenlager, die überwiegend im äußeren Norden liegen und nur mit dem Flugzeug erreichbar sind. Die restlichen 75 Ferienhäuser- und Hüttenkomplexe werden mehr oder weniger selbständig geführt, teils von Besitzern bzw. Pächtern aus dem jeweiligen Nahbereich, häufig aber von südlichen Städten aus, wie Meadow Lake, Prince Albert oder Saskatoon; sie sind mehr im Süden konzentriert, besitzen meist Straßenverbindungen und sind generell bewußt von den übrigen Siedlungen abgesetzt, zu denen sie nur in wenigen Fällen wirtschaftlich Bindungen besitzen. Ferienhäuser und Sporthütten weisen zusammen eine Beherbergungskapazität von 4 000 Betten auf, d.h., daß allein in diesem speziellen Touristenbereich theoretisch auf jeden 5. Bewohner des Nordens eine Übernachtungsmöglichkeit kommt. Für alle Einrichtungen dieser Art gilt, daß sie fast ausschließlich in der Hand der weißen Bevölkerung sind.

Die kalten, nur mit dem Flugzeug erreichbaren Seen des Nordens sind bei den Sportanglern so beliebt, weil sie nicht überfischt sind und die Fischqualität ausgezeichnet ist. Außerdem ist für die Trophäenjagd die Größe der Fische wichtig - gerade im Kontinent der Superlative! Die arktische Äsche (arctic grayling - Thymallidae) ist ein bevorzugter und wohlschmeckender Sportfisch; Hechte erreichen ein Gewicht bis knapp 20 kg, Seeforellen bis zu 23 kg. Durch den Ausbau der Straßen (s.o.) verlieren diese Seen aber an Exklusivität. Es werden daher vermehrt neue in den nördlich anschließenden N.W.T. erschlossen.

Die Saison ist kurz. Sie reicht meist von Mitte Mai bis Ende September, mit ausgeprägten Spitzen entsprechend den erfolgsversprechendsten Jagd- und Angelzeiten. Nach eigenen Schätzungen zählten die Basiscamps und Außenposten 1976 etwas mehr als 100 000 Übernachtungen; das bedeutet eine Auslastung über das ganze Jahr von knapp unter 20 %. Für die sonstigen Ferienhäuser ergeben sich danach knapp 200 000 Übernachtungen in NSask.

Campingplätze (Abb. 6) sind erst in letzter Zeit im Norden ausgebaut worden. Sie dienen zur Übernachtung in den sehr beliebten und in großer Zahl vorhandenen Wohnmobilen und sind daher an den wenigen Straßen orientiert. Von den 73 Campingplätzen liegen 62 südlich des Churchill Rivers bzw. des 56° nördl. Breite. Schwerpunkte stellen die Gebiete um Flin Flon und La Ronge dar; hier wie weiter im südlichen Bereich sind sie oft gekoppelt mit Ferienhausanlagen. Wo dies nicht der Fall ist, handelt es sich überwiegend um provinzeigene, vom DNS geführte Plätze, die kaum Komfort bieten und ganz auf die Sportangler zugeschnitten sind - die ausgesprochenen Ferienplätze für Familien mit Kindern liegen in den südlich anschließenden Parks bzw. noch weiter im Süden. Die Besucherzahl steht in enger Korrelation zur Entfernung und Verkehrsgunst aus dem Süden (vgl. DTRR: Visitation Reports).

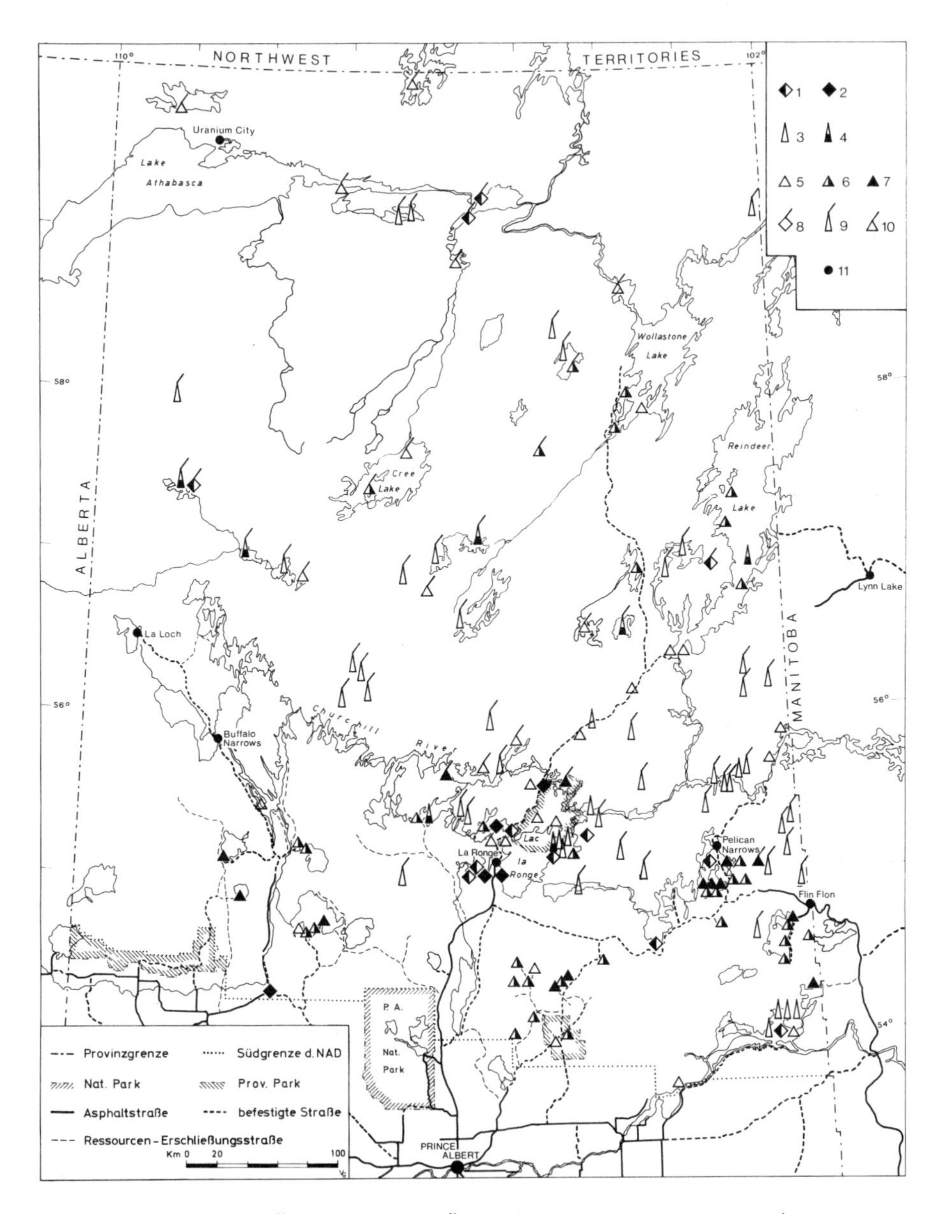

Abb. 5: FERIENHÄUSER UND SPORTHÜTTEN IN NORDSASKATCHEWAN 1976/77

Zentrale Camps, nach Anzahl der Häuser: 1:bis zu 10, 2:mehr als 10; Außenposten, nach Anzahl der Häuser: 3:1-2, 4:3-6; Sonstige Feriencamps, nach Anzahl der Häuser: 5:1-5, 6:6-10, 7:10 u. m.; mit ausschließlicher Flugverbindung: 8:Zentrales Camp, 9:Außenposten, 10:sonst. Camp; 11:Siedlung.
Quellen: Unterlagen des DTRR, Sask.; Unterlagen der Northern Sask. Outfitters Ass.

Entwurf und Zeichnung: R. Vogelsang

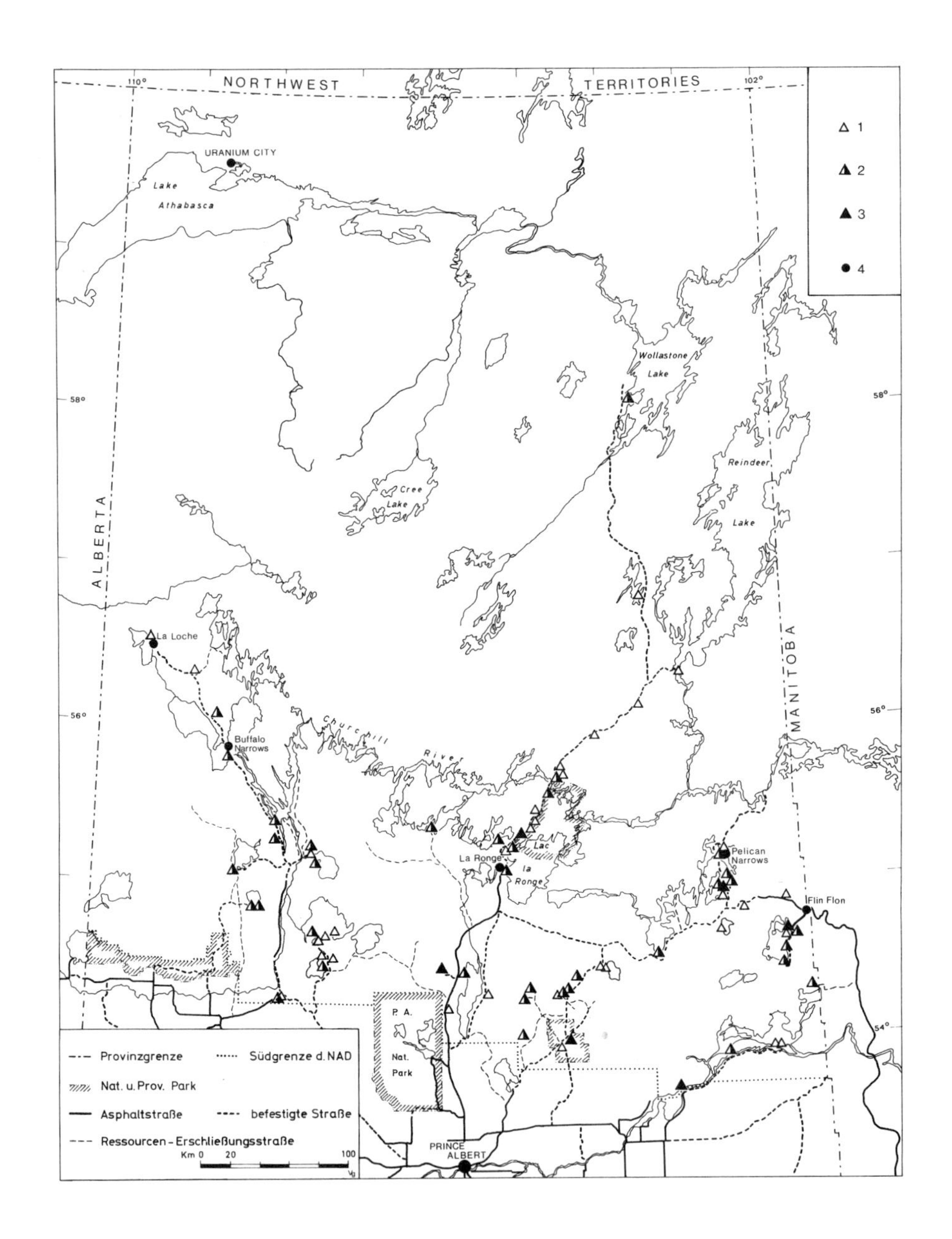

Abb. 6 : CAMPINGPLÄTZE IN NORDSASKATCHEWAN 1976/77

Campingplätze mit Einstellplätzen: 1:1-10, 2:11-49, 3:mehr als 50; 4:Siedlung.
Quellen: nach Unterlagen des DTRR, Sask.
Entwurf und Zeichnung: R. Vogelsang

Das Verteilungsmuster der Freizeiteinrichtungen, die Eigentumsverhältnisse und die Saisonbedingtheit relativieren stark die direkten Verdienstmöglichkeiten im Tourismus für den Großteil der nördlichen Bevölkerung.

Entwicklungsimpulse durch die Verwaltung

Die Bedeutung des seit 1972 etablierten DNS (Dept. of Northern Sask.) für die Entwicklung der letzten Jahre kann kaum überschätzt werden. Wie schon aus den bisherigen Ausführungen hervorgeht, gibt es fast keinen Lebens- und Wirtschaftsbereich, auf den die Verwaltung nicht Einfluß ausübt.

Die Forcierung der Entwicklung in NSask. kann man zusammengefaßt aus dem Provinzhaushalt ablesen. Rechnet man die Ausgaben des Rechnungsjahres 1975/76 auf die Bevölkerung um, so kommt man auf rund 1 900 Dollar/Kopf im NAD, unter Ausschluß der Treaty-Indianer, die von Ottawa aus verwaltet werden, sogar auf 2 900. Der entsprechende Wert für den Süden liegt dagegen bei 1 200 Dollar (Berechnungen nach Angaben: Minister of Finance: Budget Speech, 10. März 1977).

Schulbauprogramme, Fortbildungskurse, der Ausbau der Freizeiteinrichtungen, Zuschüsse für spezielle wirtschaftliche Vorhaben - nur für Bewohner des Nordens (NSEDF= Northern Saskatchewan Economic Development Fund) - gezielte Beschäftigungsprogramme (ESP= Employment Support Programm) und Altersunterstützungsprogramme (STTE = Services to the Elderly) sind einige der Entwicklungsimpulse, die vom DNS ausgehen. Beispielhaft sollen die Aktivitäten des DNS dessen Bauaktivitäten verdeutlichen. Durch ein seit 1972 aufgestocktes Hausbauförderungsprogramm (Teil des Northern Housing Programm) wurden in den 31 nördlichen Siedlungen folgende Wohnhäuser fertiggestellt:

Jahr	Häuser	Jahr	Häuser
1968	20	1974	140
1969	23	1975	133
1970	23	1976	120
1971	--	1977	121
1972	40	1968-77	717
1973	97		

Allein zwischen 1972 und 1977 waren es demnach 651. Die Häuser werden an bedürftige Familien für einen Betrag abgegeben, der wenig mehr als das Eigeninteresse dokumentieren soll. Die Kosten liegen zwischen 10 $ pro Monat und der Höchstgrenze von 25 % des Einkommens. Weitere finanzielle Unterstützungen bestehen bei Hausinstandsetzungsarbeiten; 97 Zuschußverfahren wurden im Jahr 1976/77 abgewickelt. Daneben wurden und werden vom DNS Gebäude für deren Angestellte, Bürounterkünfte und Lehrerwohnungen gebaut, die nach Möglichkeit so terminiert werden, daß innerhalb der Siedlungen eine gewisse Kontinuität im Bauwesen erreicht wird. Diese Programme und weitere, bei denen das DNS lediglich als Koordinator und Planer fungiert (Saskatchewan Housing Corporation Senior Citizens Grant, Residential Rehabilitation Assistant Programm etc.) haben den Aufbau und das Bild der nördlichen Siedlungen (5) in den letzten Jahren vollständig verändert, wie die folgenden zwei Beispiele illustrieren.

Cumberland House, die älteste, permanente Siedlung Sask.'s, die nach dem Bedeutungsverlust des Pelzhandels und des Sask. Rivers als Verkehrsachse trotz ihrer relativ südlichen Position bis zur ersten Allwetterstraßenverbindung 1967 abseits lag, besitzt heute ca. 950 Einw. bei einer durchschnittlichen jährlichen Zunahme von etwa 5 % in den letzten 15 Jahren.

Die Vermessung in einheitliche Blockparzellen erfolgte bereits 1956, blieb aber bis in die ersten 60er Jahre bis auf die Erstellung von vier Straßen ohne große Auswirkung. Das übrige Straßen- und Wegenetz dieser Zeit (s. Abb. 7), das auf die beiden Geschäfte (Co-op und H.B.C.), auf Kirche, Schule und die Fischereianlagen dispers orientiert war, läßt noch die ungeplante Anlage erkennen. 1960 war Cumberland House noch eine unregelmäßige, sehr lockere Streusiedlung mit knapp 500 Einw..

Wieviel 1977 vom alten Baubestand geblieben ist, verdeutlicht die Gegenüberstellung der genutzten Gebäude 1960 und 1977 (s. Abb. 7). Insgesamt bietet Cumberland House ein kaum mehr wiederzuerkennendes Bild. Das Straßen- und Wegenetz ist fast ausschließlich rechtwinklig und eingenordet; insges. 157 neue Gebäude wurden errichtet, die eine gewisse Verdichtung bewirkten und knapp 80 % des gesamten Gebäudebestandes ausmachen. 50 Gebäude sind im gleichen Zeitraum aufgegeben oder abgerissen worden. Von den 130 neuen Wohngebäuden sind 87 in den letzten 10 Jahren unter dem erwähnten Hausbauförderungsprogramm des DNS entstanden; bis auf den Neubau der H.B.C. und einer Kirche sind alle 27 Nichtwohngebäude, von der Schule bis hin zum Hotel auf die Initiative oder Koordination des DNS zurückzuführen. Die Installation von Wasser- und Abwasserleitungen, Anschluß an das Strom- sowie Telephonnetz sind die wichtigsten infrastrukturellen Neuerungen.

Es ist so innerhalb der letzten 1 1/2 Dekaden aus der rd. 200 Jahre alten Siedlung eine geplante, regelmäßige und insg. mäßig dichte Flächensiedlung entstanden, die in sich deutlich umorientiert ist und eine neue funktionale Hauptachse erhalten hat.

Das Luftbild von 1965 (Abb. 8) gibt die noch unregelmäßige Streusiedlung von La Loche wieder, die sich in ähnlicher Weise wie Cumberland House an der Missionsstation mit Krankenhaus, einer kleinen Fischanlandestelle sowie an der Niederlassung der H.B.C. dispers orientierte. Das dichte Fußwegenetz, von den einzelnen Häusern zentripedal wegführend und die Weitständigkeit der Wohngebäude waren

Abb. 7: CUMBERLAND HOUSE 1960 und 1977

Quellen: KEW, J. E. M. (1960); div. Luftbilder; eigene Kartierung (1977).

Zeichnung und Entwurf: R. Vogelsang

Abb. 8: LA LOCHE 1965 DTRR, Sask. Airphoto YC 927-181 vom 30.6.1965.

Abb. 9: LA LOCHE 1977 Aufn. v. Verf. 23.8.1977

weitere wesentliche Charakteristika. 1963 fand hier die erste Vermessung der gesamten Siedlung statt, die die bereits ausgebauten Straßen als Grundlage für den rechtwinkeligen, in den Parzellengrößen vereinheitlichten Plan benutzte. Die gesamte Siedlungsanlage, der Aufbau des Ver- und Entsorgungssystems aber auch der Baustil der Häuser haben, wie das Bild von 1977 (Abb. 9) zeigt, innerhalb weniger Jahre eine Angleichung an die Siedlungen des Südens erfahren - und das trotz der natürlich vorgegebenen Unterschiede. Die hoch im Norden liegende Siedlung besitzt heute recht gute Straßenverbindung und einen regelmäßigen Flugdienst, der bes. wichtig für die stark fluktuierende weiße Bevölkerung ist.

La Loche kann als eine sozialökonomisch besonders problembeladene Siedlung gelten. Von den 1 670 Einwohnern 1976 (Saskatchewan, Planning and Research Secretariat: Population Statistics for the North, Manuskript); bzw. 1 544 nach dem SHSP, 1976) sind ca. 18 % Treaty-indians, ungefähr 77 % Non-treaty-indians (Chipewyan) und Mestizen und unter 5 % Weiße. Der Bevölkerungsanstieg ist explosiv. Ohne nennenswerte Zuwanderung betrug er in den letzten 10 Jahren 65 %, d.h. eine jährliche Zunahme von 6,5 %; seit 1971 liegt die Zuwachsrate sogar bei 9 %. Aufgrund der hohen Geburtenrate sind 51 % der Einwohner unter 15 Jahre bei einem vergleichbaren Schnitt für Sask. von 27 %. Es sind die traditionsbestimmten Wirtschaftszweige, Fallenstellen und etwas Fischfang, in denen die Bevölkerung Verdienstmöglichkeiten sucht. Ein kleines missionseigenes Sägewerk bietet lediglich aperiodisch Beschäftigung. Durch Wohnbau und andere Konstruktionsvorhaben versucht das DNS die Rentenempfängerquote so niedrig wie möglich zu halten. Es hat damit kurzfristig Erfolg, doch kann darin keine Dauerlösung der entstandenen Probleme gesehen werden. Die negativen Folgen des Zusammenpralls der bereits früher umgeformten Kultur mit der modernen Zivilisation aus dem Süden zeigen sich in der schwer lösbaren, schlechten Beschäftigungslage besonders deutlich.

Wenn unter 'Pioneering' nicht nur, wie anfänglich in der Geographie, die agrarische Kolonisation verstanden wird, sondern die zivilisatorische Umgestaltung im Grenzraum der Ökumene, so stellen diese für den Norden neuartigen Siedlungen Pioniersiedlungen dar, deren Pionierphase rasch durchschritten und absehbar bald zum Abschluß gekommen sein wird (6).

Die neueren Entwicklungen in NSask. haben dessen südliche Teile so verändert, daß sie bereits heute zum erschlossenen Norden Kanadas gerechnet werden müssen. NSask. als ganzes ist damit nicht weniger, sondern eher noch mehr zur Problemregion geworden. Die Einflüsse insb. des DNS auf die Bevölkerungsentwicklung, auf das Fallenstellen, die Jagd, die Fischerei, auf Bergbau, Forstwirtschaft, Tourismus und schließlich auf die ganze Siedlungsstruktur sind einzeln gesehen bedeutend und nicht ohne nennenswerte Erfolge. Den gegenseitigen Wechselwirkungen dieser Entwicklungen wird aber zu wenig Aufmerksamkeit geschenkt, die Programme behindern sich oft gegenseitig. Ein klares, aufeinander abgestimmtes Entwicklungskonzept ist trotz der starken Stellung des DNS nicht zu erkennen.

ANMERKUNGEN:

1) Somit unterscheidet sich die Abgrenzung von NSask. wesentlich von der, die LAMONT, G. u. V.B. PROUDFOOT (1974) ihrer Untersuchung zugrunde legten. Sie schlossen die Census Div. 14-17 von Sask. mit ein, die wesentlich von der Landwirtschaft geprägt sind.

2) a) Die traditionelle Wirtschaftsweise der Trapper bereitete bei den Volkszählungen, insbes. in den früheren Jahrzehnten erhebliche Schwierigkeiten. - Der Zuwachs der Bevölkerung in den 50er Jahren ist so z.T. auf die genauere Erfassung zurückzuführen. Die Fehlerquote kann für frühere Zeiten auf 7 %, heute noch auf 3 % geschätzt werden.

b) Der NAD war bis einschließlich 1971 kein Volkszählungsgebiet. Statistisch stellte Census Div. 18 den Norden Sask's dar. Eine hinreichende Annäherung an den NAD kann aber gewonnen werden, wenn die Teile der L.I.D., die im Cens.-Div. 18 liegen, der P.A.N.P. und die incorporierte Siedlung Goodsoil ausgeklammert werden. Lediglich SE von Green Lake in einem siedlungsleeren Gebiet von 285 qkm und in einem noch kleineren bei Squaw Rapids können die Grenzen nicht in Deckung gebracht werden.

3) Die Bevölkerungsangaben schwanken für NSask. aufgrund der unterschiedlichen Erhebungsmethoden erheblich. Neben den in Tab. 1 aufgeführten Zahlen, kommt man nach den Berechnungen des Inst. f. Northern Studies, Saskatoon, die auf der Sask. Hospital Serv. Plan Master Registration File beruhen, für die den Siedlungen zuzuordnende Bevölkerung auf 23 943 im NAD. - Das DNS gibt in einer Broschüre (Northern Sask., 1976) sogar 28 000 Einw. an, eine Zahl, die sicherlich zu hoch gegriffen ist.

Es ist dabei, wie bei den jüngsten Zuwachsraten, hervorzuheben, daß sich die neueren Entwicklungen im Bergbau kaum in den Bevölkerungszahlen niederschlagen. Insbesondere die Bergbaubevölkerung der Rabbit Lake Mine, die im wöchentlichen Wechsel vom Süden her eingeflogen wird, geht nicht in diese Zählungen mit ein.

4) S. dazu: DAVIS, A.K. (1967), BUCKLEY, H. u.a. (1963), CENTER FOR SETTLEMENT STUDIES (1968). Neben den auf dem Symposium in Marburg diskutierten Gründen (vgl. a. die Beiträge von A. HECHT, A. PLETSCH und R.G. IRONSIDE in diesem Heft) ist die Frage der Bereitschaft, sich in den fremdartigen Arbeitsprozeß einzupassen, grundlegend. - Sie kann, wie eigene Befragungen ergaben, durchaus nicht allen Indianern und Mestizen abgesprochen werden; sie ist allerdings generell niedrig. Will man die Entwicklung des Nordens auch für die nördliche Bevölkerung, so sind konsequente Adaptionsprogramme mit einfachen Techniken und vor allem flexiblen Arbeitszeiten notwendig, die kurzfristige Kosten-Nutzungsrechnungen außer acht lassen. Mancher Dollar, der für die sogn. Sozialhilfe ausgegeben wird, wäre vielleicht auf diese Weise, auch mit positiven sozialen Folgen, sinnvoller verwendet. - Die Regierung von Sask. versucht bei den in Planung

befindlichen Bergwerken, die Firmen zu vermehrter Beschäftigung der Eingeborenen zu bewegen. Man muß die Erfolge allerdings mit Skepsis betrachten, wie das Beispiel der Rabbit Lake Mine zeigt.

5) Das Wachstum der einzelnen Siedlungen in NSask. ist unterschiedlich erfolgt und bedarf individueller, sozialer wie ökonomischer Erklärungen, denen hier nicht weiter nachgegangen werden kann. - Generell kann lediglich festgehalten werden, daß erstens ein 'Urbanisierungseffect' eingesetzt hat, der auch Auswirkungen auf das zentralörtliche System besitzt (vgl. ATCHESON, J.W., 1972) und daß zweitens der Bedeutungsgewinn vieler Siedlungen zum größten Teil auf die vielfältigen Bereiche der Verwaltung zurückzuführen ist.

6) Dieser These geht der Verf. historisch vertieft und auf die Siedlungen Mittel- und Nordsaskatchewans erweitert an anderer Stelle nach.

SUMMARY:

A brief look at its history reveals that Northern Saskatchewan remained essentially outside all modern development up to about 1950 if one excepts its early cultural reshaping in the period of the fur trade. It is only after 1950 that one can note a strong natural increase in population due to a diminihing death rate. The mining of uranium, at about the same time, induces a relatively strong influx of immigrants from the South. From the point of view of population geography Northern Saskatchewan can today be considered a region comparable to underdeveloped countries and to exhibit parallels with earlier pioneering regions in Canada.

Both new forms of organisation and protective regulations concerning trapping as well as hunting have failed to produce any fundamental improvements for the inhabitants of the North in these traditional areas of the economy. In commercial fishing, on the other hand, quite specific advances have been effected. The limits to potential further developments within this sector have, however, already become clear. The whole area of traditional economy has become more and more dependent on direct and indirect state subsidies.

The developments of mining, forestry, and tourism are pushed foreward primarily to the advantage and profit of the population in the South. Hand in hand with this goes the increased construction of traffic and transportation facilities. The multiple influence of the Department of Northern Saskatchewan is, among other things, demonstrated by building activities. Two examples are cited as evidence for the complete transformation of the northern settlements which has been carried out since 1972 and which will thus finally make these settlements similar to the southern forms.

Despite the progress to be noticed in these individual areas a general lack of coordination cannot be overlooked. Certain programmes stand in each other's way and there is no general plan of development which can be considered suitable to bring about the proclaimed goal of a "North for the Northerners".

LITERATUR

(Die im Text und bei den Quellenangaben der Abb. und Tab. ausführlich zitierte Literatur wird im folgenden nicht mehr aufgeführt.

Abkürzungen:

DE = Dept. of the Environment; DMR = Dept. of Mineral Resources; DNS = Dept. of Northern Saskatchewan; DTRR = Dept. of Tourism. and Renewable Resources;

ATCHESON, J.W.: Community-Centered Regions in Northern Saskatchewan. MA (Ms.) Regina 1972

BACKER, W.B.: Some Observations on the Application of Community Development to the Settlement of Northern Saskatchewan. (Unveröffentl. Ms. o.J. (um 1960).

BECK, L.S. (DMR): Mineral Resources and Potential of Northern Saskatchewan. Regina (Ms.) 1971.

BUCKLEY, H., I.E.M. KEW, und J.B. HAWLEY: The Indians and Metis of Northern Saskatchewan. Saskatoon 1963.

CENTER FOR SETTLEMENT STUDIES: Proceedings of the Symposium on Resource Frontier Communities. University of Manitoba, Winnipeg 1968.

DAVIS, A.K.: A Northern Dilemma; Reference Papers. Bellingham, Washington (Ms.) 1967.

FRANK, P.E. and Ass. Ltd.: A Sociological Study of the Saskatchewan River Delta. Winnipeg 1967.

HAMELIN, L.-E.: A Circumpolar Index. In: WONDERS, W.C. (Ed.): Canadas Changin North. Toronto 1971, S. 7-21 (Wiederabdruck aus: Ann. de Géogr. 77 (1968), S. 414-430).

HAMELIN, L.-E.: Un système zonal de primes pour les trailleurs du nord - Un exemple de géographie appliquée. In: Cah. de Géogr. de Québec 33 = 14 (1970), S. 309-328 u. 34 = 15 (1971), S. 5-27.

INNIS, H.A.: The Fur Trade in Canada. Toronto 1956.

KEW, I.E.M.: Cumberland House in 1960. Saskatoon (Centre f. Community Study: Econ. a. Social Survey of Northern Sask., Interim Report Nr. 2) 1962.

LAMONT, G. und V.B. PROUDFOOT: Recent Changes in Population in Northern Saskatchewan and Alberta. In: IRONSIDE, R.G. (Ed.): Frontier Settlement. Edmonton 1974, S. 93-111.

RICHARDS, J.H. und FUNG, K.I.: Atlas of Saskatchewan. Saskatoon 1969.

SASKATCHEWAN, Bureau of Publication: Plans for Progress, bzw. Progress. Regina 1945ff.

SASKATCHEWAN, DE: Land Use in Saskatchewan. Regina 1977.

SASKATCHEWAN, DMR: Inventory and Outlook of Saskatchewan's Mineral Resources.

SASKATCHEWAN, DNS: Northern Saskatchewan. La Ronge 1976.

SASKATCHEWAN, DTRR: Saskatchewan, Travel Guide. Regina 1977f.

SASKATCHEWAN, DTRR: Saskatchewan's Forest Resources. Regina 1974.

SASKATCHEWAN, DTRR (CHRISTENSEN, D.): Cumberland House Historic Park. Regina (Historic Booklet Nr. 7) o.J. (1974).

SASKATCHEWAN, Government: Revised Status of Saskatchewan. Regina 1966ff.

SASKATCHEWAN RESOURCES CONFERENCE. Regina 1964.

STANDFORD RESEARCH INSTITUTE: A Study of Resources and Industrial Opportunities for the Province of Saskatchewan. Menlo Park. Cal. 1959.

TWEEDIE, J.A. (DMR): Economic Minerals of Saskatchewan. Regina 1973.

URQUHART, M.C. und K.A.H. BUCKLEY (Ed.s.): Historical Statistics of Canada. Toronto 1965.

WHIGHT, J.: Saskatchewan's North. In: Can. Geogr. J. 45 (1952), 1, S. 14-33.

Anschrift des Verfassers:

Dr. Roland Vogelsang
Gesamthochschule Paderborn
Fachbereich 1; Fach Geographie
Warburger Straße 100, Gebäude N
4790 Paderborn

NORDMANITOBA - NATÜRLICHE RESSOURCEN UND PROBLEME IHRER WIRTSCHAFTLICHEN NUTZUNG [+]

Alfred Pletsch, Marburg

Manitoba ist mit Saskatchewan das Gebiet Zentralkanadas mit der dünnsten Besiedlung. Etwas über 1 Mio. Menschen leben auf einer Fläche von 650 000 km^2, d.h. ca. 1,5 Einw. pro km^2. Diese Bevölkerung konzentriert sich zu 90 % im südlichen Teil der Provinz (allein die Metropolitain Area Winnipeg hatte im Jahre 1976 578 217 Einw.), im neunmal größeren Norden siedeln nur etwa 120 000 Menschen, davon ca. 20 000 Indianer, ca. 30 000 Mestizen (Halbblut) und 5-6 000 Inuit (Eskimo) (1).

Während die übrigen Prärieprovinzen Kanadas nach Norden hin im borealen Waldland enden bzw. sich in die Tundra fortsetzen, ist die Provinz Manitoba über die Hudson Bay zugänglich. Diese Öffnung und die damit gegebene Verbindung zum Atlantik führte dazu, daß sich hier ein wichtiger Drehpunkt der kanadischen Geschichte entwickelte.

Geschichtliche Bedeutung Nordmanitobas

Auf der Suche nach der Nord-West-Passage entdeckte Henry Hudson im Jahre 1610 die nach ihm benannte Meeresbucht. Allerdings vereitelte seine meuternde Schiffsbesatzung die Erkundung der Küstengebiete und die wirtschaftliche Kontaktnahme mit der indianischen Bevölkerung. Diese wurde erst durch J. Munck im Jahre 1619 etabliert, der an der Churchill-Mündung überwinterte, und der wichtige Erkenntnisse über die wirtschaftlichen Möglichkeiten vor allem des Pelzhandels mit nach Europa zurückbrachte. Somit erfolgte der erste Zugang nach Manitoba von Norden her über die Hudson-Bay, eine Verbindung, die über die Jahrhunderte von außerordentlicher Bedeutung blieb.

+) Verfasser hatte Gelegenheit, Anfang September 1978 auf Einladung des Natural Resource Institute der Univ. of Manitoba an einer Exkursion nach Nordmanitoba teilzunehmen. Den verantwortlichen Leitern und Organisatoren, besonders Prof. Dr. L. Sawatzky und Prof. Dr. T. Henley, sei an dieser Stelle sehr herzlich gedankt.

1) Mit einer jährlichen Bevölkerungszunahme von 0,8 % im Zeitraum 1961 bis 1975 liegt Manitoba vor Saskatchewan an vorletzter Stelle im Vergleich zu den übrigen kanadischen Provinzen. Die absolute Bevölkerungszahl Manitobas stieg von 922 000 im Jahre 1961 auf 1 022 000 im Jahre 1976. Dies bedeutet einen Anteil von 4,5 % an der Gesamtbevölkerung Kanadas.

Die extremen Bedingungen für die Schiffahrt in der Hudson-Bay während des arktischen Winters verhinderten indessen ein schnelleres wirtschaftliches Aufstreben. Insofern war es nur logisch, daß auch schon früh von Osten her Verbindungen in den Westen erschlossen wurden, wobei die beiden Franzosen Pierre Radisson und Chouart de Groseiller Erwähnung verdienen. Während ihrer mehrjährigen Gefangenschaft bei den Indianern lernten sie die Prärie kennen, erhielten aber auch Kenntnis von dem enormen Pelzreichtum der nördlichen Waldgebiete. Ihre Rückkehr nach Québec um 1650 bedeutete den Beginn des Pelzhandels. Die Gründung der Hudson-Bay-Company im Jahre 1670 war zweifellos für die wirtschaftliche Erschließung des kanadischen Nordens wegbereitend. Im Jahre 1682 wurde York-Factory an der Mündung des Nelson-River durch die Hudson-Bay-Company errichtet, sie war bis 1957, also 275 Jahre lang, Umschlagplatz des Pelzhandels im zentralen Norden Kanadas. 1731 folgte mit Fort Prince of Wales ein weiterer wichtiger Handelsstützpunkt im Mündungsgebiet des Churchill-River. Durch das 1783 gegründete Konkurrenzunternehmen der Hudson-Bay-Company, der von Montreal aus operierenden North-West-Company, wurde dann schließlich die Ostpassage zum St. Lorenz erschlossen, ein ebenfalls für die künftige wirtschaftliche Entwicklung wichtiges Ereignis.

Allerdings muß gerade der Pelzhandel auch als Hindernis für die wirtschaftliche Entwicklung des kanadischen mittleren Westens und Norden gesehen werden. Hudson-Bay-Company und North-West-Company lagen zunächst im gegenseitigen Konkurrenzkampf, nach ihrer Fusion im Jahre 1821 widersetzten sie sich gemeinsam der Kolonisierung der Prärien und des Waldlandes, weil sie eine Beeinträchtigung des Pelzhandels befürchteten. Dies führte schließlich dazu, daß die Krone die Company, der praktisch ganz Westkanada bis zum Pazific unterstand, in ihren Rechten beschnitt, indem sie ihr im Jahre 1858 die Verwaltung von British-Columbien entzog. Im Jahre 1869 kaufte Kanada der Company ihre Hoheitsrechte ab und unterstellte die Territorien der Bundesregierung. Manitoba wurde bereits 1870, also 35 Jahre vor Saskatchewan und Alberta, als eigenständige Provinz organisiert. Wenn somit die wirtschaftliche Erschließung Kanadas in den ersten drei Jahrhunderten der europäischen Beeinflussung im wesentlichen durch den Pelzhandel getragen wurde, so bekam im 19. Jahrhundert allmählich die Landwirtschaft zunehmende Bedeutung. Sie wurde aber schon bald wirtschaftlich vom Bergbau übertroffen, nachdem seit Beginn des 20. Jahrhunderts verstärkt die Erschließung des kanadischen Nordens begann.

Das Land entwickelte sich allmählich zu einem der wichtigsten Erzlieferanten der Welt. Nach den Vereinigten Staaten und der Sowjetunion nahm Kanada im Jahre 1971 die dritte Stelle in der Bergbauproduktion der Welt ein. Bezüglich des Mineralexportes stand das Land sogar an erster Stelle. Diese Bedeutung wird deswegen erreicht, weil rund 80 % der Mineralförderung für den Export bereitgestellt werden (C. SCHOTT, 1977, S. 14.). Im Jahre 1976 stand Kanada bezüglich der Nickel- und Zinkerzeugung an 1. Stelle in der Weltproduktion. Bei Asbest, Silber, Titan, Kalium, Molybden, elementarem Schwefel und Uran nahm es den 2. Platz, bei Platin und Gold den

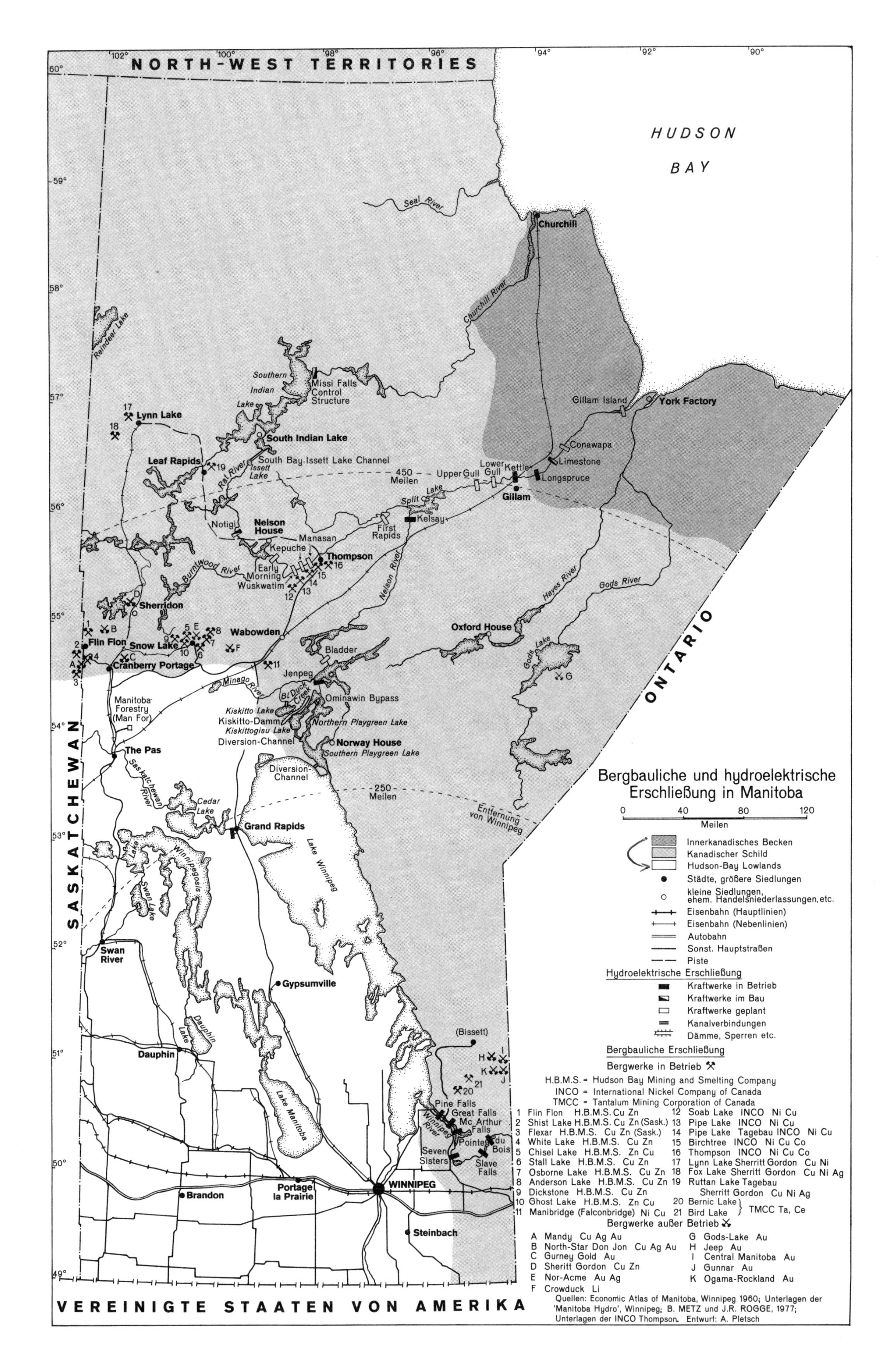

NORTH-WEST TERRITORIES
HUDSON BAY
SASKATCHEWAN
ONTARIO
VEREINIGTE STAATEN VON AMERIKA
Churchill
York Factory
Gillam Island
Conawapa
Limestone
Longspruce
Kettle
Lower Gull
Upper Gull
Gillam
Kelsey
First Rapids
Split Lake
Seal River
Churchill River
Missi Falls Control Structure
Southern Indian Lake
South Indian Lake
South Bay-Issett Lake Channel
Issett Lake
Rat River
Lynn Lake
Leaf Rapids
Notigi
Nelson House
Manasan
Kepuche
Thompson
Early Morning
Wuskwatim
Burntwood River
Nelson River
Hayes River
Gods River
Gods Lake
Oxford House
Sherridon
Flin Flon
Snow Lake
Wabowden
Cranberry Portage
Bladder
Jenpeg
Minago River
Bl. Duck Creek
Ominawin Bypass
Kiskitto Lake
Kiskitto-Damm
Kiskittogisu Lake
Northern Playgreen Lake
Diversion-Channel
Norway House
Southern Playgreen Lake
Manitoba Forestry (Man For)
The Pas
Saskatchewan River
Cedar Lake
Grand Rapids
Lake Winnipeg
Lake Winnipegosis
Swan Lake
Swan River
Gypsumville
Dauphin Lake
Dauphin
Lake Manitoba
(Bissett)
Pine Falls
Great Falls
Mc Arthur Falls
Winnipeg River
Pointe du Bois
Seven Sisters
Slave Falls
WINNIPEG
Brandon
Portage la Prairie
Steinbach
450 Meilen
250 Meilen
Entfernung von Winnipeg
Bergbauliche und hydroelektrische Erschließung in Manitoba
0 40 80 120 Meilen
Innerkanadisches Becken
Kanadischer Schild
Hudson-Bay Lowlands
Städte, größere Siedlungen
kleine Siedlungen, ehem. Handelsniederlassungen, etc.
Eisenbahn (Hauptlinien)
Eisenbahn (Nebenlinien)
Autobahn
Sonst. Hauptstraßen
Piste
Hydroelektrische Erschließung
Kraftwerke in Betrieb
Kraftwerke im Bau
Kraftwerke geplant
Kanalverbindungen
Dämme, Sperren etc.
Bergbauliche Erschließung
Bergwerke in Betrieb
H.B.M.S. = Hudson Bay Mining and Smelting Company
INCO = International Nickel Company of Canada
TMCC = Tantalum Mining Corporation of Canada
1 Flin Flon H.B.M.S. Cu Zn
2 Shist Lake H.B.M.S. Cu Zn (Sask.)
3 Flexar H.B.M.S. Cu Zn (Sask.)
4 White Lake H.B.M.S. Cu Zn
5 Chisel Lake H.B.M.S. Zn Cu
6 Stall Lake H.B.M.S. Cu Zn
7 Osborne Lake H.B.M.S. Cu Zn
8 Anderson Lake H.B.M.S. Cu Zn
9 Dickstone H.B.M.S. Cu Zn
10 Ghost Lake H.B.M.S. Zn Cu
11 Manibridge (Falconbridge) Ni Cu
12 Soab Lake INCO Ni Cu
13 Pipe Lake INCO Ni Cu
14 Pipe Lake Tagebau INCO Ni Cu
15 Birchtree INCO Ni Cu Co
16 Thompson INCO Ni Cu Co
17 Lynn Lake Sherritt Gordon Cu Ni
18 Fox Lake Sherritt Gordon Cu Ni Ag
19 Ruttan Lake Tagebau Sherritt Gordon Cu Ni Ag
20 Bernic Lake
21 Bird Lake
TMCC Ta, Ce
Bergwerke außer Betrieb
A Mandy Cu Ag Au
B North-Star Don Jon Cu Ag Au
C Gurney Gold Au
D Sheritt Gordon Cu Zn
E Nor-Acme Au Ag
F Crowduck Li
G Gods-Lake Au
H Jeep Au
I Central Manitoba Au
J Gunnar Au
K Ogama-Rockland Au
Quellen: Economic Atlas of Manitoba, Winnipeg 1960; Unterlagen der 'Manitoba Hydro', Winnipeg; B. METZ und J.R. ROGGE, 1977; Unterlagen der INCO Thompson. Entwurf: A. Pletsch

Geographisches Institut
der Universität Kiel
Neue Universität

3. Platz ein. Weitere wichtige Erze sind Kupfer, Blei, Cadmium (je 4. Platz der Weltprod.), sowie Aluminium und Eisenerz (je 5. Platz der Weltprod.) (The Northern Miner, 24. Nov. 1977).

Infrastrukturelle Ungunst als Entwicklungshindernis

Ein Grundproblem für die wirtschaftliche Entwicklung des kanadischen Nordens ist die föderative Struktur des Landes, die den Einzelprovinzen in vielen Fragen eine weitgehende Autonomie gewährt. Entscheidungen über die natürlichen Ressourcen obliegen nach der Verfassung grundsätzlich den Provinzialregierungen. Dies wirkt sich besonders bei der Wirtschaftsplanung oft negativ aus. Förderungsmaßnahmen, Ausbau des Infrastrukturnetzes, Investitionsprogramme usw. laufen häufig unkoordiniert nebeneinander her, so daß sich relativ wenig wirtschaftliche Querverbindungen zwischen den verschiedenen Provinzen ergeben. Dieser Nachteil wirkt um so gravierender auf den wirtschaftlichen Aufbau, als die räumlichen Dimensionen des Landes im Maßstab eines Kontinents zu sehen sind, und weil somit jeder wirtschaftliche Entwicklungsansatz zunächst mit enormen Erschließungskosten verbunden ist. Die Lage Manitobas im Zentrum Kanadas bedeutet gerade in dieser Hinsicht einen besonderen Nachteil. Die Entfernungen zu leistungsfähigen Verarbeitungs- und Absatzzentren sind sehr groß, so daß jede Produktion durch hohe Transportkosten belastet wird. Der scheinbare Standortvorteil einer Öffnung der Provinz zum Weltmeer über die Hudson-Bay relativiert sich vor dem Hintergrund, daß der Hafen von Churchill nur etwa 80-90 Tage im Jahr eisfrei ist.

In Anbetracht der Verfügbarkeit moderner Technologie, die eine längere Öffnung des Hafens ermöglichen würde, ist es verwunderlich, daß Churchill in den vergangenen Jahrzehnten nicht stärker die Funktion eines Import- und Exportzentrums hat übernehmen können. Nachdem im Jahre 1929 die Hudson-Bay-Railway Churchill erreichte und damit die Verbindung zum Hinterland hergestellt war, wurde ab 1930 der Hafen ausgebaut. Im Jahre 1931 verließen die ersten Frachtschiffe mit Getreide aus den Prärien Zentralkanadas die Stadt. Im Zusammenhang mit dem Hafenausbau war ein Getreidesilo mit einer Kapazität von 2 500 000 bushel (= 68 040 t) errichtet worden. Die Kapazität dieser Siloanlage wurde in den Jahren 1954/55 auf 5 Mio. bushel (136 080 t) erweitert. Die Ladekapazität pro Stunde beträgt 16 389 t, die Entladekapazität in drei Kippvorrichtungen für Eisenbahnwaggons 1 225 t pro Stunde. Dies bedeutet, daß in der Hafensaison theoretisch bis zu 30 Mio. bushel Getreide von Churchill aus verschifft werden könnten, vorausgesetzt, diese Menge wird aus den Prärien angeliefert. Die volle Kapazität ist bei einer ständigen Steigerung in den letzten Jahren im Jahre 1977 erstmals ausgelastet worden, als rund 804 000 t Getreide von Churchill aus exportiert wurden. Dies bedeutete einen sechsmaligen Umschlag der Silokapazität in weniger als 100 Tagen.

Tab. 1: Umschlag des Hafens von Churchill 1973-1977 (in Tonnen)

Jahr	Gesamt Import	Gesamt Export	Gesamtumschlag
1973	31 105	546 577	577 682
1974	45 842	623 877	669 719
1975	29 384	674 699	704 083
1976	32 174	816 643	848 817
1977	40 104	859 328	899 432

Quelle: Unveröffentlichte Angaben der Churchill Harbour Board

Ein zweiter wichtiger Infrastrukturfaktor für Churchill ist der durch die amerikanische Armee während des Zweiten Weltkrieges angelegte Flugplatz. Er verfügt über eine 2 750 m lange Betonpiste und über eine 1 525 m lange Schotterpiste, ist also theoretisch für jede Maschine anfliegbar. Als ein großes Versäumnis der kanadischen Regierung muß es angesehen werden, daß es ihr beim Abzug der Amerikaner im Jahre 1964 nicht gelungen ist, durch Verhandlungen die Erhaltung der technischen Einrichtungen des Flugplatzes zu erreichen. Die Amerikaner demontierten praktisch die gesamte Elektro- und Radarinstallation und reduzierten die Bedeutung des Flugplatzes damit auf ein lokales Niveau. Fort Churchill, der Campus der U.S. Army, wurde ebenfalls nicht weiter genutzt. Er ist heute bis auf wenige Baracken demontiert bzw. verfallen.

Das größte Handicap für die wirtschaftliche Entwicklung Churchills ist die völlig unzureichende Verbindung zum Hinterland. Die Eisenbahnverbindung ist zwar seit 1929 durch eine einspurige Bahnlinie hergestellt, die Leistungsfähigkeit dieser Strecke ist jedoch weit davon entfernt, eine hohe Transportbeanspruchung zu ermöglichen. Für die kurze Strecke von rund 300 km zwischen Gillam und Churchill benötigen die Züge zwischen 6 und 8 Stunden Fahrzeit, oft ist die Strecke durch entgleiste Waggons stunden- wenn nicht tagelang gesperrt. Diese Bahnlinie ist aber die einzige Landverbindung Churchills mit dem Süden der Provinz, da die Straßenführung bisher nur bis nach Thompson reicht. Ein Ausbau in den nächsten Jahren bis Gillam ist vorgesehen, Gillam ist auch jetzt schon auf einer sogenannten "Winterroad" zu erreichen.

All dies bedeutet, daß die eigentlichen tragfähigen Verbindungen über tausende von Kilometern entweder nach Osten über die Großen Seen, oder aber nach Westen hin durch die Prärien und erschwert durch die Barriere der Kordillere, laufen.

Zu dieser infrastrukturellen Ungunst tritt hinzu, daß die Provinz Manitoba an dem bisher bekannten Erzreichtum Kanadas nur einen geringen Anteil hat. Die Erzvorkommen sind zudem auf wenige Mineralien beschränkt, so daß eine relativ starke Abhängigkeit von evtl. Schwankungen in Preis oder Nachfrage bestehen. Dies hat sich in den letzten Jahren gerade bei der Nickelerzeugung, der wichtigsten Branche der Erzgewinnung in Manitoba, deutlich gezeigt.

Die bergbauliche Erschließung

Seit dem frühen 19. Jahrhundert entwickelte sich der Bergbau zu einem wichtigen Wirtschaftszweig Kanadas. Nachdem im Gebiet von Sudbury (Ont.) beim Bau der Canadian Pacific Eisenbahn in den Jahren 1883 bis 1885 die reichen Nickel-Lagerstätten entdeckt worden waren, kam es zu einem raschen Aufschwung der Bergbauindustrie und zu einer verstärkten Exploration des Kanadischen Schildes. Neue Bergwerkszentren entstanden, wobei der Schwerpunkt zunächst in der Provinz Ontario lag. Beispiele für diese Entwicklungsphase sind etwa die Gebiete von Cobalt (1904-1906 erschlossen) oder Timmins-Lake, wo seit 1909 vorwiegend Nickel abgebaut wird.

Für den Norden Manitobas wurde der Bau der Hudson-Bay-Railway entscheidend. Nachdem im ersten Bauabschnitt die Bahn im Jahre 1910 The Pas erreichte, konnte von hier aus in den kommenden Jahren die bergbauliche Erschließung vorangetrieben werden. Die bedeutendste Lagerstätte wurde zunächst bei Flin Flon entdeckt, wo seit 1930 durch die Hudson-Bay Mining and Smelting Company die erste voll integrierte Erzverarbeitungsstätte Westkanadas für die Aufbereitung der Kupfer und Zinkvorkommen betrieben wurde (B. METZ und J.R. ROGGE, 1976). Zwei weitere Bergbaubetriebe in God's Lake und Sherridon waren relativ kurzlebig, allerdings wurde durch die Entdeckung der Kupfer- und Nickelerze in Lynn-Lake in den Jahren 1951 bis 1953 ein neues Bergbauzentrum erschlossen, das seither von der Sherrit Gordon Mining Company betrieben wird. Mit Lynn Lake kam ein zweites wichtiges Bergbauzentrum zu Flin Flon hinzu, das bereits wenige Jahre später durch ein drittes, Thompson, ergänzt wurde. Mit Hilfe moderner Explorationsmethoden waren im Jahre 1956 in der Nähe der heutigen Stadt Thompson in einer Zone von ca. 10 km Breite und über 100 km Länge Nickelerzlagerstätten entdeckt worden, die bezüglich des Nickelgehaltes zu den reichsten der Welt gehören (Konzentration bis zu 2 %) (1).

Bereits 11 Monate nach Abschluß der Probebohrungen im Jahre 1956 wurde zwischen der Internationalen Nickel Company of Canada (INCO) und der Provinz Manitoba ein Abkommen über die Schürfrechte unterzeichnet. Kurze Zeit darauf entstand mit Thompson mitten im borealen Waldland Nordmanitobas eine neue Stadt mit einer Tiefbauanlage und einer modernen Aufbereitungsanlage für Nickelerz. Der ursprüngliche Plan für eine Siedlung von ca. 8 000 Menschen erwies sich schon bald als unzu-

1) Bezüglich der geschichtlichen Entwicklung und der heutigen Bedeutung der Bergwerksgebiete von Flin Flon, Lynn Lake und Snow Lake sei auf die Studie von B. METZ und J.R. ROGGE (1976) verwiesen.

Tab. 2: Erzbergbau Manitobas im Vergleich zu Kanada (Angaben in Tausend $)

	1958			1962			1969			1972			1975		
	Kan.	Man. =	%	Kan.	Man. =	%	Kan.	Man. =	%	Kan.	Man. =	%	Kan.	Man. =	%
Blei	42 413,8	-		42 721,3	752,3	1,8	95 391,7	179,4	0,2	113 989,7	60,3	0,05	151 837,0	59,0	0,04
Gold	155 334,4	2 968,4	1,9	156 313,8	2 553,5	1,6	94 331,8	1 104,8	1,2	119 742,1	2 190,0	1,8	52 067,0	7 528,0	14,6
Kadmium	2 669,2	60,8	2,3	4 730,9	325,5	6,9	15 010,2	810,7	5,4	10 798,0	701,3	6,5	7 162,0	151,0	2,1
Kobalt	5 308,3	441,5	8,3	6 345,2	1 579,4	24,9	6 921,8	1 491,2	21,5	8 320,7	1 514,8	18,2	11 578,0	2 139,0	18,5
Kupfer	174 430,9	6 383,4	3,6	282 732,7	7 897,7	2,8	574 193,3	38 101,2	6,6	806 427,1	60 943,5	7,6	1 016 819,0	90 176,0	8,9
Nickel	194 142,0	13 328,0	6,9	383 784,6	102 586,1	26,7	482 412,9	147 713,6	30,6	717 485,1	188 084,0	26,2	1 109 230,0	293 296,0	26,4
Selen	2 302,4	52,0	2,3	2 800,6	66,0	2,4	4 375,6	477,1	10,9	5 186,2	468,3	9,0	10 575,0	1 644,0	15,5
Silber	27 053,0	278,4	1,0	35 442,8	987,8	2,8	83 169,4	944,4	1,1	74 803,0	1 350,0	1,8	176 627,0	4 492,0	2,5
Tantal	-	-	-	-	-	-	-	-	-	246,7	246,7	100,0	3 260,0	3 260,0	100,0
Tellur	65,0	0,7	0,9	352,3	6,0	1,7	671,6	46,0	6,8	271,2	18,6	6,9	763,0	114,0	14,9
Zink	92 501,5	2 505,0	2,7	112 081,0	12 080,7	10,8	364 390,2	14 897,7	4,1	474 540,7	17 395,4	3,7	895 357,0	54 805,0	6,1

Quelle: Canada Yearbook, 1960, 1965, 1970/71, 1974, 1976/77

reichend. Die rasch aufeinander folgenden Neuerschließungen von Bergwerksbetrieben (z.B. Birchtree-Mine im Jahre 1968, Pipe-Lake Mine 1969, Soab-Lake Mine 1970, Pipe-Lake Tagebau 1972) führten dazu, daß bis 1976 rund 22 000 Menschen in der Stadt lebten.

Obwohl in den letzten Jahren zahlreiche administrative und gewerbliche Funktionen in der Stadt etabliert wurden, verkörpert Thompson doch in charakteristischer Weise den Typ einer Mining Town, indem sie ganz überwiegend ihre Funktionen von dem einen bestimmenden Industriebetrieb, INCO-Thompson, ableitet. 53 % der Erwerbsbevölkerung sind direkt in diesem Betrieb beschäftigt (KUZ, 1976, S. 2). Die übrigen sind zum größten Teil im Dienstleistungssektor tätig.

Tab. 3: Bergwerkszentren und Erzvorkommen in Nordmanitoba 1971 und 1976

Ort	Einwohner		Erzvorkommen
	1971	1976	
Lynn Lake	3 012	2 732	Kupfer, Zink, Silber
Leaf Rapids	5	2 067	Kupfer, Zink, Silber
Thompson	19 001	17 291	Nickel, Kupfer, Cobalt
Flin Flon	8 873	8 152	Kupfer, Zink, Silber, Gold
Snow-Lake	1 582	1 645	Kupfer, Zink, Blei, Silber
Wabowden	809	847	Nickel, Kupfer
Manibridge (Falconbridge)	239	232	Nickel, Kupfer

Quelle: Census of Canada 1971 und 1976

Kennzeichen Thompsons, wie auch der übrigen nordmanitobanischen Mining Towns, ist der stark abweichende Altersaufbau der Bevölkerung im Vergleich zum Normalbild der Provinz. Neben der zahlenmäßigen Dominanz der maskulinen Bevölkerung tritt die starke Überrepräsentanz der Altersgruppen zwischen 20 und 40 Jahren besonders hervor. Das Verhältnis männlicher zu weiblicher Bevölkerung bei den Altersgruppen über 19 Jahren beträgt 130:100. Hieraus resultieren vor allem im Sozialbereich der Stadt zahlreiche Probleme.

Eine Folge dieser Struktur ist die relativ hohe Mobilität der Bevölkerung. Nach wenigen Jahren Arbeit mit vergleichsweise hohen Löhnen, oft schon nach wenigen Monaten, ziehen viele Bewohner wieder in die Städte im Süden der Provinz zurück. Ein anderes Problem liegt in einer vergleichsweise hohen Kriminalitätsziffer, die oft mit dem wohl gravierendsten Sozialproblem, dem Alkoholismus, gekoppelt ist. Hier ist die ledige Bevölkerungsschicht deutlich überpräsentiert, wenn man die spezielle Situation der indianischen Bevölkerung ausklammert.

Die hohe Mobilität der Bevölkerung wird aber zweifellos auch durch die isolierte Lage der Stadt gefördert und betrifft nicht nur die ledige Bevölkerung. Die Verbindungen nach Winnipeg sind zwar über Bahn, Straße und Fluglinien nicht schlecht, die Entfernung von fast 750 km beeinträchtigt jedoch eine häufigere Besuchsmöglichkeit. Thompson und die übrigen Mining-Towns des Nordens sind ausgesprochene Inseln, wirken in ihrer stereotypen geometrischen Bauweise mit meist ein- oder zweigeschossigen Bauten äußerst monoton und bieten trotz einiger kultureller Einrichtungen wenig Abwechslung. Um diese Monotonie zu unterbrechen ist in den letzten Jahren in Thompson ein Programm für die Anlage von städtischen Parks erarbeitet worden, die das Stadtbild auflockern sollen, ein Aspekt, der bei der Lage der Stadt in einem unübersehbaren Waldgebiet überraschen mag.

Ein weiteres gravierendes Handicap besteht in der teilweise ungenügenden Versorgung im medizinischen Bereich. Zwar standen im Jahre 1973 in Thompson 25 praktische Ärzte zur Verfügung, d.h. zum damaligen Zeitpunkt ein Arzt pro 760 Einwohner, allerdings gab es für über 19 000 Einwohner lediglich 2 Zahnärzte und überhaupt keine sonstigen Spezialärzte. In Flin Flon und Lynn Lake war die Situation ähnlich.

Probleme bestehen aber auch in wirtschaftlicher Hinsicht, darüber täuscht die imponierende Entwicklung zu einer Stadt von über 22 000 Menschen innerhalb von 20 Jahren nicht hinweg. Eine der wesentlichen Gefahren besteht in der Monostruktur der Industrie. Die Stadt ist ausschließlich von der Existenz der Nickelförderung und Verarbeitung abhängig. Die Konkurrenzsituation auf dem Weltmarkt bzw. die sinkende Nachfrage nach Nickel in den letzten Jahren haben dazu geführt, daß ein deutlicher Rückgang der Produktion erfolgt ist. Die kanadische Nickelproduktion ist schon seit 1960 ständig Schwankungen unterworfen gewesen (vgl. Tab. 4). Am 30. Sept. 1977 lagen bei INCO 138 754 t Nickel auf Lager. Seit dem starken Rückgang der Nachfrage nach Nickel wurden allein bei INCO in den Abbauzentren Ontarios und Manitobas 3 450 Beschäftigte entlassen (The Northern Miner, 24.11.77). Gerade im Falle der Nickelverarbeitung kommt hinzu, daß die Bergwerksgesellschaft ein multinationaler Konzern ist, also kein rein kanadisches Unternehmen. Dies läßt befürchten, daß die Gesellschaft in Kanada nur so lange investieren wird, wie hier eine Rendite zu erwirtschaften ist. INCO ist heute aber schon an der Nickelproduktion der Dritten Welt beteiligt bzw. hat teilweise die Vorkommen in diesen Ländern erschlossen. Die Bedeutung Kanadas als Nickelproduzent ist zwar weltweit, wegen stark zunehmender Förderung vor allem in Neu-Kaledonien und in UdSSR in den letzten Jahren allerdings prozentual rückläufig. Während 1960 der kanadische Anteil an der Weltnickelproduktion noch bei 56,9 % lag, fiel er bis 1970 auf 41,6 % zurück und betrug 1975 nurmehr 34,3 %. Die Vormachtstellung Kanadas auf dem Weltmarkt wird in den kommenden Jahren weiter schwinden, da die kanadische Nickelindustrie kaum in den Wettbewerbskampf gegen die Länder der Dritten Welt wird eingreifen können,wenn die derzeitigen Schwierigkeiten nicht rasch beseitigt werden. Ein entscheidender Nachteil im Vergleich zu den Ländern der Dritten Welt ist das hohe Lohnniveau, aber auch die höheren Abbaukosten aufgrund der Lagerungsbedingungen. Außerdem wird die Produktion durch Schwierigkeiten auf dem Arbeitsmarkt in den letzten Jahren, vor allem aufgrund zahlreicher Streiks und ständig neuer Lohnforderungen, zusätzlich belastet.

Tab. 4: Nickelproduktion Kanadas und Manitobas 1960-1975
(Angaben in Tonnen)

Jahr	Manitoba	Kanada	Export (Kanada)
1960		194 506	177 371
1965		235 127	234 490
1970	70 890	277 500	266 493
1971	69 524	267 042	258 304
1972	60 134	234 950	247 059 (1)
1973	67 721	249 048	271 388 (1)
1974	59 331	269 071	255 740
1975	63 853	244 782	213 647

Quelle: Min EMR, Le Nickel, S. 8.
Canada Yearbook 1960-1977

1) Exportüberschuß aufgrund von Lagerbeständen

Die Palette der Risikofaktoren und der negativen Aspekte ist zweifellos breiter, als diese wenige Andeutungen darstellen können. Allerdings hat die Frage nach den positiven Auswirkungen für die wirtschaftliche Entwicklung des Nordens in der bisherigen politischen Diskussion einen größeren Raum eingenommen. Zu den in dieser Beziehung bemerkenswerten Erscheinungen zählt zunächst die Tatsache, daß in Thompson nicht nur Nickelerz abgebaut wird, sondern daß hier auch die Aufbereitung des Roherzes erfolgt. Zum Verkauf gelangt elektrolytisch gewonnenes Nickelkonzentrat. Die Kombination von Erzförderung und Aufbereitung hat eigentlich erst die Entwicklung der Stadt Thompson in dieser Größendimension ermöglicht. Sie ist ohne Zweifel eine stabilere Basis als der pure Erzabbau, der für sich genommen nicht unbedingt eine große Zahl von Arbeitsplätzen schafft. Viele Bergbaugebiete Nordkanadas sind dadurch gekennzeichnet, daß mit hohem maschinellen Aufwand die Erze abgebaut und abtransportiert, oft sogar direkt exportiert werden (z.B. die Erzvorkommen der Ungava-Halbinsel (P.Q.)). Hierdurch ergeben sich relativ geringe Rückwirkungen auf die lokale und auch nationale Wirtschaft. Im Falle Nordmanitobas wurden durch die Kombination des Erzabbaus und der Erzaufbereitung allerdings auch in Hinsicht auf ein weiteres wichtiges Erschließungsprojekt, nämlich bezüglich der Wasserkraftnutzung zur Energiegewinnung, Entwicklungsimpulse ausgelöst.

Nutzung der Wasserkraft zur Energiegewinnung

Der Energiebedarf von INCO-Thompson überstieg bei weitem die Produktionskapazität der vorhandenen Elektrizitätswerke, die sich zudem im Süden der Provinz am Winnipeg River befanden (1). Von Beginn an wurden in die Planung für den Ausbau von Thompson als Nickel-Verarbeitungszentrum daher auch Überlegungen zur Wasserkraftnutzung des Churchill-Rivers und des Nelson-Rivers einbezogen. Diese Planungen erreichen zwar nicht die Dimensionen des James-Bay-Projektes, wo die Endkapazität der vier Stationen im Grande Rivière bei zusammen 14 000 Megawatt liegen wird (SCHOTT, 1977, S. 84), hat aber mit dem Planungsziel von 8 285 MW eine Dimension, die weit über den zu erwartenden Verbrauch in der eigenen Provinz hinausreicht und mit den Absatzmöglichkeiten in die Vereinigten Staaten rechnet (vgl. Tab. 5). Von diesem Planungsziel ist der derzeitige Realisierungsstand noch weit entfernt. Speziell für INCO-Thompson wurde bereits im Jahre 1960 Kelsey Generating Station mit einer Leistung von 160 000 KW in Betrieb genommen. Das Kraftwerk wurde 1969 auf 192 000 KW und 1972 auf 224 000 KW ausgebaut und hat Erweiterungsmöglichkeiten bis zu einer Kapazität von 320 000 KW. Im Jahre 1974 wurde Kettle Generating Station mit einer Leistung von 1 272 000 KW fertiggestellt. Jenpeg Generating Station und Long Spruce waren 1978 teilweise betriebsbereit. Unter Einbeziehung dieser neuen Elektrizitätswerke im Norden Manitobas,des seit 1965 produzierenden Kraftwerkes von Grand-Rapids im Mündungsbereich des Saskatchewan Rivers in den Lake Winnipeg (Leistung 472 000 KW) und der schon älteren Anlagen im Winnipeg River beträgt der Anteil der manitobanischen Elektroenergiegewinnung an der kanadischen Gesamtproduktion jedoch lediglich 4,8 % (vgl. Tab. 6).

Die Nutzung der Wasserkraft zur Energiegewinnung in Nordmanitoba steht somit im Zusammenhang mit der bergbaulichen Entwicklung. Das hydrographische Einzugsgebiet des Nelson-Burntwood-River-Beckens beträgt dabei allein über 1 072 000 km^2, d.h. ein Gebiet viermal größer als die Bundesrepublik Deutschland. Auf der 660 km langen Strecke zwischen Lake Winnipeg und der Mündung in die Hudson-Bay erfolgt der Übergang vom Kanadischen Schild in die Hudson-Bay-Lowlands mit einem Niveauunterschied von 217 m. Diese geringe Geländeneigung verlangt bei mehreren der geplanten Stauseen eine Eindeichung und damit einen erheblichen finanziellen Aufwand.

---

1) Hier waren seit Anfang des Jahrhunderts die ersten hydroelektrischen Werke zur Versorgung von Winnipeg entstanden. Im Jahre 1911 wurde die Station Pointe du Bois in Betrieb genommen, 1923 folgte Great Falls, 1931 Seven Sisters und Slave Falls, 1951 Pine Falls und 1955 Mc Arthur. Diese 6 Stationen zusammen haben eine Gesamtleistung von lediglich 560 000 KW, die für den Bedarf allein von Winnipeg nicht ausreichten. 1960 wurde daher die Selkirk Thermal Electric Generating Station zusätzlich errichtet. Ihre Leistung beträgt 157 000 KW. Der Energiebedarf von INCO Thompson allein liegt heute über dem der gesamten Stadt Winnipeg.

Tab. 5: Die Energiegewinnung Nordmanitobas - Burntwood River und Nelson River 1978

Kraftwerke	Leistung KW	in Betrieb	im Bau	geplant
Burntwood River				
Notigi	90 000		x	
Early Morning	100 000			x
Wuskwatim	156 000			x
Kepuche	156 000			x
Manasan	82 000			x
First Rapids	166 000			x
Nelson River				
Jenpeg	168 000	teilweise	x	
Bladder	565 000			x
Kelsey	224 000	x		
Upper Gull	565 000			x
Lower Gull	560 000			x
Kettle	1 272 000	x		
Long Spruce	980 000	teilweise	x	
Limestone	1 100 000		x	
Conawapa	1 100 000			x
Gillam Island	1 000 000			x
GESAMT	8 284 000 KW			

Quelle: Lake Winnipeg, Churchill and Nelson Rivers Study Board, 1975. Informationen der Manitoba Hydro Sept. 1978

So mußten z.B. bei der Anlage von Longspruce Generating Station zwei Dämme von 8 000 bzw. 6 000 m Länge erbaut werden, um den entstehenden Stausee einzudeichen. Die Anlage dieser Dämme war nicht unproblematisch, da sie in einem Gebiet diskontinuierlichen bzw. sporadischen Permafrosts erfolgte. Um das Auftauen des Permafrostbodens durch die Dammkonstruktionen zu verhindern, und damit einem Absacken der Dämme entgegen zu wirken, wurden im Fundament Sandverfüllungen als Isolier- und Drainageschicht eingebracht. Soweit möglich wurde der gefrorene Untergrund abgetragen und mit Festmaterial aufgeschottert. Im Bereich von Permafrost-Inseln wurden die Dämme von vornherein bis zu 2 m höher angelegt, als dies für die Aufstauung notwendig gewesen wäre, da trotz der aufwendigen Konstruktionen mit Sackungen in den kommenden Jahren gerechnet wird.

Tab. 6: Produktion und Verbrauch von Primärenergie in den Provinzen Kanadas.

	%-Anteile der Provinzen an							
	Erdöl		Naturgas		Kohle		Elektrizität[1]	
	a	b	a	b	a	b	a	b
NW-Terr. incl. Yukon	0,1	0,6	1,1	-	-	-	0,2	0,2
Br. Columbia	3,0	9,5	12,6	10,6	31,0	1,0	13,1	12,8
Alberta	86,5	8,4	84,0	24,0	42,0	24,0	5,4	5,7
Saskatchewan	9,6	4,0	2,1	7,3	19,0	14,0	2,6	2,6
Manitoba	0,7	3,2	0,0	6,0	0,0	4,0	4,8	4,3
Ontario	0,1	31,4	0,2	46,6	0,0	51,0	29,7	33,8
Québec	0,0	29,6	0,0	5,5	0,0	2,0	26,5	33,2
Atl. Prov.	0,0	13,2	0,0	0,0	8,0	4,0	17,7	7,4

1) Unabhängig von verwendetem Primärmaterial.

Quelle: Min. EMR, Energie 1977, Ottawa 1978, S. 8/9.
a=Produktion, b=Verbrauch

Eine zweite Schwierigkeit besteht in der unterschiedlichen Wasserführung der Flüsse im Sommer und Winter. Während des Sommers steigt das Wasservolumen des Flußsystems bis zu seinem Maximum im Juli an, um dann allmählich abzusinken. Der Tiefstpunkt wird im März erreicht. Dies hängt zwar auch mit den Niederschlägen zusammen, in erster Linie aber mit der Bindung des Wassers in Form von Eis während der langen Winterperiode. Die Abflußmenge aus dem Lake Winnipeg beträgt z.B. im März lediglich 60 % des Volumens im Monat August.

Dem steht ein umgekehrt proportionaler Energiebedarf bei den bisherigen Absatzverhältnissen gegenüber. Während der Wintermonate steigt der Energiebedarf vor allem wegen der langen Heizperiode stark an, er fällt in den Monaten Juni bis August auf etwa 70 % des Wertes der Monate Dezember bis Februar. Die Konsequenz aus dieser Situation war, für die hydroloelektrische Nutzung einerseits Maßnahmen zur Regulierung des Wasservolumens im Nelson River durchzuführen und auf der anderen Seite Möglichkeiten für einen verstärkten Absatz während der Sommermonate zu erschließen, um das maximale Volumen der Stationen auszunutzen. Zur Regulierung des Nelson River wurden im wesentlichen zwei wichtige Maßnahmen durchgeführt:

a) Regulierung des Lake Winnipeg-Abflußsystems

Zwischen Lake Winnipeg und Southern Playgreen Lake bzw. Southern Playgreen Lake und Kiskittogisu Lake ermöglicht heute ein künstlicher "Diversion Channel" während des Winters ein stärkeres Abfließen in das Nelson River System. Südlich von Jenpeg Generating Station erfüllt der Ominawin Kanal die gleiche Funktion, indem er einen schnelleren Zufluß vom Northern Playgreen Lake zum Nelson ermöglicht. Der Kiskitto Lake wurde durch einen Damm abgesperrt, um ein Abfließen des durch Jenpeg Generating Station aufgestauten Wassers zu verhindern. Durch einen Stichkanal ist der Kiskitto-Lake mit dem Black Duck Creek, einem Nebenfluß des Nelson, direkt verbunden worden. Durch diese Maßnahmen war es möglich, die jährliche Schwankungsamplitude des Lake Winnipeg von 8,5 Fuß auf 4 Fuß zu senken und damit auch die Erosionsschäden im Uferbereich zu mindern. Der niedrigste Wasserstand liegt rund 2 Fuß über dem früheren Niedrigniveau während des Winters. Durch die Regulierung ist es somit auch möglich, in niederschlagsarmen Jahren einen gesicherten Zufluß zu den Kraftwerken zu erreichen.

b) Anzapfen des Churchill Rivers und Zuleitung des Wassers in den Nelson River

Der Churchill River ist schon seit 1920 für die Energiegewinnung genutzt, seit in Flin Flon die bergbauliche Erschließung begann. Im Bereich der ca. 30 Meilen Entfernung von der Grenze zu Manitoba in der Provinz Saskatchewan gelegenen Island Falls wurden von der Hudson-Bay Mining and Smelting Company bereits 1920 ein Wasserkraftwerk errichtet. Die Churchill River Power Company, eine Tochtergesellschaft der Mining und Smelting Company, ergänzte diese Maßnahmen im Jahre 1942 durch den sog. Whitesand Damm und die Regulierung des Reindeer Lake. Diese bereits bestehenden Einrichtungen, vor allem die Staumöglichkeiten des Reindeer Lakes und des Churchill Rivers, veranlaßten Manitoba Hydro zur Einbeziehung dieses Systems in die hydroelektrische Erschließung. Der Nachteil lag indessen in der relativ großen Entfernung zu den Absatzzentren, v.a. auch der neuen Industriezentren im Norden der Provinz selbst. Kalkulationen ergaben, daß eine Umleitung des Wassers aus dem Churchill-River in den Nelson River eine Einsparung von 400 000 000 Dollar gegenüber dem Bau von Kraftwerken im Churchill River selbst bedeutete (mdl. Angaben Manitoba Hydro).

Die Umleitung ist aufgrund der topographischen Situation ohne großen technischen Aufwand zu bewältigen. Am Ausgang des Southern Indian Lake, einer Ausweitung des Churchill Rivers, wurde von Manitoba Hydro ein Staudamm errichtet, der das Niveau des Sees um rund 3,5 m anhob. Hierdurch kann bei Southlake durch einen Stichkanal (South-Bay-Issette Lake Channel) das Wasser des Churchill River in den Rat River, von hier in den Burntwood und schließlich in den Nelson River abgeleitet werden. Die Ableitungskapazität liegt bei rund 1 080 m^3/sec. (30 000 Fuß^3). Im Burntwood River wird dabei das abgeleitete Wasser bereits zur Elektrizitätsgewinnung genutzt, bevor es dem Nelson River zufließt.

Durch diese beiden Maßnahmen, nämlich Regulierung des Lake Winnipeg und Umleitung des Churchill Rivers, wurde erreicht, die Wasserführung des Nelson Rivers das ganze Jahr über so zu regulieren, daß potentiell insgesamt 10 Kraftwerke mit einer Gesamtleistung von 7 534 000 KW betrieben werden können. Die Ableitung des Churchill River in den Burntwood River ermöglicht in diesem Nebenfluß des Nelson die Errichtung weiterer 6 Kraftwerke mit einer Leistung von 750 000 KW (vgl. Tab.5).

Das zweite Problem, nämlich die Regulierung des Energieabsatzes, vor allem der stärkeren Ausnutzung im Sommer, ist bei der jetzigen Bedarfsstruktur allein in der Provinz Manitoba nicht lösbar. Hier richtet sich das Hauptaugenmerk auf die Vereinigten Staaten, wo in den Anrainer-Staaten North und South Dakota, Minnesota und v.a. in Illinois ein deutliches Bedarfsmaximum im Sommer liegt, da hier erhebliche Energiemengen für Air Conditioning benötigt werden.

Der Ausbau des interprovinzialen und internationalen Verbundnetzes ist über die Sicherung der eigenen Versorgung in der Provinz Manitoba hinaus natürlich in erster Linie ein wirtschaftliches Anliegen und ist somit abhängig von den Möglichkeiten der Konkurrenzfähigkeit der durch Wasserkraft gewonnenen Energie. Manitoba ist umgeben von Gebieten, in denen Elektrizität überwiegend thermisch, also durch Umsetzen nicht erneuerbarer Primärenergieträger (Kohle, Gas, Öl) gewonnen wird. Diese Primärenergieträger werden sich längerfristig aufbrauchen, so daß Manitoba dann zweifellos einen entscheidenden Vorteil haben wird.

Im Moment ist jedoch die Energiegewinnung durch Wasserkraft gegenüber der Verwendung anderer Primarenergieträgern kaum konkurrenzfähig. Hydroelektrische Anlagen sind in der Konstruktion vergleichsweise billiger, allerdings sind sie standortgebunden an die Wasservorkommen. Die Kraftwerke des Nelson River liegen zwischen 700 und 1 500 km nördlich von Winnipeg, d.h. es entsteht ein hoher Kostenaufwand für die Leitungssysteme. Lediglich die Tatsache, daß der Bedarf in den angrenzenden amerikanischen Bundesstaaten in den letzten Jahren erheblich zugenommen hat, und daß im Bewußtsein der amerikanischen Politiker inzwischen auch die Überlegungen zur Erhaltung der 'non-renewable ressources' einen breiten Raum einnehmen , mögen in den kommenden Jahren zu einem verstärkten Absatz der Hydroelektrizität in diesem Gebiet und damit zu einer Amortisierung der Investitionen führen.

In Manitoba selbst ist die Energieversorgung inzwischen fast ausschließlich auf den Verbrauch der Wasserkraft-Elektrizität gestützt, wobei im Jahre 1977 allein aus dem Nelson-River-Projekt fast 60 % des gesamten Elektroenergiebedarfs der Provinz geliefert wurden (BATEMANN, 1978). Der Anteil lag im Jahre 1968 noch bei 30 %, wobei sich der Verbrauch in dieser Dekade verdoppelt hat.

Von der weiteren Bedarfsentwicklung wird der Ausbau der geplanten Kraftwerke im Nelson-River-Projekt abhängen. Das Limestone Kraftwerk wurde im Jahre 1977 begonnen, nachdem zwischen Manitoba-Hydro und der US-amerikanischen National Energy-Board ein Vertrag über die Konstruktion einer 500 000 V-Leitung nach Minneapolis und Duluth unterzeichnet wurde. Die wirtschaftlichen Verbindungen zwischen Manitoba und den Vereinigten Staaten werden für die künftige Entwicklung des Elektroenergiesektors von größter Bedeutung sein, da die Querverbindungen in die Hauptenergieverbrauchszentren des eigenen Landes nur unter großem materiellem Aufwand hergestellt werden könnten. Die bisherige Entwicklung hat in Manitoba wie in anderen Provinzen zu einer ausgesprochenen Nord-Süd-Ausrichtung der Leitungssysteme geführt. Damit ist von den Produktionszentren logischerweise die kürzeste Verbindung zu den Hauptverbrauchszentren hergestellt worden. Was sich dabei jedoch nicht entwickelt hat ist ein Netz von Energieleitungen, die auch dem Norden stärkere wirtschaftliche Impulse verleihen könnten. Auch hier zeigt sich, daß die föderative Struktur des Landes einer landesweiten Planung oft hindernd entgegensteht. Die wirtschaftliche Basis der bestehenden Siedlungen im kanadischen Norden rechtfertigt unter kalkulatorischen Gesichtspunkten heute im allgemeinen noch nicht die Anbindung an ein Energieverbundnetz. Hier erfolgt die Versorgung nach wie vor durch lokale Generatoren, die meistens auf Dieselbasis betrieben werden.

Die Analyse der derzeitigen Produktions- und Verbrauchssituation in Manitoba zeigt, daß die interprovinzialen und internationalen Verbindungen noch keine wirtschaftliche Dimension erreicht haben, die entscheidende Rückwirkungen auf die Entwicklung der Provinz erwarten läßt (Tab. 7). Der Verkaufsüberschuß (=Lieferung von Elektrizität minus Übernahme in das eigene Netz) betrug im Jahre 1977/78 1 301 Mio. KWh, das waren lediglich 9,1 % der Gesamtproduktion. Ontario ist an diesem Export mit 5,2 %, Saskatchewan mit 1,9 % und die USA mit 2,0 % beteiligt, wobei allerdings den Vereinigten Staaten vom absoluten Austauschvolumen her (=Absatz und Übernahme im Verbundnetz) die größte Bedeutung zukommt.

Tab. 7 : Elektroenergieerzeugung und -absatz in Manitoba 1977 und 1978

a) Erzeugung und Ankauf	1977/78+	1976/77+
Manitoba Hydro:		
Wasserkraft	11 552 Mio. KWh	11 273 Mio. KWh
Thermisch	1 117 " "	1 466 " "
Diesel	52 " "	53 " "
Winnipeg Hydro		
Wasserkraft	761 " "	805 " "
Thermisch	5 " "	23 " "
	13 487 Mio. KWh	13 620 Mio. KWh
Übernahme im Verbundnetz aus:		
Hudson Bay Mining & Smelting	93 " "	87 " "
Ontario	21 " "	0 " "
Saskatchewan	5 " "	3 " "
Vereinigte Staaten	721 " "	528 " "
	14 327 Mio. KWh	14 238 Mio. KWh
b) Verkauf		
Innerhalb Manitobas	12 186 " "	12 014 " "
Ontario	773 " "	1 262 " "
Saskatchewan	364 " "	408 " "
Vereinigte Staaten	1 004 " "	554 " "
	14 327 Mio. KWh	14 238 Mio. KWh

+) Rechnungsjahr = 1. April bis 31. März

Quelle: Manitoba Hydro, 27th Annual Report, Winnipeg 1978

Die Abhängigkeit von Verbrauchszentren, die außerhalb der Provinz Manitoba liegen, ist bei der derzeitigen Wirtschaftsstruktur wohl das entscheidendste Handicap für die weitere Entwicklung des Nelson-River-Projektes. Da diese Entwicklung weitgehend unbeeinflußt von der Provinzialregierung erfolgen muß, fehlt es nicht an Kritik an der Realisierung des Energieprogramms der Manitoba Hydro, zumal die Eingriffe in den Naturhaushalt und in das Siedlungsgebiet der indianischen Bevölkerung erheblich sind. Eine Reihe von Gutachten wurden bezüglich der Beeinträchtigung durch die Regulierung des Nelson, die Aufstauung des Southern Indian Lake und der Abzweigung des River Churchill vorgelegt. Die Aussagen sind nicht einheitlich, dennoch ist der generelle Tenor, daß bei der derzeitigen Auslastung die Verluste für Pelztierjagd, Fischerei, Jagd auf Wasservögel und für touristische Zwecke wesentlich höher sind als der wirtschaftliche Nutzen der Elektrizitätsgewinnung (C.G. SCHRAMM 1976).

Hier wie in anderen Provinzen wird damit die Entwicklung des Nordens zu einem Politikum. Die ursprüngliche Konzeption der Aufstauung des Southern Indian Lake auf eine Höhe von 870 Fuß scheiterte am Einspruch der indianischen Bevölkerung, die die Gestade des Sees bewohnt. In einem modifizierten Plan wurde eine Aufstauung auf lediglich 854 Fuß akzeptiert, also rund 4,80 m weniger als ursprünglich geplant, was die Erhaltung der meisten indianischen Siedlungen bedeutete. Die Beeinträchtigung des indianischen Lebensraumes ist damit hier, wie bei anderen Entwicklungsprojekten Kanadas, eine Realität mit hoher politischer Brisanz, zumal der effektive Nutzen, den die indianische Bevölkerung aus den Entwicklungsprojekten im Norden ziehen kann, oft außerordentlich gering ist.

Probleme der Gesamtentwicklung

Bergbau und Energiegewinnung sind die beiden Hauptkomponenten der modernen Nutzung natürlicher Ressourcen Nordmanitobas, wenn man den Tourismus außer acht läßt, der aufgrund der großen Entfernungen zu den Bevölkerungszentren noch eine sehr untergeordnete Rolle spielt. Für die Zukunft erwartet man aber auch hier Entwicklungsimpulse. Erste Programme für die Einrichtung einer touristischen Infrastruktur sind derzeit in Vorbereitung (mündl. Mitteilung Staatssekr. N. Bergmann, Winnipeg). Die traditionelle Nutzung der natürlichen Ressourcen wird von der modernen Entwicklung unterschiedlich beeinflußt. Beeinträchtigungen ergeben sich zweifellos für die Pelztierjagd und für die traditionellen Jagdformen (Seevögel, Wild, etc.) sowie die Fischerei. Andere Nutzungsformen erfahren Impulse durch den Ausbau des Infrastrukturnetzes, so vor allem die Holzindustrie. Beeindruckendes Beispiel dieser Entwicklung ist der Manfor-Komplex (Manitoba-Forestry) in The Pas, der seit 1966 aufgebaut wurde und wo heute zwischen 1000 und 1 500 Personen beschäftigt sind (Prov. of Man.: The Pas, 1976, S. 29 ff). Probleme bestehen jedoch auch bei der Holzindustrie und resultieren in erster Linie in der großen Entfernung zu den Absatzmärkten. Der Bedarf in Nordmanitoba ist relativ gering, so daß in den Süden abgesetzt werden muß. Hohe Transportkosten belasten somit die Produktion, die sich im wesentlichen auf Bauholz und Papierherstellung beschränkt. Hinzu kommen steigende Lohnkosten (allein im Zeitraum zwischen 1974 und 1977 stieg das durchschnittliche Einkommen pro Beschäftigtem von 13 666 $/Jahr auf 19 075 $, also um rund 40 %) und ein fallender Dollarkurs, der vor allem das Exportgeschäft sehr stark belastet. Durch diese Entwicklungen ist die nordmanitobanische Holzindustrie kaum wettbewerbsfähig, so daß die letzten Jahre durchweg mit negativen Bilanzen endeten (Manfor, Annual Reports 1974-1977).

Vor dem Hintergrund dieser Entwicklungen interessiert abschließend die Frage nach den lokalen Rückwirkungen und nach den künftigen Entwicklungsmöglichkeiten in diesem Raum. Eine der frappierendsten Konsequenzen der Erschließung der natürlichen Ressourcen ist das Entstehen von neuen Städten nach dem Reißbrettmuster, in die überwiegend Bevölkerung aus dem Süden zieht. Dieser Teil der Kulturlandschaft Nordmanitobas wird oft als der sog. "Urban North" bezeichnet, damit ist gemeint eine Bevölkerung von rund 50 000 Menschen, die in den Städten Thompson, Churchill, Flin Flon, Gillam, Lynn Lake, Snow Lake und The Pas lebt. Dem steht gegenüber der sogen. "Remote North" mit einer Bevölkerung von rund 70 000 Menschen. Sie lebt überwiegend in kleineren nicht städtischen Siedlungen (Unincorporated Communities). In der Mehrzahl handelt es sich hierbei um Indianer oder Mestizen. Diese Bevölkerungsgruppen finden sich allerdings auch in zunehmendem Maße in den städtischen Siedlungen und leben hier meistens in Reservaten im Randbereich.

Der Gegensatz zwischen "Urban north" und dem "Remote north" beschränkt sich aber nicht lediglich auf die unterschiedliche Größe der Siedlungen bzw. die unterschiedliche Bevölkerungszugehörigkeit. Es sind vielmehr wirtschaftliche und soziale Unterschiede, die hier eine moderne und eine traditionelle Zivilisation aufeinanderprallen lassen, wobei die Frage der Integration der traditionellen Zentren bzw. der ethnischen Minderheiten ein besonderes Problem darstellt. Das jährliche Pro-Kopf Einkommen in den nordmanitobanischen Städten betrug z.B. im Jahre 1973 3 500 $. Gegenüber dem Durchschnitt der Probinz Manitoba bedeutete dies das Doppelte (R.L. CARTER, 1977, S. 20), was die Attraktivität des Nordens für junge Menschen, die in relativ kurzer Zeit möglichst viel Geld verdienen wollen, verständlich macht. Die Konsequenz ist allerdings eine relativ starke Fluktuation der Arbeitsbevölkerung. Im "Remote north" betrug das Pro-Kopf Einkommen im Jahre 1973 lediglich 600 $, der Arbeitslosenanteil lag bei rund 50 %. Hinzu kommt, daß die meisten Siedlungen nicht durch feste Weg- oder Straßenverbindungen mit den potentiellen Arbeitsplätzen verbunden sind. Die medizinische, schulische und sanitäre Versorgung in den Siedlungen ist meistens völlig unzureichend, so daß ein erhebliches Bildungsgefälle gegenüber den Städten, ein wesentlich schlechterer allgemeiner Gesundheitszustand, hohe Sterblichkeitsraten bei Kindern usw. typische Kennzeichen sind. Die Integrationsmöglichkeiten scheitern dabei nicht nur an den mangelhaften Verkehrsmöglichkeiten, sondern vor allem auch an der völlig unzureichenden geistigen und psychischen Adaption der indianischen Bevölkerung an moderne Denkweisen und Technologien. Allzu schnelles Resignieren der Behörden vor dieser "Nichtintegrierbarkeit", verbunden mit einer Sozialunterstützungs-Politik, die nicht viel mehr ist als das Erkaufen des Handlungsspielraumes im Norden, den die Wirtschaft für eine moderne Entwicklung nun einmal braucht, sind Kennzeichen der politischen Strategie der letzten Jahre. Der einheimischen Bevölkerung ist jedoch nur selten damit geholfen, wenn ihr auf Staatskosten ein Einheitsholzhaus in einem Reservat und ein monatlicher Fürsorgebetrag zur Verfügung gestellt wird. Diese Politik verstärkt nur den negativen Einfluß, den der "weiße Mann" seit seinem Eindringen in den kanadischen Norden ausgeübt hat.

Allerdings müssen auch die Integrationsschwierigkeiten unter dem Gesichtspunkt der speziellen Arbeitsmarktstruktur Nordmanitobas gesehen werden. Von den rund 25 400 Beschäftigten im Jahre 1973 gehörten 91 % dem primären bzw. dem tertiären Sektor an. Im Bergbau waren zu diesem Zeitpunkt 8 550, in den gehobenen Dienstleistungsbranchen und Regierungsvertretungen 9 436, bei Manitoba Hydro 2 300 Beschäftigte registriert (R.L. CARTER, 1977). Weder in den Bergbau (z.T. Untertagebau) noch in die gehobene Dienstleistungsberufe,noch in die teilweise hochspezialisierten Tätigkeiten der Manitoba Hydro ist die autochthone Bevölkerung ohne weiteres integrierbar. Ihre Stärke liegt traditionsgemäß in der Jagd, deren Möglichkeiten vielerorts drastisch beschnitten sind, oder aber in handwerklichen Berufen. Der gewerbliche bzw. handwerkliche Sektor ist jedoch bisher in den Städten des Nordens so gut wie inexistent. In diesen Überlegungen klingen aber auch die Gefahren, die für die städtischen Zentren bestehen, bereits an. Die monostrukturelle Wirtschaftsbasis ist eine ausgesprochen zerbrechliche Grundlage für die weitere Entwicklung. Dies wird am Beispiel Thompsons besonders deutlich, wo über 53 % der Erwerbstätigen allein bei INCO tätig sind.

Die Schwierigkeiten auf dem Weltnickelmarkt haben hier in den letzten Jahren zu einer stagnierenden Bevölkerungsentwicklung, bei den Beschäftigten zu Unruhen und in vielen Fällen auch zur Abwanderung geführt. So lange diese Stadt ihre wirtschaftliche Basis nicht verbreitern kann, wird sie sicherlich ein Sorgenkind der regionalen Entwicklungsplanung bleiben. Auch von Manitoba Hydro sind in absehbarer Zukunft keine nachhaltigen Entwicklungsimpulse für den Norden zu erwarten. So lange der Ausbau voranschreitet, werden vor allem im Bausektor in den nächsten Jahren rund 2 000 Arbeitsplätze bereitstehen. Niemand kann jedoch voraussehen, wie sich dieser Ausbau künftig entwickelt. Wenn nicht neue Absatzmärkte erschlossen werden, könnte es durchaus sein, daß nach dem Ausbau von Limestone Generating Station zunächst ein Baustop eintritt, um die künftige Entwicklung abzuwarten. Zwar hat sich der Energiebedarf Manitobas in den letzten 10 Jahren verdoppelt, eine ähnliche Zunahme ist jedoch nur mit einem raschen wirtschaftlichen Ausbau in der Provinz zu erreichen. Für eine solche Entwicklung gibt es bisher wenig Anzeichen. Nach Abschluß der Bautätigkeit wird sich der Bedarf von "Manitoba Hydro" auf eine relativ geringe Zahl von Technikern und spezialisierten Arbeitskräften reduzieren. Auch hier sind somit keine großen Rückwirkungen auf die lokale Wirtschaft zu erwarten.

Bei der Holzindustrie wirken sich die großen Entfernungen in die wirtschaftlich interessanten Absatzzentren besonders nachteilig aus, so lange nicht bereits im Norden eine Weiterverarbeitung des Rohproduktes erfolgt. Der Preis für Bauholz wird durch den langen Transport so belastet, daß er schon im Süden der Provinz, ganz zu schweigen vom internationalen Markt, kaum noch konkurrenzfähig ist. Die Weiterverarbeitung zu Feinpapier ist z.B. im Falle von "Man For" nicht verwirklicht. Es gelangt lediglich ungebleichtes Papier zum Verkauf. Die preislich sehr viel interessantere Feinpapierherstellung scheiterte bisher an den relativ hohen Investitionskosten, die bei einer seit Jahren defizitären Bilanz des Unternehmens nicht riskiert werden können. So ist für Nordmanitoba nach wie vor die Situation kennzeichnend, die auch andere Teile des kanadischen Nordens belastet: Rohprodukte werden ohne wesentliche Mehrwerterwirtschaftung abgegeben. Die Verarbeitung erfolgt im Süden des Landes oder teilweise im Ausland, von wo die Fertigprodukte dann zu hohen Preisen wieder importiert werden.

Um die speziellen Probleme des Nordens besser analysieren und lösen zu können, wurde in Manitoba im Jahre 1972 das Departement of Northern Affairs gegründet. Ihm obliegt in erster Linie die Aufgabe einer Koordination der Förderungsmaßnahmen, einer Integration der autochthonen Bevölkerung in den Entwicklungsprozeß und Verbesserung der allgemeinen Lebensbedingungen im Norden. Zahlreiche Programme wurden seither entworfen, z.B. The Pas Special Area Agreement, Manitoba Northlands Agreement, the Rural and Remote Housing Programm usw.. Die Erfolge dieser Programme sind bisher noch sehr lückenhaft und in vielen Siedlungen sind ihre Auswirkungen überhaupt nicht zu erkennen. Nicht zuletzt liegen die Gründe für die geringe Effizienz solcher Programme darin, daß die Entwicklung Nordmanitobas nicht nur unter wirtschaftlichen, sondern in immer stärkerem Maße unter sozialen und damit politischen Gesichtspunkten gesehen werden muß. Manitoba ist in dieser Beziehung keine Ausnahme und kann daher als typisches Beispiel für die aktuellen Entwicklungsprobleme im Norden Kanadas angesehen werden.

SUMMARY:

Northern Manitoba seems to have infrastructural advantages because of its direct access to the Hudson Bay, a connection of great economic importance ever since the foundation of Hudson Bay Company in 1670. The historical roots of economic development have had very little influence on recent development, which is characterized by mining and hydroelectrical exploration. Mining activities in Northern Manitoba are especially based on nickel and zinc ores. Thompson is one of the typical miningtowns, characterized by one outstanding activity - the nickel industry - which absorbs 53 % of active labour force. Economic monostructure, however, seems to be the danger for future development, especially in the case of nickel-mining, which is extremely dependent on international fluctuations of offer and demand. The development of hydro-electric power is to be seen as the most important economic consequence of mining activities. The Nelson-Burntwood-River-Project may be considered as one of the most important energy-programs in Canada, but includes many risks in the economic sense, too. The realisation of the whole project depends on the possibilities of selling energy to the United States. Despite of these new economic activities, the native population has been hardly integrated and the effects on them seem to be in many cases more negative than positive.

AUSGEWÄHLTE LITERATUR

BATEMAN, L.A.: Manitoba Hydro and its interconnections. Vortragsman. für "The Chemical Institute of Canada", 29.10.1976, Pinawa (Man.) Winnipeg 1976.

ders.: Your Manitoba Hydro. Vortragsman. für "Winnipeg-Kiwanis-Club". 15.2.1977. Winnipeg 1976.

ders.: Manitoba Hydro Today. Vortragsman. für "Manitoba Electrical Association", 9.2.1978, Winnipeg 1978.

BLADEN, V.W. (Hg.): Canadian population and northern civilisation. Toronto 1962.

BRINSER, A.: Essays on Natural Resource Management. Nat. Res. Inst. Univ. of Man. Winnipeg 1976.

CARTER, R.L.: Development in Northern Manitoba - where might government lead us? In: Journal of natural resource management and interdisciplinary studies, vol. 2, Nr. 1, Winnipeg 1977.

CLAWSON, M.: Resources, economic development and environmental quality. Center für Resource Developm. Publ. Ser. Nr. 42, Guelph (Ont.) 1971.

CRABBE, Ph. und SPRY, J.M.: Natural Resource Development in Canada. In: Cahiers des Sciences Univ. Ottawa Nr. 8, Ottawa 1973.

DAMAS and SMITH REPORT: Cranberry Portage. Community infrastructure analysis. Winnipeg 1976.

ders.: Grand Rapids. Winnipeg 1976.

DMYTRUK, B. u.a. (Hg.): Housing, workshop and group seminar, alternatives für incorporated northern communities. Results of seminar held february 12 th. 1975, Thompson (Man.) Thompson 1975.

DOUGLAS, R.J.W.: Geology and Economic Minerals of Canada. Ottawa 1970/1972[5].

FRIESEN, B.C.: The Interlake Land Acquisition Program. Nat. Res. Inst. Univ.of Man. Winnipeg 1974.

GILLIES, I. und NICKEL, P.: Regional Development in Manitoba's Interlake: Two Perspectives. Nat. Res. Inst. Univ. of Man.Winnipeg 1977.

GILLIES, I.und SHERWOOD, L.: Problems and Innovations in Water and Waste Management Systems in remote northern Communities. Nat.Res. Inst. Univ. of Man. Winnipeg 1975.

GOODWIN, C.J.: Electric Power for the future. Vortragsman. für "The Canadian Institute of Mining and Metallurgy - Thompson Branch" 8.12.1977. Winnipeg 1977.

HAMELIN, L.E.: Nordicité Canadienne. Montréal 1975.

HARRINGTON, L.: Thompson, Manitoba - suburbia in the bush. In: Canadian Geograph. Journal Bd. 81, 1970.

HEDLIN MENZIES REPORT: Thompson, Manitoba. An impact analysis of Resource Development 1957-1972. Winnipeg, Toronto, Vancouver, 1973.

HENLEY, Th.J. und EYLER, P.L.: Hudson-Bay Lowlands Bibliography. Nat. Res. Inst. Univ. of Man. Winnipeg 1976.

KRUEGER, R.R. und MITCHEK, B.: Managing Canada's Renewable Resources. Toronto 1974.

KUZ, T.J.: Thompson: structural and behavioural analysis. Prov. of Man. Dept. of Municipal Affairs. Winnipeg 1976.

LAJZEROWICZ, J. und WOODBRIDGE, R.M.: Environmental protection and mineral management dilemmas in the Sudbury Area. Ottawa 1977.

LAKE WINNIPEG, CHURCHILL AND NELSON RIVER STUDY BOARD: Summary Report 1975. Winnipeg 1975.

LUCAS, R.A.: Minetown, Milltown, Railtown. Life in Canadian communities of Single industry, Toronto 1971.

MANITOBA COMMISSION ON TARGETS FOR ECONOMIC DEVELOPMENT TO 1980: Report of the Commission on Targets for economic development. Winnipeg 1969.

MANITOBA HYDRO: The Manitoba Hydro Electric Board, 27 th. Annual Report for the year ended March 31 th. 1978. Winnipeg 1978.

MATVIW, D. und NICKEL, P.: A study guide to the interlake planning process. Nat. Res. Inst. Univ. of Man. Winnipeg 1975.

METZ, B. u. ROGGE, J.R.: Der Erzbergbau in Nordmanitoba/Kanada - Entwicklung und gegenwärtiger Stand. In Erdkunde Bd. 30, 1976.

MINISTRY OF ENERGY, MINES AND RESOURCES (Min EMR): Une stratégie de l'énergie pour le Canada. Ottawa 1976.

ders.: Les mines et la main d'oeuvre. Le prochain quart de siècle. Ser. de la polit. minérale. Bull. Min. Nr. 147 F. Ottawa 1976.

ders.: Communautés minières.Ser. de la polit. minérale Bull. Min. Nr. MR 154 F. Ottawa 1976.

ders.: Le Nickel. Ser. de la polit. minérale, Bull. Min. MR 157 F. Ottawa 1976.

ders.: L'Electricité hier, aujourd'hui et demain. Ottawa 1976.

ders.: Energy Conservation in Canada: Programs and Perspectives. Report EP 77-7- Ottawa 1977.

ders.: L'Energie. Initiatives pour demain. Rapport EL 77-1 F. Ottawa 1977.

ders.: Energie 1977. Rapport EL 78-2 F. Ottawa 1978.

ders.: Ressources énergétiqués renouvelables. Rapport EL 77-18 F. Ottawa 1978.

ders.: Oil and Natural Gas Industries in Canada 1978. Report ER 78-2. Ottawa 1978.

ders.: L'Energie des arbres. Rapport ER 78-1 F. Ottawa 1978.

NICHOLSON, N.L.: The regions of Canada and the regional concept. Ottawa 1961.

NICKEL, P. (Hg.): Proceedings of Manitoba Hudson-Bay-Lowlands Conference, February 6 th and 7 th, 1975, Nat. Res. Inst. Univ. of Man. Winnipeg 1975.

NICKEL, P. u.a.: Economic Impacts and Linkages of the Canadian Mining Industry. Center for Resource Studies, The National Impact of Mining Series Nr. 6, Queens Univ. Kingston (Ont.), Kingston 1978.

PEARSON, N.: Our dwindling resources Center for Resources , Development Publ. Ser. Nr. 30, Guelph (Ont.) 1970.

PROVINCE OF MANITOBA, Dept. of Tourism. Recreating and Cultural Affairs: Annual Report 1976-1977. Winnipeg 1977.

PROVINCE OF MANITOBA: Programm for regulation of Lake Winnipeg. Winnipeg 1972.

ders.: Municipal Planning Branch: Town of The Pas, Development Plan.Winnipeg 1975.

ders.: The Pas. Economic Base Study. Winnipeg 1976.

QUON, D.: A systems study of the impact of industrial development of the people and evironment of Canada's north. = Boreal Inst. Research Report, Nr. 1, Edmonton 1971.

REPORT, Damas and Smith: Cranberry Portage. Community infrastructure analysis. Winnipeg 1976.

ders.: Grand Rapids. Winnipeg 1976.

REPORT, Hedlin Menzies: Thompson, Manitoba. An impact analysis of Resource Development 1957-1972. Winnipeg, Toronto,Vancouver, 1973.

ROBINSON, J.L.: Resources of the Canadian Shield. Toronto 1969.

ROBITAILLE, Y.: Le capitaine J.E. Bernier et la souveraineté du Canada dans l'arctique. Ottawa 1978.

ROGGE, J.R.: Comments on Labour Force Origin and Turnover in Northern Manitoba. In: J.R. Rogge (Hg.): Developing the Subarctic. Manitoba Geographical Studies No. 1, Winnipeg 1973.

SATER, J.E. u.a.: Arctic Environment and Resources. The Arctic Institute of North America. Washington 1971.

SCHOTT, C.: Die Entwicklung Nordkanadas unter dem Einfluß der modernen Technik. In: Pet. Geogr. Mitt. 1954.

ders.: Die Nordgrenze des kanadischen Wirtschaftsraumes. In: Geogr. Rundschau, 24. Jg. 1972.

SCHOTT, C.: Der Bergbau in der Provinz Québec. In: H.J. Niederehe und H.Schroeder-Lanz (Hg.): Beiträge zur landeskundl.-linguistischen Kenntnis von Québec. = Trierer Geogr. Studien, Sonderheft 1, Trier 1977.

SCHRAMM, G.: Analyzing opportunity costs: The Nelson River Development. Nat. Res. Inst. Univ. of Man. Winnipeg 1976.

SCIENCE COUNCIL OF CANADA: Problèmes d'une politque des richesses naturelles au Canada. = Science Council of Canada. Rapport Nr. 19. Ottawa 1977.

SCIENCE COUNCIL OF CANADA: Northward looking. A Strategy and Science Policy for Northern Development. = Science Council of Canada Report Nr. 26, Ottawa 1977.

SHIPLEY, N.: Churchill, Canada's Northern Gateway. Toronto 1974.

THOMPSON DISTRICT OFFICE: Thompson Parks Plan. Thompson o.J.

WARKENTIN. J. (Hg.): Canada, a geographical interpretation. Toronto 1967.

Anschrift des Verfassers:
Prof. Dr. Alfred Pletsch, Geographisches Institut
Deutschhausstraße 10, D 3550 Marburg/Lahn

PROBLEME RATIONELLER RAUMGESTALTUNG UND BODENNUTZUNG IM KANADISCHEN WESTEN

H. Leonhard Sawatzky, Winnipeg

Seit etwa 1950 unterliegt die Landwirtschaft des kanadischen Westens einer tiefgreifenden technologischen Modernisierung. In den seither vergangenen 30 Jahren hat sie sich in einem Maße entwickelt, daß sie - unter Berücksichtigung der geographischen Lage und der klimatischen Gegebenheiten - mit den in dieser Hinsicht fortschrittlichsten Nationen verglichen werden kann. Im gleichen Zeitraum hat sich zunehmend das Bewußtsein herausgebildet, daß manche der bisher angewandten landwirtschaftlichen Praktiken, obgleich sie kurzfristigen Zielsetzungen in mancher Hinsicht gerecht werden, langfristig destruktive Folgen für den Boden und damit auch für alle und alles, was von ihm in Bezug auf Nahrung und Lebensraum abhängig ist, nach sich ziehen. In diesem Beitrag soll gezeigt werden, daß sich trotz dieses veränderten Bewußtseins eine scheinbar paradoxe Situation insofern ergibt, als auch heute noch destruktive Bodennutzungspraktiken beibehalten werden. Hierbei spielt der Einfluß teilweise anachronistischer Institutionen, die allzu häufig inadäquate Entscheidungen fällen und die Farmer zu solchen z. T. verführen, eine große Rolle. Wegen der großen Weite und räumlichen Differenziertheit des landwirtschaftlich genutzten Areals im kanadischen Westen mit der entsprechenden physikalischen und klimatischen Verschiedenheit beschränkt sich dieser Beitrag vorwiegend auf Agro-Manitoba (Karte 1), wobei die Gemeinde (municipality) Harrison (Karte 2) konkret als Beispiel behandelt wird.

Die Betrachtung konzentriert sich im wesentlichen auf zwei Aspekte:

- auf die Tatsache, daß nach wie vor jungfräuliches Wald-, Gras- oder Fennland durch Roden, Pflügen, Entwässern etc. umgestaltet wird;
- auf die auch heute noch zu beobachtende weite Verbreitung der Anwendung des Scharpfluges, die Praxis des Verbrennens von Ernteresten sowie Zwischenschaltung der Schwarzbrache und der mit ihr verbundenen Bearbeitungstechniken.

In ihren unterschiedlichen Ausprägungsformen tragen diese Praktiken zu einer kontinuierlichen Zusammenschrumpfung des Lebensraums der Wildbestände und zur physikalischen und chemischen Beeinträchtigung des Bodens bei. Beim Boden werden die negativen Folgen durch schnellen, übermäßigen, mit destruktiven Erosions- und Überschwemmungserscheinungen verbundenen Wasserabfluß noch verstärkt.

Seit 1930 sind 60 % des damals noch bestehenden Marsch- und Fennlands innerhalb Agro-Manitoba entwässert worden (KIEL et al., 1972). In jüngster Zeit ist das Tempo der Trockenlegung gegenüber dem der Jahre 1930-1970 auf mehr als das zweifache

KARTE I

Agrar-Manitoba: Räumliche Lage der Municipalität Harrison

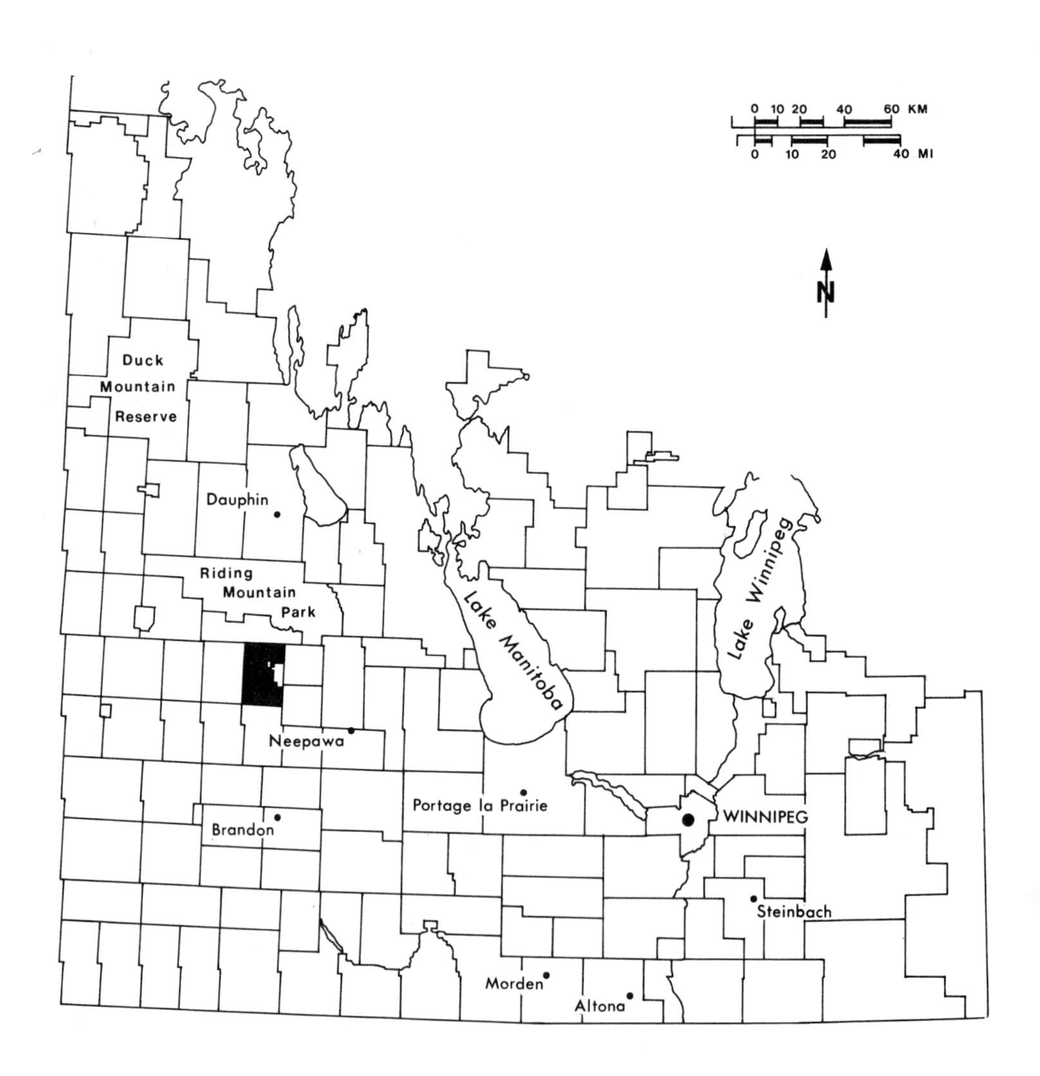

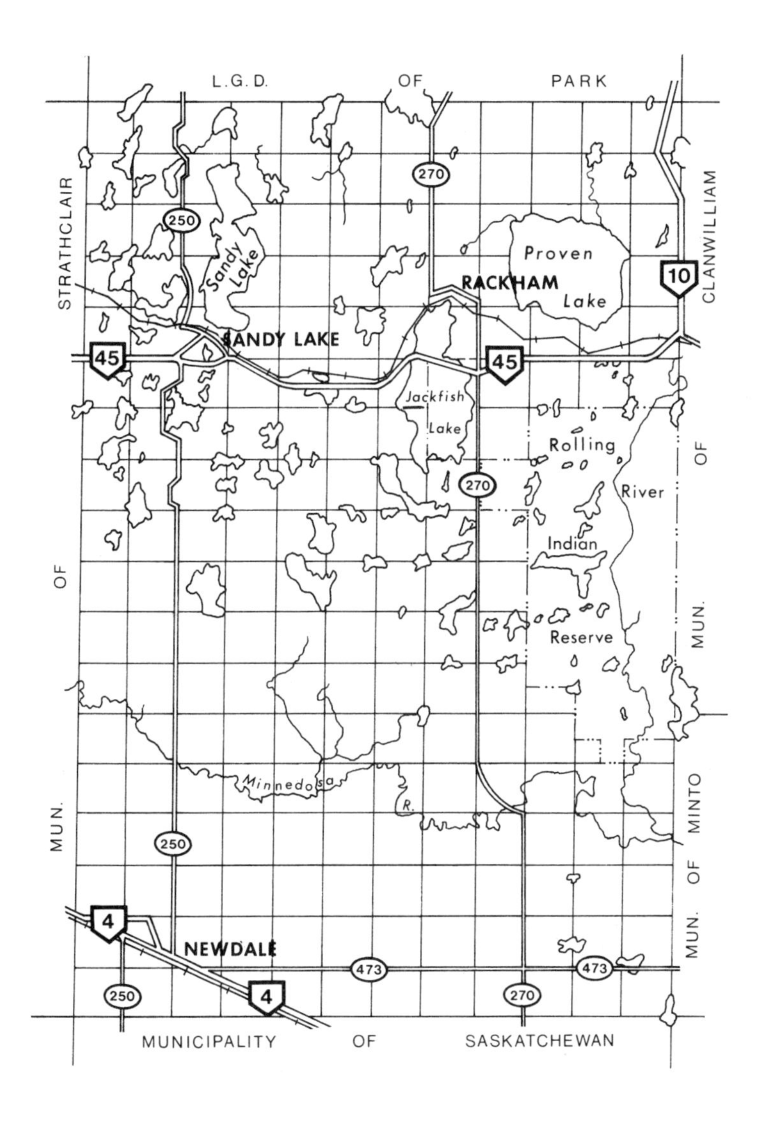

KARTE II

Die Municipalität Harrison

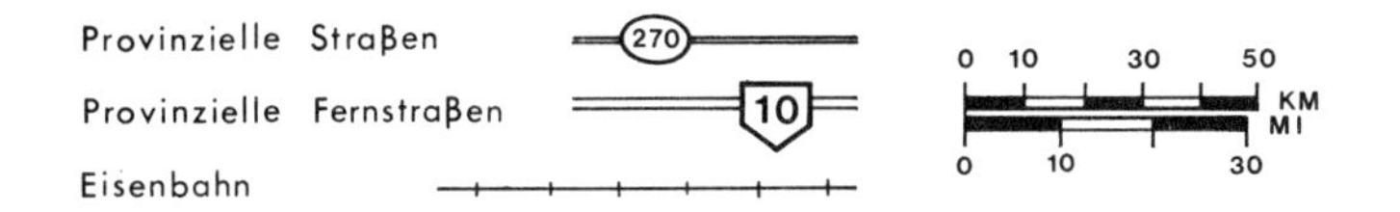

gestiegen. Obwohl entsprechende Statistiken fehlen, zeugt vieles auf dem Lande - z.B. flache, von Erosionsrinnen durchzogene Abdachungen, von denen die Ackerkrume verschwunden ist, deren erste Inbetriebnahme für Feldbauzwecke jedoch in der Erinnerung heute noch lebender Menschen liegt - davon, daß jungfräuliches Grasland und Waldland einem nicht weniger schnellen Tempo der sogenannten 'Melioration' unterworfen worden ist. Die grundlegenden Ursachen für das Fortbestehen dieses Trends scheinen die folgenden zu sein:

1) das System der Bodenbesteuerung schließt alles Land, ob landwirtschaftlich produktiv oder nicht, ein, also auch Wald. Lediglich für Ackerbauzwecke untauglicher Boden unterliegt einem niedrigeren Steuersatz. Für den Farmer wird diese Unterscheidung im allgemeinen kaum wirksam, er hat für alle seine Äcker und Waldareale die gleiche Steuerlast zu tragen. Das Bestreben der Farmer, diese Steuerlast durch eine möglichst intensive Nutzung relativ pro Flächeneinheit zu erniedrigen, ist somit durchaus verständlich. Dies um so mehr, als alle Wildbestände Eigentum der Krone und nicht des Landinhabers sind, so daß dieser kaum Interesse daran hat, sein Land z. T. als Wildgehege des Staates genutzt zu sehen.

2) die zunehmende Größe landwirtschaftlicher Maschinen, bei deren Einsatz kleinere Ödlandareale innerhalb der Felder oder eine unregelmäßige Parzellenbegrenzung als lästig empfunden werden. Die großen Maschinen fördern auch das Zusammenlegen der Felder zu großen Einheiten, die dann weitgehend einheitlich, ohne Rücksicht auf Verschiedenheiten der Lage, der Bodenbeschaffenheit oder anderer Eigenschaften extensiv bearbeitet werden; und

3) die Tatsache, daß ungerodetes Gras-, Wald- und Fennland bei den von der Canadian Wheat Board registrierten Flächen,nach denen innerhalb eines Systems die zulässigen Verkaufsmengen kalkuliert werden, ausgeschlossen sind. Demgegenüber gelten landwirtschaftlich unproduktive Flächen, die als 'meliorisiert' klassifiziert sind, als Ackerland, wobei ihr Anteil ein Drittel der gesamten kontingentierten Fläche einer Farm nicht überschreiten darf. Sämtliche in Schwarzbrache liegenden Äcker sind ebenfalls Kontingentflächen. Angesichts der scheinbar permanenten Schwieirgkeiten des kanadischen Farmers, sein Getreide über die Wheat Board von einem Erntejahr bis zum nächsten loszuwerden, verwundert es kaum, daß er wegen des unentbehrlichen Marktanteils möglichst viele Äcker - auf welche Weise und mit welchen langfristigen Folgen auch immer - bei der Wheat Board eingetragen haben will.

In Anbetracht dieser Verhältnisse wird klar, daß mehrere der in West-Kanada vorrangigen umweltbezogenen Bedenken (z.B. Verschwinden der Wildbestände, Zerstörung des Landschaftsbildes und der Landschaftsharmonie, bedenkliche Zunahme lokaler wie regionaler Überschwemmungen, absackende Wasserspiegel und verminderte Genießbarkeit des Grundwassers) in der Tat im Bereich der Bodennutzung einem engen Kausalzusammenhang unterliegen. Die Erweiterung der in die Kontingentberechnung einbezogenen Flächen während der letzten Jahrzehnte ist somit zum großen Teil auf Kosten der Existenzmöglichkeiten der Wildbestände, des Niederschlags- und Grundwasserhaushalts und ständig steigender Verluste im Zusammenhang mit durch starken Oberflächenabfluß auf beackerten Ländereien verursachten Überschwemmungen, erlangt worden.

Bisher wurden diese Probleme bestenfalls einzeln und isoliert angegriffen. Zum Teil sind kleinere Parzellen, vorwiegend durch Zusammenlegung der Farmen verlassene ehemalige Siedlerstellen, zu Gehegezwecken von der Krone aufgekauft worden. Vereine, wie z.B. die international operierende Ducks Unlimited, pachten geeignetes Land und bemühen sich mit großem Eifer um den Schutz und die Pflege der Wasserzugvögel. Der Versuch, den Problemen auf dieser Art entgegen zu treten, weist indessen Schwächen auf, zum Beispiel:

1) Aufkauf durch die Regierung von auch nur einem bescheidenen Areal verschlingt große Summen aus der öffentlichen Hand;

2) Pachtverträge sind von beschränkter Dauer und, da die Wildbestände sich vorzugsweise in den geschützten Gehegen aufhalten, dann aber auf den angrenzenden Äckern beträchtliche Ernteschäden anrichten, bleiben auf Dauer der Gefahr der Kündigung ausgesetzt.

Beträchtliche Summen von öffentlichen wie privaten Mitteln wurden und werden aber für die Erweiterung und Instandhaltung eines detaillierten, von den großen Flüssen bis in den entlegensten Teilen der einzelnen Farmen sich erstreckenden, Entwässerungsnetzes aufgewendet, um mit den Folgen eines verminderten in situ-Auffangs- und Speicherungsvermögens fertig zu werden. Zunahmen in den Abflußmengen sind jedoch nur zum Teil auf die Erweiterung des neu gepflügten, gerodeten und drainierten Landes zurückzuführen. Seit der Erschließung für die Landwirtschaft Ende des 19. Jh. und zu Beginn des 20. Jh. hat der Humusgehalt des Ackerbodens allgemein schon um etwa die Hälfte abgenommen (STOBBE, 1978). Schon im jungfräulichen Zustand enthielten die vorwiegend schweren, lehmigen Prärieböden weit weniger Humus, als dies für eine optimale Aufnahme des Niederschlagswassers unter den gegebenen Verhältnissen notwendig gewesen wäre.

Es wirkt paradox, daß es im kanadischen Westen, sei es im Falle einzelner Farmen, oder auch bei der Erfassung ganzer hydrographischer Einzugsgebiete, schon immer und auch heute noch eine Fixierung auf die Idee gab, daß Erfolg in der Landwirtschaft unweigerlich mit der Beseitigung von großen, wiederholt anfallenden Mengen überflüssigen Wassers durch abflußbegünstigende Maßnahmen eng verbunden ist. Und doch, nirgends innerhalb des landwirtschaftlich genutzten Areals der Prärie-Provinzen sind längerfristige, das Verdunstungspotential übersteigende überschüssige Niederschlagsmengen nachzuweisen. Innerhalb Agro-Manitobas wechselt das Verhältnis Niederschläge: Verdunstungspotential von etwa 1 : 1 im nordöstlichen Sektor auf ein Durchschnittsdefizit von 150 mm oder darüber im Südwesten. Wiederholte Vorkommen von kurzfristigen Feuchtigkeitsüberschüssen - ausgenommen gelegentliche, im Umfang jedoch fast immer stark begrenzte Platzregen im Sommer - sind weitgehend auf drei Faktoren zurückzuführen:

1) die winterliche Akkumulation von Schnee wird, vorwiegend aufgrund unpräziser und schlecht geeigneter Bodenbearbeitungspraktiken, weitgehend auf den Äckern verhindert; wo der Schnee liegenbleibt ist er verschmutzt und tendiert daher rasch abzuschmelzen. Auf der Oberfläche des durch das Fehlen einer geschlossenen Schneedecke tiefgefrorenen Bodens fließt das Schmelzwasser ab.

2) schlechtgeeignete Praktiken - die schädlichsten dürften das Verbrennen der auf den Feldern zurückgebliebenen Erntereste, die Anwendung des Scharpflugs und das Festhalten an der Schwarzbrache sein - haben durch die Jahre eine fortschreitende Mineralisierung des Bodens, die Entstehung einer undurchlässigen Erdschicht (plowpan) in Furchentiefe, sowie die allmähliche Versetzung nach oben des fast überall im Untergrund vorkommenden Salzes nach sich gezogen. Der Gesamteffekt ist, daß das Auffang- und Leitvermögen der Böden auf ein Ausmaß abgesackt ist, das bedeutend unter dem der von Zeit zu Zeit im Sommer zu erwartenden konvektionellen Niederschläge liegt.

3) die relativ geringmächtige Schneedecke läßt ein tiefes Eindringen - bis etwa zwei Meter - des Winterfrosts zu, folglich ergibt sich nur eine minimale Vorratsspeicherung durch Auffang des Schmelzwassers. Demgegenüber spielt übermäßiger, mit beträchtlicher Erosion verbundener, Abfluß eine große Rolle und führt wiederholt zu örtlichen und regionalen Überschwemmungen. Dies wiederum verstärkt den Glauben an die Notwendigkeit verbesserter Drainagesysteme, Damm- und Staubeckenkonstruktionen, Schadenersatzregulierungen usw. Beauftragte der Gemeinde- und Provinzregierungen, sowie auch die in ihrem Auftrag arbeitenden Ingenieure, scheinen die beschleunigt fortschreitende Steigerung der Abflußmengen und die daraus entstehenden Überschwemmungsgefahren, als unumgänglich anzusehen. Jedoch sind die mit dem Abfluß verbundenen Probleme nachweislich auf die Bodennutzungspraktiken zurückzuführen.

Nirgends in Agro-Manitoba besteht ein absoluter Überschuß an Niederschlägen. Jedoch ist das Niederschlagsregime nicht präzise auf die Bedürfnisse der Landwirtschaft abgestimmt. Die Vegetationsperiode weist im allgemeinen ein Defizit an Niederschlägen gegenüber dem Verdunstungspotential auf. Landregen sind verhältnismäßig selten, der Großteil der Sommerregen fällt in Form von konvektionellen Schauer- und Platzregen. Sogar im jungfräulichen Zustand besaßen die meisten lehmigen Böden eine hydraulische Leitfähigkeit von 10 mm oder weniger pro Stunde. Aufgrund der kumulativen Effekte humus-destruktiver Praktiken ist diese Ziffer allgemein auf etwa die Hälfte abgesackt. Nun besteht aber in jeder Vegetationsperiode die Möglichkeit (bzw. die Gefahr) eines oder mehrerer Niederschlagsereignisse mit 25 oder mehr mm pro Stunde. Obwohl das potentielle Speicherungsvermögen der meisten Böden den Gesamtniederschlag eines solchen Ereignisses aufnehmen könnte, verhindert das reduzierte Auffangvermögen von nur 10 mm oder weniger ein entsprechendes Eindringen. Unabwendbare Folge: massiver, sich in Pfützen ansammelnder, stehende Ernten ertränkender, mitunter auch regionale Überschwemmungen verursachender Abfluß, und dies trotz einer im Grund genommen weniger als optimalen Gesamtniederschlagsmenge. Bisher hat man in vielen Fällen zur Verhinderung zukünftiger Beeinträchtigungen dieser Art mit weiteren Drainage-, Deich- und Dammprojekten, die meistens auch zusehends auf politische Ziele abgestimmt sind, reagiert.

Vernünftiger scheint in diesen Fällen die Modifikation bisheriger Bodennutzungspraktiken mit dem Ziel, anfallende Niederschlagsmengen möglichst am Aufschlagsort aufzufangen und zu speichern. Zwei deutliche Vorteile könnten dadurch gleichzeitig erreicht werden:

1) Die im Boden gespeicherten Feuchtigkeitsvorräte könnten die immer wieder - auch in allgemein 'nassen' Sommern - vorkommenden Dürreperioden besser als bisher überbrücken, was eine bedeutende Ertragssteigerung erwarten ließe.

2) Außerdem ist es eine Binsenwahrheit, daß Düngemittel und Herbizide um so erfolgreicher und gezielter eingesetzt werden können,je optimaler sich die Feuchtigkeitsverhältnisse gestalten. Negative Nebeneffekte und Begleiterscheinungen dieser heute unumgänglichen Hilfsmittel in der Landwirtschaft können dadurch auf ein Minimum reduziert werden.

Obgleich im Laufe von weniger als hundert Jahren durch die Ackernutzung die während tausender Jahre aufgebauten organischen Reserven um etwa die Hälfte reduziert worden sind, bedarf es nicht unbedingt wieder Jahrtausenden, um die bisherige Einbuße an Humus wieder wettzumachen. Auch in der Urzeit war Feuer ein wesentlicher Faktor, der die Akkumulation von Humus einschränkte. Aus dieser Sicht betrachtet bedeutet das Gros der Praktiken in der heutigen Landwirtschaft eine vereinfachte Graslandökologie mit Betonung der Jahrespflanzen. Diese Landwirtschaft erzeugt große Mengen Pflanzenmaterial - im Schnitt bei fünf Tonnen Trockenmasse pro Hektar und Jahr - wovon die Hälfte als Erntereste zurückbleibt (GENO und GENO, 1976:31). Durch die Unterbindung des Gebrauchs von Feuer und Einarbeitung dieser Erntereste in den Boden kann innerhalb weniger Jahre der Humusgehalt selbst stark mineralisierter Böden auf ein Niveau gebracht werden, das diese Böden selbst im jungfräulichen Zustand nicht erreichten. Damit würden hydraulische Leitfähigkeit und Speichervermögen ebenfalls erheblich erhöht.

Hierdurch würde außerdem die Gefahr lokaler oder regionaler Überschwemmungen mitsamt den Verlusten, die diese mit sich bringen, zwangsläufig stark reduziert werden. Man macht sich nur selten klar, wie hoch die effektiven Verluste an Niederschlagswasser durch das oberflächige Abfließen selbst auf kleinsten räumlichen Einheiten sein können. So bedeutet z.B. der Abfluß von 25 mm Niederschlagswasser über eine Quadratmeile den Verlust von 65 000 m^3 (52 Ackerfuß) Wasser. Der Abfluß von

10 mm aus dem Einzugsgebiet des Pembina River (3 300 Quadratmeilen) ergibt einen Verlust von 85 mio m^3 (68 000 Ackerfuß). Innerhalb des Red River-Einzugsgebietes (111 000 Quadratmeilen) erbringen 10 mm 2,8 Milliarden m^3 (2,25 Mio Ackerfuß) Abfluß, etwa ein Drittel des durchschnittlichen jährlichen Wasservolumens. Die im Frühjahr anfallenden bedeutenden Wassermengen im Zusammenhang mit der Schneeschmelze bedeuten in den verhältnismäßig flachen Gebieten ein ungeheuer destruktives Potential, das durch die fortwährende Ausweitung der Drainageeinrichtungen in seiner negativen Auswirkung ständig verstärkt wird. Würde es gelingen, an Ort und Stelle ein Maximum an Auffangkapazität und Speicherung der anfallenden Niederschlagsmengen zu erreichen, so wären diese Probleme durch verminderte Überschwemmungsverluste und gehobene Erträge weitgehend doppelt nutzbringend beseitigt. Bezüglich der Speicherung des Schmelzwassers in situ stößt man jedoch unweigerlich auf das Gegenargument, daß durch die Reflexion an der Schneeoberfläche das Abschmelzen verlangsamt und die Einsaat auf ein späteres Datum verschoben würde, was bei einer Vegetationsperiode von 145 (frostfrei 126) Tagen oder weniger kein unwesentliches Bedenken ist. Dieses Argument kann aber logisch beseitigt werden, aus zwei Gründen:

1) eine geschlossene Schneedecke von etwa 10 - 20 cm (registrierter Durchschnitt jährlich 50 - 100 cm) verhindert bereits, trotz des harten Präriewinters, ein tiefgreifendes Eindringen des Frosts. Das heißt, der Boden bleibt z. T. wasserdurchlässig, kann also die Schmelze auffangen und speichern;

2) eine erhöhte Abstrahlung verlangsamt die Schmelze, verschafft also mehr Zeit für das Einsickern des Schmelzwassers, verhindert zugleich übermäßiges Abfließen und sorgt daher auch für möglichst optimale Feuchtigkeitsvorräte. Die Einsaat störende Pfützen oder lokale Überschwemmungen wurden auf ein Minimum reduziert. Letztlich wird also, und dies ist durch die Erfahrung bestätigt, der Saatzeitpunkt nicht verzögert, u.U. sogar vorverlegt.

Aus den oben angeführten Argumenten geht hervor, daß zahlreiche Entscheidungen innerhalb des vorgegebenen institutionellen Rahmens möglich wären, die zu einem, wenn auch bescheidenen, doch sicher tiefgreifenden Einfluß auf Bodennutzungspraktiken werden könnten. Damit könnten sowohl für die Landwirtschaft als auch für den Wildbestand langfristig die Weichen für optimalere Bedingungen gestellt werden. Die erforderlichen institutionellen Entscheidungen würden jedoch, angesichts der dreischichtigen Einteilung der regierenden Gewalt-municipal, provinzial und föderal - und der eifersüchtigen Art, in der diese ihre Rechte, besonders in Bezug auf die Steuerbasis, vor Einbruch durch die anderen abschirmen, nicht gerade leicht herbeizuführen sein. Einige Hebel scheinen eventuell trotzdem greifbar.

Erstens gibt es die eigentlich schon zur Tradition gewordene Gewohnheit, daß Regierungen aller Ebenen sich an der Beseitigung der durch 'höhere Gewalt' entstandenen Schäden, die nachweislich aber zum großen Teil kumulative Folgen menschlichen

Wirkens sind, beteiligen. Wenn daher die Opfer der durch Menschen herbeigeführten Desaster aus der öffentlichen Hand kompensiert werden dürfen, müßte es doch sinnvoll sein zu erwägen, ob es eventuell vertretbar wäre, diejenigen, die durch adäquate Bodennutzungspraktiken solche Beeinträchtigungen verhindern, durch entsprechende Maßnahmen gezielt zu fördern.

Schadenersatz in Bezug auf 'von höherer Gewalt' herbeigeführte 'Naturereignisse' wird, insbesondere bei einer hohen Schadenssumme, nie aus laufenden Steuereinnahmen geleistet, sondern vielmehr durch Erhöhung der Kapitalverschuldung der zuständigen Regierung finanziert. Langfristige Amortisierungskosten werden also zu den eigentlichen Schadenersatzkosten summiert. Wenn man nun davon ausgeht, daß die Häufigkeit und Größenordnung von z. T. durch Menschenhand herbeigeführten Desastern durch sinnvoll motivierte allgemeine Gegenbestrebungen wesentlich reduziert werden können, dann scheint es vernünftig, daß die zuständigen Regierungen auch bereit sein müßten, solche voraussichtlichen Endeffekte zu subventionieren. Dies wäre zumindest bis zur Gleichstellung mit den entstehenden Ersparnissen bezüglich der Instandhaltung der vorhandenen öffentlichen Einrichtungen plus dem beizumessenden Zinswert der in Zukunft vermiedenen Kapitalverschuldung für neue Einrichtungen und wiederholten Schadenersatzes zu rechtfertigen. Solche Maßnahmen könnten stufenweise durch den Steuermechanismus verwirklicht werden. Es dürfte sich lohnen dabei zu erwägen, welche Maßnahmen eigenmächtig von den zuständigen Regierungen und welche nur durch fiskale Abfindung zwischen den drei Regierungsebenen in Kraft gesetzt werden könnten.

In der Regel wird der mit Abstand größte Teil der erhobenen Bodensteuern für Zwecke bestimmt, die keine entsprechende, direkt auf das Farmland bezogene, Gegenleistungen beinhalten, z.B. für Schulen oder sonstige soziale Dienstleistungen. Die Verwendung von Steuermitteln rechtfertigt dann aber auch die Förderung, daß die Restaurierung und Erhaltung des produktiven Potentials des seither wesentlich beeinträchtigten Ackerlandes Agro-Manitobas als realistisches, gegenwärtiges und zukünftiges Sozialziel hohen Ranges eingeschätzt wird. Daß die Farmer ihrerseits in der Lage sind, von der Kapazität her solche Ziele zu erreichen, verbunden mit umweltschützenden Nebeneffekten, davon zeugt die Erfahrung derer, die (wie auch der Verfasser) die oben befürworteten Praktiken (wenn auch ohne institutionelle Anreize) über Jahre mit Erfolg auf ihren eigenen Betrieben angewandt haben.

Woran es gerade zu mangeln scheint, sind im Bewußtsein der Farmer stets wahrgenommene, wenn auch bescheidene, positive Anreize. Ein solcher Anreiz wäre beispielsweise die totale Befreiung allen auf Farmen sich befindenden Ödlands von der Bodensteuer. Ein weiterer wäre ebenfalls die Teilentlastung (um etwa 50 % der gegenwärtigen Steuersätze) z. T. wirtschaftlich (bzw. als Heuland oder Weide) genutzten Graslands, Waldlands und Fennlands. Letztere Vergünstigung könnte vom Verzicht auf wirtschaftliche Nutzung - zum Schutz besonders des Kleinwilds und der am Boden

Geographisches Institut
der Universität Kiel
Neue Universität

nistenden Vögel - bis nach der Wurf- und Brutzeit (etwa den 10ten Juli) abhängig gemacht werden. Da die Gemeinden sich ganz sicherlich gegen den Verzicht dieser Steuereinnahmen sträuben würden, könnte die oben angeführte gezielte Steuerentlastung zunächst auf das ständig bebaute Ackerland verlagert werden. Das hätte am Beispiel der Gemeinde Harrison den in Tabelle 1 und 2 aufgezeichneten Effekt.

Tab. 1: Gegenwärtige Kalkulation der Bodensteuerbasis, Gemeinde Harrison (Man.)

Bodenklasse*	Fläche (Acres)	Durchschn. Wertschätzung	Steuersatz	Steuerertrag pro Acre
K	70 000	\$ 30+/acre	10 v.H.	\$ 3+
PA/BA/A	2 200	\$ 20 /acre	10 v.H.	\$ 2
W	40 500	\$ 8 /acre	10 v.H.	\$ 0.80
INSGESAMT	112 700	\$ 2.5 mio		\$ 246 000

Tab. 2: Vorgeschlagene Kalkulation der Bodensteuerbasis, Gemeinde Harrison (Man.)

Bodenklasse*	Fläche (Acres)	Durchschn. Wertschätzung	Steuersatz	Steuerertrag pro Acre
K	70 000	\$ 35+/acre	10 v.H.	\$ 3,50
PA/BA/A	2 200	\$ 10 /acre	10 v.H.	\$ 1
W	40 500	--	--	--
INSGESAMT	112 700	\$ 2,5 mio		\$ 246 000

*) K - Ackerland: PA/BA bebaubares Heuland/Waldland; A - Hofstätten; W - nicht urbar.

Der Effekt der vorgeschlagenen Bodensteuerverlagerungen wird durch das Beispiel dreier verschiedener 160-acre-Einheiten ersichtlich, wie in Tabelle 3 aufgezeichnet.

Tab. 3: Effekt der vorgeschlagenen Bodensteuerverlagerung am Beispiel von drei 160-acre-Einheiten

	Einheit I	Einheit II	Einheit III
K - Ackerland	K = 40 acres	K = 80 acres	K = 120 acres
PA/BA - Gras/Wald	PA = 10 acres	PA/BA = 15 acres	BA = 20 acres
W - nicht urbar	W = 110 acres	W = 65 acres	W = 20 acres
Bisheriges System (Tab. 1)	Steuerertrag	Steuerertrag	Steuerertrag
K	$ 120	$ 240	$ 360
PA/BA	20	30	40
W	88	52	16
INSGESAMT	$ 228	$ 322	$ 416
Vorgeschlagenes System (Tab. 2)			
K	$ 140	$ 280	$ 420
PA/BA	10	15	20
W	--	--	--
INSGESAMT	$ 150	$ 295	$ 440
Veränderung	$ -78	$ -27	$ +24

Aus den in Tabelle 3 aufgezeichneten Beispielen wird ersichtlich, daß die veranschlagte Steuerverlagerung keine erschütternden Folgen bezüglich der auf dem Ackerland ruhenden Steuerlast haben, den Steuerdruck auf Gras-, Wald- und Ödland jedoch wesentlich reduzieren würde. Das Inkrafttreten solcher Maßnahmen ist jedoch nur als Vorstufe für eine weitere Steuerreform vorgesehen. Diese würde auf Entlastung jenes Teils der Bodensteuer zielen, die auf keiner entpsrechenden Gegenleistung zugunsten des Ackerlandes beruht, obwohl es der weitgrößte Teil (in der Regel über 60 %) der gesamten Steuersumme ist. Man ginge davon aus, daß die Allgemeinheit sich zu der moralischen Pflicht bekennt, daß der Boden, von welchem alle abhängig sind, im schlimmsten Fall nicht noch weiter abgebaut, sondern im Gegenteil optimal restauriert, an den Nachfahren als ihr absolutes Erbrecht weitergeleitet werden muß. Es könnte folgendermaßen verfahren werden: über die auf Feuer, Scharpflug und Schwarzbrache bezogenen Bodennutzungspraktiken könnte ein konditionelles Verbot verhängt werden. Jeden Herbst, zur Zeit der Erhebung der Bodensteuer, würde den einzelnen Farmern der Plan ihrer Felder vorgelegt werden. Auf diejenigen Äcker - vorbehaltlich entsprechender beeidigter Erklärung - auf welchen keine der obengenannten Praktiken angewandt worden waren, würden die Schul- und andere Sozialsteuern - oder ein wesentlicher Prozentsatz derselben - entfallen. Der zu erwartende Steuerverlust würde der Gemeinde aus provinzialer und/oder föderaler Hand ausgeglichen werden. Farmer die auf solchen Ansporn nicht positiv reagierten, würden keine entsprechenden Steuervergünstigungen zu Gute kommen. Mit falschen Erklärungen müßte man kaum rechnen, da jedem ja klar wäre, daß die Überprüfung über etwa ein halbes Jahr lang auf dem Acker, nämlich bis zur nächsten Einsaat, möglich wäre.

Eine weitere zu befürwortende und erfolgversprechende Maßnahme wäre auf Veränderungen des der Canadian Wheat Board unterlegenen Marktquotensystems bezogen. Wie oben schon erwähnt, werden schwarz-brachliegende Äcker in die Kontingentierung einbezogen, nicht meliorierte jedoch ausgeschlossen. Dies führt verständlicherweise zu fortwährender weiterer 'Melioration' des bisher verschonten Gras-, Wald- und Fennlands. Früher, und eben oft auch heute noch, wurde die Schwarzbrache als unumgänglich für die Unkrautbekämpfung und die Feuchtigkeitsspeicherung angesehen. Zur Unkrautbekämpfung war diese Praxis eigentlich aber wirkungslos, der Auffang der anfallenden Niederschläge nur zu etwa 15 % (z.B. 60 mm von 400) erfolgreich. Angesichts der Tatsachen, daß Schwarzbrache nachweislich durch Steigerung der Erosion und des Aufsteigens von Salz aus dem Untergrund in die Krume auf Dauer die Fruchtbarkeit des Bodens beeinträchtigt, daß noch bestehende Gras-, Wald- und Fennlandbestände als solche aber sowohl im aesthetischen als auch im umweltbezogenen Sinne eine durchaus positive Rolle spielen, scheint es vertretbar und notwendig, eine Veränderung der Berechnungsgrundlage für Marktquoten durch die Canadian Wheat Board vorzuschlagen. Die Marktquotenberechtigung konnte z.B. der Schwarzbrache entzogen und auf Gras-, Wald- und Fennlandbestände übertragen werden. Eine solche Maßnahme dürfte nicht nur schützend auf bisher 'nicht-meliorierte' Ackerbestände einwirken, sondern auch ein breiteres Sortiment in der Fruchtfolge begünstigen. So könnte z.B. der Gras- und Kleeanbau auf in der herkömmlichen Fruchtfolge brachliegenden Feldern die Quotenberechtigung solcher Äcker aufrechterhalten. Unstabile, erosionsträchtige Abdachungen könnten ohne Einbuße des Kontingents permanent mit einer bodenbindenden Pflanzendecke versehen werden.

Aus den vorgebrachten Argumenten ergibt sich, daß die Erhaltung des wirtschaftlichen wie des aesthetischen Potentials durch schlechtangepaßte, auf Steuerlast und Marktchancen bezogene Institutionen, ständig bedroht ist, daß demgegenüber aber schon geringe positive Anreize fördernde Maßnahmen ohne gesteigerten bürokratischen Aufwand zur Folge haben könnten. Wenn die Landwirtschaft West-Kanadas ihrer für das nationale Wohl unentbehrlichen Rolle auch in Zukunft gerecht werden soll, müßte etwas im Sinne der in diesem Beitrag geäußerten Vorschläge unternommen werden.

ZUSAMMENFASSUNG

Administrative Entscheidungen bezüglich der Nutzung natürlicher Ressourcen sind in Kanada häufig geprägt durch traditionsverhaftete, ja häufig anachronistische Konzepte der sie fällenden Institutionen. Kurzfristig faßbare Erfolge werden aufgrund des Erfolgszwanges, der hinter allen institutionellen Entscheidungen steht, einer langfristigen Politik zur Erhaltung des produktiven Potentials vorgezogen. Dieser Beitrag untersucht einige Zusammenhänge zwischen Boden- und Wassernutzungspraktiken, Steuerpolitik und Marktregulierung, die in ihrer gegenwärtigen Form den kurzfristigen Verschleiß der Ressourcen fördern. Die für diese Vorgänge zuständigen Institutionen werden einer kritischen Betrachtung unterzogen. Es werden Mittel und Wege aufgezeigt, wie sich die verschiedenen Institutionen sinnvoller in Fragen der wirtschaftlichen Nutzung bei gleichzeitiger Erhaltung der Ressourcen koordinieren könnten. Zur Erreichung dieses Zieles wäre weder die Veränderung der derzeitigen Eigentumsverhältnisse noch die Aufopferung der gegenwärtigen Produktivität notwendig.

SCHRIFTENVERZEICHNIS

AGRICULTURE CANADA, 1950: Federal Agricultural Marketing and Price Legislation, Canada 1930-1950. Economic Division, Marketing Service. Ottawa

AGRICULTURE CANADA, 1969: Canadian Agriculture in the Seventies. Federal Task Force on Agriculture Report. Ottawa

BEAUBIEN, C. and R. TABACNIK, 1972: "People and Agricultural Land" Perceptions 4. Science Council of Canada.

BODEN, E.A., W.G. WINSLOW and J.L. LEIBRIED, 1970: Report on Delivery Quota System for Western Canadian Grain. Report of the Committee to Review the Delivery Quota System for Western Canadian Grain. Canadian Wheat Board. Winnipeg

1977: Grain Matters - A Letter from the Canadian Wheat Board. June 1977

CANADIAN STATUTESß Agricultural and Rural Development Act (ARDA), 1971.
Canada Water Act, 1970.
Canadian Wheat Board Act, 1972.
Prairie Farm Rehabilitation Act (PFRA), 1935.

CANADIAN WHEAT BOARD, 1977: Seeded and Quota Acreage Statistics. Country Services Division. Ottawa

CHASE, R.D.,1977: "Do Prairie Farmers Lose Under Feed Grains Policy?" The Western Producer. Oct. 20, 1977

CLARK, R.H., 1950: Notes on Red River Floods with particular Reference to the Flood of 1950. Manitoba Mines and Natural Resources. Winnipeg

ENVIRONMENT CANADA, 1976: Surface Water Data. Manitoba 1975. Inland Waters Directorate. Ottawa

GENO, B.J. and L.M. GENO, 1976: "Food Production in the Canadian Environment" Perceptions 3. Science Council of Canada.

JONES, A.R.,1977a: Federal Agricultural Legislation up to 1977. Agriculture Canada, Economics Branch. Publication No. 77/2. Ottawa

JONES, A.R.,1977b: Provincial Agricultural Legislation up to 1977. Western Canada. Agriculture Canada, Economics Branch. Publication No. 77/7 . Ottawa

KIEL, W.H., A.S. HAWKINE and N.G. PERRET, 1972: Waterfowl Habitat Trends in the Aspen Parkland of Manitoba. Canadian Wildlife Service Report Series.

LONG, J.A., 1970: Red River Floods with particular Reference to years 1956, 1966 and 1969. Manitoba Mines, Resources and Environmental Management. Winnipeg.

MANITOBA MINES, RESOURCES AND ENVIRONMENTAL MANAGEMENT, 1976: Watershed Conservation Districts of Manitoba Annual Report, Winnipeg

MANITOBA MUNICIPAL AFFAIRS, : Guide to Symbology Used in Assessment Roles. Land Assessment Division. Winnipeg

MANITOBA STATUTES: Crown Lands Act, 1970
Land Rehabilitation Act, 1955
Municipal Act, 1975
Planning Act, 1975
Resource Conservation Districts Act, 1971

McCALLUM, Bruce: Environmentally Appropriate Technology, 4th edition. Fisheries and Environment Canada, April, 1977

MERRILL, Richard: "Toward a Self-Sustaining Agriculture", The Journal of New Alchemists. 1974?

MENZIES, M.W., J.D. PETERSON and P.E. NICKEL, 1976: Wheat, Politicians and the Great Depression: two memoirs by Clive B. Davison. Natural Resource Institute. Winnipeg

NATIONAL ACADEMY OF SCIENCES, 1975: Agricultural Production Efficiency. Washington, D.C.

1974: Productive Agriculture and a Quality Environment. Washington, D.C.

SPRATT, E.D.; J.D. STRAIN and B.J. GORBY, 1975: "Summerfallow Substitutes for Western Manitoba". Can. J. Plant Sci. 55:477-84.

SCIENCE COUNCIL OF CANADA, REPORT No. 25. July 1976: Population, Technology and Resources. Ottawa
Report No. 12, March 1972. Two Blades of Grass: The Challenge Facing Agriculture. Ottawa

WARD, E.N.,1977: Land Use Programs in Canada: Manitoba. Environment Canada. Lands Directorate. Ottawa

WEBBER, R., 1964: "Soil Physical Properties and Erosion Control" J. Soil and Water Conservation. v.19 (1) : 28-30.

WHITEMUD WATERSHED CONSERVATION DISTRICT, : Soil Conservation Projects Neepawa

1977: "Combatting Soil Salinity" Farm, Light & Power. Nov. 1977, p. 22

1975: "Fallowing - how efficient is it?" Queensland Agricultural Journal. May-June 1975. p.336-37

1953: Report on Investigations into Measures for the Reduction of the Flood Hazard in the Greater Winnipeg Area. Canada Resources and Development

ZITTLAU, W.T.: "A Critique of Modern Agriculture", Manitoba Nature. Summer, 1977

PERSÖNLICHE MITTEILUNGEN

Dr. E.H. STOBBE: University of Manitoba, Faculty of Agriculture, Plant Science.

Dick FELTOE. RM: 137 Legislative Bldg., Policy Advisor to the Minister of Agriculture.

Anschrift des Verfassers:

Prof. Dr. H. Leonhard Sawatzky
Departement of Geography
University of Manitoba
Winnipeg R3 T2 N2
Kanada

REGIONAL DEVELOPMENT IN NORTHERN ONTARIO

Alfred Hecht, Waterloo
Brandon Lander, Waterloo
Brian Lorch, Kingston

Introduction

Spatial variation in economic growth and prosperity has long been characteristic of all political units no matter what their size but it is only in the last half century that such variation has come to be recognized as a problem to be dealt with. With the emergence of this recognition, topics such as regional disparity, regional planning and regional development have acquired more credibility in academic as well as political circles.

Perhaps one of the most dominating general characteristics of the regional development era is the involvement of the public sector. For many governments, especially those in capitalistic states, the decision to intervene in the market to bring about a more equitable spatial distribution of wealth, has been a difficult one. However it has been demonstrated that the private sector cannot on its own mould the distribution that is desired as it is not one of the goals of the profit maximization firm to seek a socially desireable location (MATHIAS, 1971). Some oppose government intervention on the grounds that disparities will automatically be erased in the long run by the market system. LAIRD and RHINEHART (1967) liken this opinion to the often quoted Keynesian comment "we'll all be dead in the long run". They state that if equalization is inevitable then why not intervene now to speed up the equalization process. In effect such governmental policies would be buying time. Alternatively MYRDAL (1957) and FRIEDMANN (1963) have both presented the argument that regional disparities are self perpetuating and will never automatically disappear and therefore it is a government's duty to help the citizens of such deprived regions. Whether one holds either of the above points of view both appear to justify government involvement and the removal of regional economic disparities.

Politicians may also adopt regional development programs in the face of growing social unrest in the poor regions. FRIEDMANN (1963) traces the sources of such unrest to the presence in almost all political units of a centre-periphery colonial relationship in which the less developed outer regions feel they are being exploited by the core area. If left unresolved such social unrest can turn to political defeat of governments or to conflict.

Although acknowledgement of regional economic disparities seems to attain its highest level at the national scale, such concerns at the sub national scale are coming to the forefront (1). In part it is a function of the physical size of the area concerned.

1) SCOLLIE (1973) laments the fact that the "general periodicals (academic) have not taken any interest in regional planning below the federal level." p.12.

In Canada although much of the concern, for example, is with the lag of the Maritime provinces behind the rest of the provinces, nevertheless substantial discontent exists because of inequalities within regions, e.g. Gaspe area within Quebec, interlake area within Manitoba, and the northern area of Ontario. It is the aim of this paper to examine closely the regional disparities which have evolved between northern and southern Ontario in the last fifteen years, and to review the policies and programs which the Ontario government, in part in conjunction with the federal government, has pursued to counter these North/South regional disparity problems. (LORCH,1975.)

Ontario's Regional Disparity Case

Ontario's strong position in the national economic picture (LLOYD and DICKEN, 1972, chapter 10, TODD, 1977) has almost totally excluded the province's association with any discussion of regional economic disparities. In fact Ontario's strong position is somewhat misleading. The highly concentrated development of southern Ontario has had the effect of masking the vast underdeveloped areas in the northern portion of the province. This northern portion defined here as consisting of the northwestern and northeastern (Fig. 1) planning regions of Ontario,comprises some 84.4 per cent of the land area of Ontario (Table 1) with a population base approaching a million people. The southern boundary of this region is the old fur trade route between the Ottawa river and the Great Lakes, three of the Great Lake themselves, and the U.S. border. On the west, north and east this region is bordered by Manitoba, James and Hudson Bay and Quebec. The total land mass consists of some 313,171 square miles of mainly rocks and bogs. The actual land area is nearly eight times that of southern Ontario but has only about one tenth of the population and even less than that fraction of its economic power. In terms of density the figures are even higher, 68 to 1. In comparison to international standards it has more than four times the land area of West Germany yet only 1.3 per cent of its population.

Economic malaise within northern Ontario is attributable to a wide variety of factors. Three such factors, the decline in population, a deteriorating international natural resource market, and a highly specialized and small manufacturing base, have been predominant catalysts for government regional policy motives.

Similar to many other depressed regions in Canada and in the world northern Ontario has experienced a relative decline of population in recent times especially from 1961 to 1976 (Table 2). Whereas in 1961 it had 12.1 per cent of the privince's population by 1976 this had decreased to only 9.9 per cent despite the fact that in absolute terms the population had increased from 751.800 to 805.800. Especially perturbing was the '71 to '76 time period when an overall net loss of one thousand people was observed. Furthermore,projections of Ontario's future population growth to the year 2000 shows that northern Ontario's share is expected to drop from 9.5 per

Planning Regions of Ontario
NORTHWESTERN
ONTARIO
Thunder Bay
NORTHEASTERN
ONTARIO
Sault Ste. Marie
Sudbury
North Bay
EASTERN
ONTARIO
WESTERN
ONTARIO
CENTRAL ONTARIO
Note: Areas not to scale
SOURCE: TEIGA, Ontario's Changing Population, Vol 1, Page 10.

Figure 1

cent of the province's population in 1986 to only 8.1 per cent in the year 2001 (TEIGA (1) Ontario's Changing Population, Direction and Impact on Future Change, 1971-2000, Vol. 1, 1976, p.29). Although the change in population in the north is mainly taking place in the rural and small towns the bigger centres are not completely exempted from this decline. The metropolitan area of Sudbury for instance was only one of two Canadian metropolitan areas which declined in absolute population between 1971 and 1976 (TEIGA, Ontario Population Trends, A Review of Implications, 1976, Table: Canada Population for Census Metropolitan Areas, 1971-76).

Table 1: Land Area Population Density, and Population Dynamics in Northern and Southern Ontario+

	Ontario	Southern Region	Northern Region
Land area (sq. miles)	354 223	41 052	313 171
Population (1976)	8 131 600	7 325 800	805 800
Density	17.6	178.5	2.6
Natural Increase ('61-76)	1 188 000	1 027 000	161 000
Net Migration ('61-76)	707 500	814 500	-107 000

+) Source: TEIGA, Ontario Population Trends: A Review of Implications, 1976, p.6.

Table 2: Population Trends in Northern Ontario, 1961-1976+

Year	Population	Per Cent of Province	Population Change Number	Population Change Per Cent
1961	751 800	12.1	-	-
1966	768 000	11.0	16 300	2.2
1971	806 800	10.5	38 700	5.0
1976	805 800	9.9	-1 000	-0.1

+) Source: TEIGA Ontario Population Trends: A Review of Implications, 1976, p.5.

1) TEIGA - stands for Ministry of Treasury, Economics, and Intergovernmental Affairs. At times the initials TEIGA only are used.

Table 3: Mineral Production in Ontario[+]

	1960 in millions	1970 in millions	1976 in millions	Peak Year
Silver (oz)	11.2	19.9	15.6	1969
Uranium (lbs)	19.8	6.7	8.6	1960
Nickel (lbs)	403	448	466	1976
Copper (lbs)	412	590	571	1971
Iron ore (tons)	5.3	11.8	11.4	1973
Gold (oz)	2.7	1.2	.7	1960

+) Source: TEIGA: Ontario Statistics 1977, Economic Series, Vol. 2, p. 532.

Because of its great wealth of natural resources northern Ontario's economy has traditionally been oriented towards mining and forestry activity. But during the '50s and early '60s the world price of raw materials and with it that of minerals dropped continuously (STERN and TIMS, 1976, p. 14) and correspondingly the wealth of Ontario's north (Table 3). Combined with this decrease in the relative wealth of the minerals there occurred an increased push on mechanization within the mining and forestry industry, the result of which was increased productivity per man hour but an overall decrease in the number of jobs. For Ontario as a whole, if '61 is established as the index year for the number of people employed in the mining including milling industry, we find that the index decreased from 100 in '61 to 95.3 in '76, while for Canada as a whole it increased from 100 to 109.8 (TEIGA, Ontario's Statistics, 1977, Economic Series Vol. 2, p. 348) attesting to the fact that Ontario's mining industry in terms of number of jobs was in trouble (1). During the early '70s the demand for minerals had however increased for the world as a whole which resulted in 500 new mining jobs in the northwestern Ontario region between 1971 and 1974. (McKEOUGH, 1978, p. 50). The above figure however misrepresents the overall decline during the 1960's and 1970's. In fact 1973 seems to be the peak

1) Using only the 10 northern districts which make up the two Northern Ontario planning regions, we find that the number of employees decreased from 36 050 in census year 1961 to 16 610 in 1971; More than a 50 per cent reduction. Census of Canada 1961, Catalog 94-522, Table 8 and 1971, Catalog 94-718, Table 38.

export year of crude materials from Ontario, most of which came from northern Ontario and a steady decline even in absolute terms has been registered from that time until 1976 (TEIGA, Ontario Statistics, 1977, Economic Series, Vol. 2, p. 58) with even a greater rapid decline in more recent times (1). That no stop is in sight for this decline in employment in the mining industry in northern Ontario can be seen in TEIGA's A Long Range Projection of Ontario's Industrial Development Pattern, in which they state that between '75 and '80 it is expected to decrease .6 per cent per year. This despite the fact that output is expected to increase by 3 per cent per year until 1980. That the picture is rather bleak in terms of employment can also be seen by the fact that between '75 and '80 the TEIGA ministry expects only seven new mines to come into production, and only three more between '80 and '95 (TEIGA, A Long Term Projection of Ontario's Industrial Development Pattern, 1976, p. 7). But for the same time period they expect some 25 mines now in operation to close as their reserves are depleted (2).

The second major resource oriented industry in the north is the pulp and paper industry. In this industry a similar trend has been found, to that in the mining industry, that is, mechanization is increasing and consequently the number of jobs is stagnant or decreasing while total output is increasing. At present the cost of creating a new job in this sector is estimated to be now in the order of $200,000 (McKEOUGH, 1978, p. 24).

One of the main aims of the Ontario government in northern Ontario is to create manufacturing jobs (3), jobs that would not be season oriented nor susceptible to the vagrancy of the international communities' demand for raw materials. The creation of such jobs through the private sector or the government sector has been far less in the '60s and '70s than in the southern section of Ontario and consequently has led to this present regional disparity in which northern Ontario finds itself vis-a-vis

1) Witness the recent lay-off in the mining industry in Sudbury (FERANTE, 1977) and the present strike by workers at the International Nickel Company in Sudbury with no agreement in sight (GLOBE and MAIL, Sept. 19, 1978, p. B4).

2) In January of 1978, Mr. McKEOUGH summed the situation up as follows, "If mining exploration and development are to continue in northwestern Ontario there must be a drastic reversal of the investment climate in Canada as well as continuing updating of the data base, new scientific knowledge and application of exploration technique", Northwestern Ontario Strategy for Development, 1978, p. 50.

3) In most reports/plans/designs for development of the government it is hoped one might say even prayed that these jobs be based upon the raw material resources produced in the north. No evidence however exists of the realization of such desire.

Table 4: Regional Per Cent Shares of Manufacturing Employment Expansion

Northern Ont.	.798	2.940	5.104	-12.785	10.819	-2.257	1.772
Kenora	- .191	.148	.156	- 1.428	- .969	- .696	.237 (Kenora and Rainy River combined)
Rainy River	- .081	.055	.069	- .588	- .393	.618	
Thunder Bay	1.024	.595	1.620	- 5.873	- 3.133	-4.346	1.058
Cochrane	- .451	.640	.361	- 1.848	1.995	.135	2.144
Algoma	1.377	1.573	1.024	- 2.077	2.304	-1.707	- .120
Sudbury	-1.921	- .788	1.536	- .031	13.276	-5.531	-2.581
Timiskaming	- .188	.260	.166	- .718	.450	-1.095	.602
Nipissing	1.750	.438	.029	- .817	.548	.348	.326
Parry Sound	- .431	.040	.149	.580	- 3.147	1.319	.101
Manitoulin	- .090	- .021	- .006	.015	- .112	.006	.005
Southern Ont.	99.202	97.060	94.896	- 87.215	-110.819	102.257	98.228
All Ontario	100	100	100	-100.00	-100.00	100	100

+) Source: Calculated from Statistics Canada Annual Census of Manufactures. Ottawa 1960-1971 and TEIGA, Ontario Statistics 1977, Vol. 2, Economic Series. p. 587 data.

the south. The growth of northern Ontario's share of the growth of manufacturing jobs in Ontario is portrayed in Table 4, for every two year time period between '60 and '74. One has to remember that over this time period its population share declined from about 12 per cent down to 10 per cent. The Table however shows a far worsening situation for northern Ontario. For the '60 - '62 period the north received less than 1 per cent of the growth of manufacturing employment, between '62 and '64 less than 3 per cent, and between '64 and '66 about 5 per cent. In the '66 - '68 period an overall decline in manufacturing jobs occurred and the north again received a disproportionate share of this decline, nearly 13 per cent. Only in 1968-70 did the north experience a better growth than the south. While the south still had a decline in manufacturing employment, the north registered a 10.8 per cent increase. By 1970-72 however, the old trend had reestablished with a vengence. The north had a drop of 2.25 per cent of the net overall increase. In '72 - '74 the latest time period available, the North received only 1.77 per cent of the total increase in manufacturing.

The picture therefore from the manufacturing sector is clear. At no time, except in the '68 - '70 period, did the north get anywhere near its fair share in the increase in manufacturing employment. It experienced a relative decline in the importance of this sector vis-a-vis the South throughout this time period and hence the ever increasing concern about the regional disparity in the north compared to the south.

To the above mentioned problems which the north faces one can add other further problems which most resource oriented regions face. The problem of one industry settlements; the problem of a non diversified industrial base resulting in high unemployment among the women (McKEOUGH, 1978, p. 44) and the unskilled. The seasonal nature of employment in the fishery, forestry and trapping sectors of the economy all contribute to a volatile socio economic situation. In some communities in northern Ontario we have added to this the race problem between native Indians and white Ontarians. Since many native Indians live on the reserves and, because of social conditions, do not have the same opportunity to migrate as do the rest, a social/political explosive situation develops.

Regional Development Programs and Efforts of Ontario

Above paragraphs have illustrated somewhat the conditions that have developed in northern Ontario which have called for some governmental action. Efforts in this regard have been made both by the provincial and the federal government; and in some cases by the two in conjunction.

SCOLLIE (1973) traces Ontario's regional development efforts back to the early 1940's when the Canadian Manufacturers Association had prepared an industrial plan for Ontario in consultation with the Dominion Bureau of Statistics. In 1944 the Ontario Department of Planning and Development established 19 economic regions in the province. In 1955 these 19 regions were collapsed into 10 new economic planning regions. With the establishment of these 10 economic regions, formal regional development planning in Ontario was initiated.

At the beginning of the '60's however the situation in northern Ontario as well as eastern Ontario had deteriorated to the extent that government was forced to take action (1). As a result in 1966 the much heralded Phase One of *Design for Development* was unveiled by then Premier Robarts. Part of the objective of this *Design for Development* was a "smoothing out of conspicuous regional and economic inequalities" (p. 6), but even within this initial report which was in part a response to the developing regional disparities within Ontario, another statement points out the fact that the provincial government never had made this its exclusive objective. The statement for instance is made that "regional development will be contained within the broader spectrum of provincial development" (p. 22) and as a result the objective of doing something about regional disparity was subjected to an overall concern of economic development in the province as a whole. This dichotomy of never specifically supporting regional development in the problem regions of Ontario has been retained through all the updated programs of regional development in Ontario which have been proposed since 1966. *Design for Development: Phase Two (1968)* and *Design for Development: Phase Three (1972)* still retained the overall objective, that of looking after the overall well being of the Ontario population as a whole first and secondly after regions that might be in trouble (2).

In 1966 at the time when the *Design for Development: Phase One* was put forward as a White Paper, the Ontario government also created the Ontario Development Corporation (ODC) which had as its main function to increase economic development in Ontario, especially in the manufacturing sector. Subsequently the Northern Ontario Development Corporation (NODC) and Eastern Ontario Development Corporation (EODC), subsidiaries of the ODC, have been established which have been given the specific task of trying to attract industry to northern Ontario and to eastern Ontario.

---

1) In 1965 two major conferences dealing with regional development were held; one sponsored on Feb. 15-17 by the Provincial Government and called "Regional Development and Economic Change" and the other by Queen's University on "Areas of Economic Stress in Canada".

2) Even in the latest paper by W. DARCY McKEOUGH in January of 1978 entitled *Northwestern Ontario a Strategy for Development* no indication is given of a preferential treatment of this region in comparison to any other of the planning regions of Ontario.

That the *Design for Development* programs were not sufficient to counter the worsening trend of socio economic conditions in northern Ontario and elsewhere in the province, can be seen by the fact that the provincial government finally established in 1973 five economic planning regions in Ontario from the ten economic regions, the belief being that they would have economies of scale associated with them (DAVIS, 1972, p. 2).

Despite these efforts regional development was still lagging especially in the two northern planning regions. To facilitate the rapid implementation of greatly needed socio-economic development projects, the Ontario government established in 1973 *Regional Priority Budgets*. These funds were set aside to be used in the depressed regions of the province and were above the standard budgetary allowances established by the different ministries (1). By 1977 the cumulative budgets had reached 93 million dollars, part of which however had come from the federal government. Of these 93 million dollars, northern Ontario had received some 81 per cent of the expenditures.

But probably the most telling indication that regional development programs and structures of the Ontario government had not worked, was the establishment by the Ontario government of a Ministry of Northern Affairs in 1977 (McKEOUGH, 1978, p. 8). The task of this ministry is to coordinate all Ontario government programs in the north, in addition to a number of its own functions.

In 1972 Tindal summed up the Ontario regional development program as follows; "Ontario's regional development program continues to be characterized by extensive administrative changes and virtually no specific regional policies", (p. 121) to which one might add no specific commitment to removing regional disparity.

Federal Government Involvement in Regional Development

Various opinions exist as to the incubation period of federal regional development efforts. GERTLER (1972) has suggested the 1930's, while PERRY (1974) points to the early conservation movement at about the same time. However, at the time little attention seems to have been given to regional economic development. World War II was seen as another turning point (JEWITT, 1968, p. 339). With the recommendation from the Cairncross report in 1961 that the federal government assume responsibility for Canadian regional development (GERTLER, 1972, p. 14) it was this decade that witnessed the creation of a number of federal programs which specifically influenced Ontario's regional development.

---

1) In part these also had been established to give the Ontario Government greater flexibility to react to any efforts by the Federal Government in its regional development programs in Northern Ontario. (W. Darcy McKEOUGH, Northwestern Ontario, *A Strategy for Development*, 1978, p. 19).

In the 1960's, a multitude of programs appeared under the auspices of a variety of government departments (1).

However, by the end of the decade, this multiplicity of programs was perceived as a drawback in itself. In 1969, the Department of Regional Economic Expansion (DREE) was launched. DREE consolidated many of the pre 1969 efforts, placing emphasis on the provision of industrial incentives to private firms and infrastructure for lagging municipalities and regions. The creation of DREE "marked the beginning of the present phase of federal regional policy in Canada" (FRANCIS, 1974, p. 193).

In the next few pages a closer examination is made of the monies spent to alleviate regional disparity in Northern Ontario to see if a more positive picture of Ontario and Federal governments' efforts in regional development can be gotten than from the administrative and policy statement of the Ontario government alone.

Federal and Provincial Efforts in Northern Development

Recognition of development problems in the northern portion of Ontario has resulted in government action. That such initiative has come from both the provincial government of Ontario and the federal government of Canada may well be an indication of an aged constitution rather than any true degree of intergovernmental co-operation (2). The provincial government of Ontario has acted through the Ontario Development Corporation (ODC) and its "subsidiaries" the Eastern Ontario Development Corporation (EODC) and the Northern Ontario Development Corporation (NODC). This financial program which was started in 1962 has evolved from a loan program to a 'forgiveable' loan program and has recently returned full circle to the loan format (3).

---

1) Examples include: ARDA (Agricultural Rural Development Act), ADB (Atlantic Development Board), ADA (Area Development Agency), and FRED (Fund for Rural Economic Development). For a review see WALKER, D. (1975) "Government Influence on Manufacturing Location: Canadian Experience with Special Reference to the Atlantic Provinces." *Regional Studies*; Vol. 9, pp. 203-217.

2) Despite modification through amendments to the British North America Act of 1867 certain areas of jurisdiction continue to be disputed.

3) It is interesting to note that the Design for Development program, which concerns itself with controlled development throughout the province as a whole, falls under the jurisdiction of TEIGA. The Development Corporations which are a direct fiscal tool for development and which operate throughout the province as well, are governed by Ontario's Ministry of Industry. One can also observe that as far as Northern Ontario is concerned there has been a third government body found, the Ministry of Northern Affairs.

Several months later in 1963, following the lead of Ontario, the federal government began its nation-wide attack on regional disparities through the area Development Act (ADA) which was later modified to become the Area Development Incentives Act (ADIA) and is now entitled the Regional Development Incentive Act (RDIA) under the auspices of the Department of Regional Economic Expansion (DREE) (1). Through RDIA the government of Canada grants funds to promote development in certain regions of Canada (2). Presently federal action in Ontario is restricted to its northern reaches. Despite variations there is one characteristic of the programs of the two governments which is shared. It is the reliance on private initiative. In both cases an application from a firm or individual must be made to the appropriate government office before loan or grant consideration for an undertaking is made. This characteristic is probably primarily responsible for another shared feature of the two programs - their lack of consistancy in development financing on both a geographic and temporal scale. An analysis of development aid in northern Ontario between 1970-77 shows great fluctuations in government spending (Fig. 2). For example RDIA grants in Algoma district ranged from a high of $12 million in 1972-73 to a low of just over $62,000 in 1975-76. In a similar fashion NODC loans in Kenora district ranged from over $7 million in 1973-74 to less than $300,000 in 1971-72. No particular pattern seems to emerge. Variations exist in the amounts spent both between regions and over time. There seems to be no paralleled action between the two levels of government. One would expect a more uniform and consistant effort as opposed to the erratic shot in the arm approach. The impact of such variations on the attitudes of entrepreneurs must also be recognized as having detrimental effects on their own investment in the region.

One also notes what may appear to be variations in the regional priorities of the federal and provincial governments. Table 5 points this out. This chart ranks the districts of Northern Ontario not simply by the dollars spent under each program but by the dollars spent per square mile for each district. This allows for more accurate comparison by eliminating both absolute intergovernmental spending differences and distortions created by a wide variation in district size. While one level of government apparently sees a degree of potential for development in one district the other level may see little potential.

---

1) Although the federal program was nation-wide in scope it was applied only to certain designated areas which demonstrated a need for development. The Ontario program on the other hand bore no mention of the term 'regional' with respect to development. As such, it has remained active throughout the whole province.

2) A guaranteed loan program also exists under the RDIA but has been utilized to only a very limited degree in Ontario where it has been applied to the development of the tourist industry. One should also note that RDIA is but one of a number of regional development programs run by the federal government under the auspices of DREE.

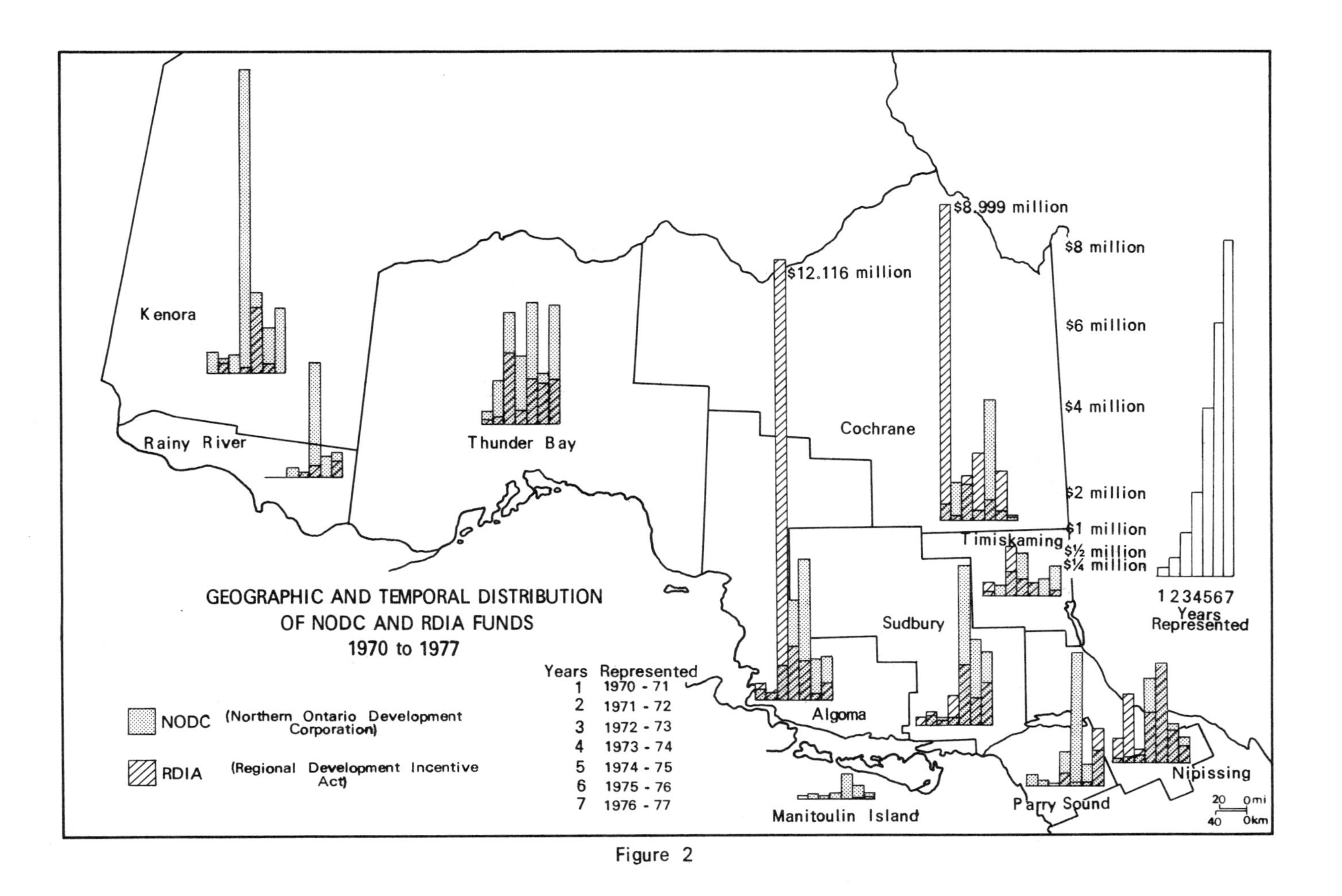
GEOGRAPHIC AND TEMPORAL DISTRIBUTION
OF NODC AND RDIA FUNDS
1970 to 1977
NODC (Northern Ontario Development Corporation)
RDIA (Regional Development Incentive Act)
Years Represented
1 1970 - 71
2 1971 - 72
3 1972 - 73
4 1973 - 74
5 1974 - 75
6 1975 - 76
7 1976 - 77
Kenora
Rainy River
Thunder Bay
Cochrane
Algoma
Sudbury
Timiskaming
Manitoulin Island
Parry Sound
Nipissing
$12.116 million
$8.999 million
$8 million
$6 million
$4 million
$2 million
$1 million
$½ million
$¼ million
1 2 3 4 5 6 7
Years Represented
20 0 mi
40 0 km

Figure 2

Table 5: Districts of Northern Ontario Ranked According to Development Incentive Density ($ /sq.mi.)

	RDIA	NODC
Nipissing	1	2
Algoma	2	8
Parry Sound	3	1
Timiskaming	4	6
Cochrane	5	9
Sudbury	6	7
Thunder Bay	7	5
Rainy River	8	4
Manitoulin	9	3
Kenora	10	10

Source: Calculated from the following: Department of Regional Economic Expansion, Reports on Regional Development Incentives, 1970-1977. Ottawa. And Ontario Development Corporation, The Development Corporations Schedule of Loans and Guarantees Approved, 1970-1977. Toronto.

The urban orientation of the two programs was also compared for the Northern Ontario Development Corporation and Canada's Regional Development Incentives Act. Spending under the two programs was correlated with the size of the urban place where the receiving firm or individual was situated. A statistically significant value at the .01 level of confidence was obtained in both cases. Thus it would appear that between 1970-71 and 1976-77 funds from both governments were allocated to firms or individuals in proportion to the size of the urban place in which they were situated. The .935 coefficient of the NODC shows an almost perfect correlation in this respect. Since Ontario had until recently a growth centre or growth area policy approach such a high value is not surprising. Also significant but not nearly so dramatic is the .613 coefficient found in the case of RDIA.

Perhaps most relevant to this paper are the findings regarding the actual distribution of economic development funds by industrial sectors. Sectors were defined according to the basic 20 Standard two digit Industrial Classification of Statistics Canada. Two additions to this list were necessary: Service Industries and Tourism. Using these sectoral categories the funds from the two governmental sources were compared in each district as well as for Northern Ontario as a whole. Figures for the entire 1970-71 to 1976-77 study period were used. In most cases insufficient data precluded a sectoral analysis on an annual basis. Results for northern Ontario as a whole appear in table 6.

Table 6: Sectoral Distribution of RDIA and NODC Funds in Northern Ontario, 1970-71 to 1976-77

SIC Code		$NODC Funds	Per Cent	$RDIA Funds	Per Cent
1	Food and Beverage	1 540 508	2.28	787 406	1.56
2	Tobacco Products	-	-	-	-
3	Rubber and Plastic Products	1 078 388	1.60	628 300	1.24
4	Leather Industries	-	-	22 000	.04
5	Textile Industries	100 000	.15	891 690	1.76
6	Knitting Mills	-	-	-	-
7	Clothing Industries	-	-	1 215 038	2.40
8	Wood Industries	10 931 660	16.19	13 509 720	26.72
9	Furniture and Fixtures	2 694 300	3.99	1 216 507	2.41
10	Paper and Allied Industries	99 000	.15	1 166 495	2.31
11	Printing, Publishing and Allied Industries	789 814	1.17	272 568	.54
12	Primary Metal Industries	1 600 119	2.37	14 124 324	27.94
13	Metal Fabricating Industries	6 803 312	10.07	9 439 676	18.67
14	Machinery Industries	1 089 945	1.61	1 832 953	3.63
15	Transportation Equipment	2 547 322	3.77	1 107 333	2.19
16	Electrical Products	1 010 875	1.50	281 363	.56
17	Non-Metalic Mineral Products	2 236 189	3.31	1 649 936	3.26
18	Petroleum and Coal Products	-	-	-	-
19	Chemical Products	412 392	.61	2 835 733	5.61
20	Miscellaneous Manufacturing	858 387	1.27	97 002	.19
21	Service Industries	5 619 013	8.32	120 666	.24
22	Tourism	29 305 321	43.40	333 500	.66
	TOTAL	67 529 321	100	50 561 161	100

Source: Calculated from the following: Department of Regional Economic Expansion, Reports on Regional Development Incentives, 1970-1977. Ottawa. And Ontario Development Corporation, The Development Corporations Schedule of Loans and Guarantees Approved, 1970-1977. Toronto.

One notes both similarities and differences in the sectoral emphases of the programs. Both the federal and provincial authorities lend substantial sums to the Wood Industries and Metal Fabricating Industries. On the other hand there are differences which are equally significant. For the NODC, Tourism was the most actively supported sector receiving over 40 per cent of funds disbursed. The comparable figure for the federal RDIA program was less than 1 per cent. A similar situation exists in the case of Service Industries. Again the provincial agency is far more active. However the roles are reversed in the case of Primary Metal Industries, and Metal Fabricating Industries where the federal government support is greater. This state parallels that of Chemical Products and Clothing Industries. When the RDIA and NODC funds for all the sectors were correlated to observe the degree to which they funded the same sector, an r-value of .216 was obtained. This value is not statistically significant, indicating that no strong joint action or for that matter conscious non-duplication exists between the two Governments. A positive significant 'r' value would have indicated duplication or 'killing one bird with two stones'. The two governments would thus be demonstrating a similarity in sectoral priorities. A strong negative correlation would illustrate a situation where one level of government compensates for the other's lack of investment. In the case at hand where an insignificant 'r' value was obtained there appears to be no relationship between the two governments' actions with regard to sector concentration.

Table 7: Sectoral Comparison of the NODC and RDIA Funding by District

	r - value
Timiskaming	.851 ++
Nipissing	.412 +
Sudbury	.290
Cochrane	.242
Thunder Bay	.072
Algoma	.071
Parry Sound	.063
Kenora	.041
Manitoulin	N/A
Rainy River	N/A

Source: Calculated from the following: Department of Regional Economic Expansion, Reports on Regional Development Incentives, 1970-1977. Ottawa. And Ontario Development Corporation, The Development Corporations Schedule of Loans and Guarantees Approved, 1970-1977. Toronto.

+) Statistically significant at .05 level of confidence

++) Statistically significant at .01 level of confidence

A similar exercise was undertaken for the same financial support for the economic sectors but on a district basis. The results appear in Table 7. The statistical insignificance of most of the values would again indicate a considerable degree of variation in the sectoral emphasis of the federal and provincial governments. Thus, in a manner similar to the analysis for the northern part of the province as a whole, there seems to be little similarity in the two governments' sectoral priorities.

Some further thoughts

The logical question flowing out of this analysis is how efficient can a system be where two levels of government operate on varying priorities. Undoubtedly a more concerted co-ordinated and uniform effort would lead to a more efficient and effective use of government regional development funds. A re-alignment of priorities with regard to the geographical, temporal and sectoral distribution of funds both within and between the two governments is obviously necessary.

Yet it would be fair to assume that even with a highly co-ordinated effort on the part of the province and the federal government, the prospects for industrial diversification in northern Ontario are slim as long as the economic prosperity of the province as a whole is given top priority. On the one hand, a significant spatial deconcentration of Ontario's manufacturing base would offer significant benefit to the north. On the other hand though, any de-concentration whether enforced through firm relocation or restrictions on new locations, would be stymied by the Ontario first principle.

In conclusion, this paper has attempted to illustrate some peculiar inconsistencies in the actions of two levels of government in delivering regional programs to northern Ontario. In the final analysis however it must be recognized that the problem confronting the north is much more than an administrative one; it is one of political priorities.

SELECTIVE BIBLIOGRAPHY

BREWIS, T.N.: Regional Economic Policies in Canada. Toronto: Macmillan Co.1969.

DALLIMORE, D.C.: "DREE's Approach to Regional Development in Ontario". Paper presented at the Ontario Division of the Canadian Association of Geographers, Wilfrid Laurier University, Jan. 22., 1977.

DAVIS, W.G. and W. DARCY McKEOUGH: Design for Development: Phase Three. Toronto, June 16 and June 19, 1972.

Dominion Bureau of Statistics. Annual Census of Manufacturers, Ottawa 1960-1971.

Dominion Bureau of Statistics. Census of Canada, 1961, Catalog 94-522 and 1971 Catalog 74-718.

FERRANTE, A.: "The Expendable Canadians", Macleans Nov. 14, 1977, 74-76.

FRANCIS, J.P.: "Regional Development Policies" in: Regional Economic Development by O.J. Firestone (ed.) Ottawa: University of Ottawa Press, 1974, pp. 189-204.

FRIEDMANN, J.: "Regional Economic Policy for Developing Areas". Papers and Proceedings of the Regional Science Association. Vol. 11 (1963), 41-61.

GERTLER, L.O.: Regional Planning in Canada: A Planner's Testament, Montreal: Harvest House, 1972.

GLOBE and MAIL, Sept. 19, 1978, p. B4.

HECHT, A. and B. LORCH: "Regional Growth Rate Relationships in Manufacturing Employment". In: XXIII International Geographical Congress. Regional Geography, Section 8, Moscow 1976, 125-129.

JEWETT, P.: "Political and Administrative Aspects of Policy Formation", in: Canadian Economic Policy by T.N. Brewis et al. (eds.) Toronto: The Macmillan Co. of Canada Ltd., 1968.

LAIRD, W.E. and J. RINEHART: "Neglected Aspects of the Industrial Subsidy". Land Economics Vol. 43 (1967), 25-31.

LLOYD, P.E. and P. DICKEN: Location in Space: A Theoretical Approach to Economic Geography. New York: Harper and Row, 1972.

LORCH, B.: "An Inter-regional Analysis of the Growth Rate of Manufacturing Employment in the Province of Ontario, 1960-1972", unpublished M.A. Thesis, Department of Geography, Wilfrid Laurier University, 1975.

MATHIAS, P.: Forced Growth. Toronto: James Lewis and Samuel, 1971.

The Honourable W. Darcy McKeough, Treasurer of Ontario. Northwestern Ontario a Strategy for Development. 1978.

Ministry of Treasury, Economics and Intergovernmental Affairs. Design for Development Ontario's Future: Trends and Options. 1976.

Ministry of Treasury, Economics and Intergovernmental Affairs. Design for Development Northeastern Ontario: A Proposed Planning and Development Strategy, 1976.

Ministry of Treasury, Economics and Intergovernmental Affairs. A Long Term Projection of Ontario's Industrial Development Pattern, 1976.

Ministry of Treasury, Economics and Intergovernmental Affairs. Ontario Statistics 1977 Economic Series Vol. 2, 1977.

Ministry of Treasury, Economics and Intergovernmental Affairs. Ontario's Changing Population, Vol. 1 and 2 Directions and Impact of Future Change. 1971-2001. 1976.

Ministry of Treasury, Economics and Intergovernmental Affairs. Ontario Population Trends: A Review of Implications. December 1976.

MYRDALL, G.: Economic Theory and Underdeveloped Regions. London: Methuen Co. Ltd. 1957.

PERRY, J.: The Inventory of Regional Planning Administration in Canada. Intergovernmental Committee on Urban and Regional Research Ontario Ministry of Treasury, Economics and Intergovernmental Affairs, 1974.

ROBARTS, J. and W. DARCY McKEOUGH: Design for Development: Phase Two. Toronto, Nov. 28 and Dec. 2, 1968.

ROBARTS, J.: Design for Development. Toronto, April 5, 1966.

SCOLLIE, F.B.: "Regional Planning in Ontario". Ontario Library Review March 1973, 5-14.

STERN, E. and W. TIMS: "The Relative Bargaining Strengths of the Developing Countries" in: R.G. Ridker (ed.). Changing Resource Problems of the Fourth World. Washington, D.C. Resources for the Future, 1976, 6-50.

SULLIVAN, G.V.: "New Directions in Regional Development in Ontario". Paper presented at the Annual Meeting of the Ontario Division of the Canadian Association of Geographers, Wilfrid Laurier University, Jan. 22, 1977.

TINDAL, C.R.: "Regional Development in Ontario". Canadian Public Administration. Vol. 16, 1973, 110-123.

TODD, D.: "Regional Intervention in Canada and the Evolution of Growth Centers Strategies". Growth and Change, Vol. 8, 1977, 29-34.

TUDOR, D.: Regional Development and Regional Government in Ontario. Monticello, Ill., Council of Planning Librarians, 1970 (Exchange bibliography, # 157).

WALKER, D.: "Government Influence on Manufacturing Location: Canadian Experience with Special Reference to the Atlantic Provinces", Regional Studies, Vol. 9 (1975), pp. 203-217.

Anschrift der Verfasser :

Prof. Dr. Alfred Hecht
Wilfrid Laurier University
Waterloo, Ontario
Canada N2L 3C5

Mr. Brandon Lander
Wilfrid Laurier University
Waterloo, Ontario
Canada N2L 3C5

Mr. Brian Lorch
Queen's University
Kingston, Ontario
Canada K1L 3N6

STRUKTUR- UND KULTURLANDSCHAFTSWANDEL IN DER GASPÉSIE (QUÉBEC) - PROBLEME DER NEUORDNUNG EINES PERIPHERRAUMES

Frank Norbert Nagel, Hamburg

ABGRENZUNG UND NATÜRLICHE VORAUSSETZUNGEN DER UNTERSUCHUNGS-REGION

Die Region Gaspésie liegt zwischen dem 48. und 49. Breitengrad an der Ostküste Canadas in der Provinz Québec. Eine Halbinsellage (im N die Mündung des St. Lorenz-Stromes, im S die "Baie des Chaleurs"), dazu verschiedene politische Grenzen (im SW das anglophone New Brunswick und der US-Staat Maine), stellen Ungunstfaktoren für die Region dar. Die Entfernung zwischen der an der Ostspitze der Halbinsel gelegenen Kleinstadt Gaspé (17 000 Es.) und der Regionalmetropole Québec beträgt der Landweg rd. 700 km. Durch den Gebirgscharakter des Landesinneren und des Ostteils der Region sind das Wegenetz und eine Besiedlung nur in Küstennähe relativ dicht, sonst aber ausgesprochen dünn, was sich teils ungünstig auf die Versorgung mit Gütern und Dienstleistungen auswirkt.

Im Zentrum der Gaspésie liegt der Mont Jacques Cartier (1), der mit 1 260 m die höchste Erhebung des besiedelten Québec darstellt. Er gehört zur Gebirgskette der Chic-Chocs, letzte Ausläufer der Appalachen, die im Osten der Halbinsel in tektonisch bedingten Steilküsten abrupt im Meer enden. Die Gebirgsregion erhält Niederschläge von 1 600 mm und mehr, die überwiegend als Schnee fallen und Schneedecken bis über 7 m bilden. Die Baumgrenze liegt schon bei etwa 900 m, und erst unterhalb von 500 m gibt es eine für die Landschaft notwendige frostfreie Periode von vier Monaten.

Diese klimatische Situation, die - im Vergleich zu Europa - eine Breitenlage von 60°N widerspiegelt, führte in Verbindung mit kargen Böden und nur schmalen agrarisch nutzbaren Küstenstreifen dazu, daß Fischfang, später Forstwirtschaft gegenüber der Landwirtschaft in der Gaspésie eine dominierende Rolle einnahmen.

In Richtung Westen, den St. Lorenz-Strom aufwärts, kehrt sich dieses Verhältnis allmählich um. Die mit marinen Sedimenten bedeckten Landhebungsterrassen werden breiter, die Landwirtschaft intensiver, das Gebirgsmassiv der Appalachen biegt schließlich nach S hin um. Wo endet hier nun die Gaspésie?

---

1) Cartier landete im 16. Jh. auf seiner ersten Entdeckungsreise in der Bucht von Gaspé, womit der Anspruch des Königs von Frankreich auf Canada begründet wurde.

Nach BLANCHARD (1935) endet die Region nach W hin im N-S verlaufenden Quertal von Matapédia. Dieses Tal stellt in der Tat morphologisch wie verkehrsgeographisch eine Zäsur dar, die eine Landschaftseinheit begrenzt. Dennoch besitzt BLANCHARDs Definition wohl keine Allgemeingültigkeit, da politisch-administrative Grenzziehungen die Gaspésie größer und nach W hin ausgedehnter definieren. Hinzu kommt, daß "Gaspésie", zumindest für die Einwohner von Québec und Montréal so etwas wie ein Synonym für "Bout du monde" bedeutet. Dieses "Ende der Welt" beginnt irgendwo östlich der Stadt Québec. Und so kann man dementsprechend von Québec bis hin nach Sainte-Anne-des-Monts (einer Distanz von über 400 km!) "nie ganz sicher sein, ob man sich schon in der Gaspésie befindet oder nicht" (nach RASTOUL/ROSS 1978, S. 20).

Administrativ gesehen bildet die Gaspésie zusammen mit der sich westlich anschließenden Region "Bas-St.-Laurent" und den Atlantikinseln "Îles-de-la Madeleine" die Region 01 der Provinz Québec: "Est du Québec". Gaspésie und Bas-St.-Laurent sind offiziell nicht gegeneinander abgegrenzt, bilden jedoch geographisch verschiedene Einheiten. Inoffiziell gehören zur Gaspésie die Countys ("Comtés"): Gaspé-Est, Gaspé-Ouest, Bonaventure, Matane und Matapédia, zu Bas-St.-Laurent die Countys: Rimouski, Rivière-du-Loup, Témiscouata, Kamouraska. Dieses ist die Erstreckung der Region 01 nach Zählbezirken ("Région de recensement"), während die Verwaltungsregion 01 ("Région administrative") eine geringere Ausdehnung hat (vgl. Karte 1).

In diesem Beitrag wird, nicht zuletzt aufgrund des statistischen Ausgangsmaterials, die Region "Bas-St.-Laurent/Gaspésie" im Ganzen behandelt. Im Titel sei aber bewußt nur von "Gaspésie" gesprochen, da sich besonders an dieser Teilregion Gaspésie die Problematik der geographischen Abseitslage verdeutlicht.

WIRTSCHAFTSSTRUKTUR UND BEVÖLKERUNGSBEWEGUNGEN

Fischereiwesen

Der Fischfang spielte ursprünglich an der gesamten Küste der Gaspésie und des St.-Lorenz-Stromes eine bedeutende Rolle. Er war einerseits in einer ganz auf Selbstversorgung eingestellten Gesellschaft lebensnotwendig und verlängerte zum anderen die "Saison", da Fischfang auch in der kalten Jahreszeit betrieben werden kann, wenn Ackerbau nicht möglich ist.

Mit der Intensivierung der Forstwirtschaft seit Mitte des 19. Jhs., insbesondere aber in jüngster Zeit, hat dieser Wirtschaftszweig die Rolle der Fischerei übernommen, indem viele Landwirte mit Klein- und Mittelbetrieben im Frühjahr und Herbst in der Forstwirtschaft arbeiten.

Karte 1:

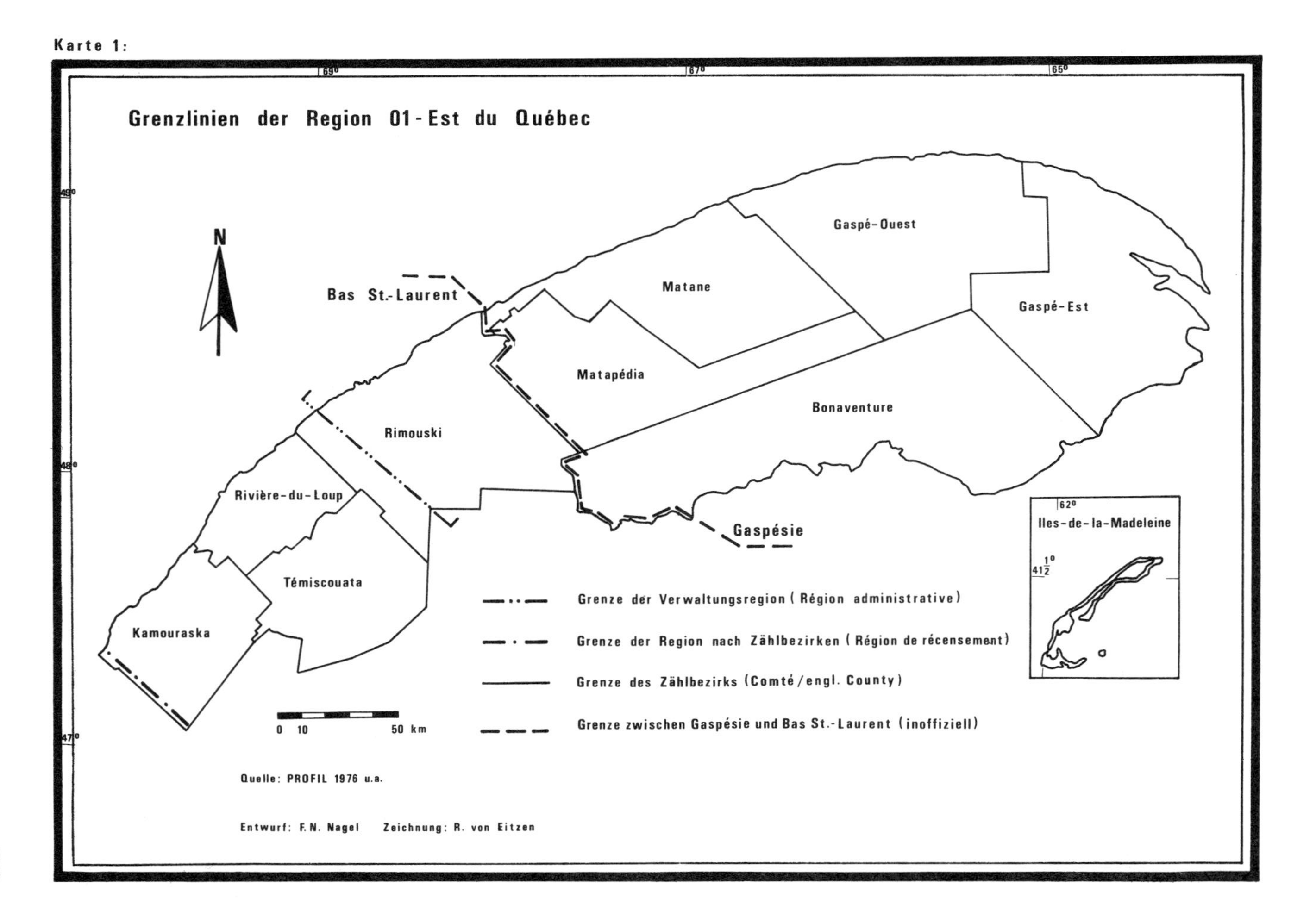
Grenzlinien der Region 01 - Est du Québec
69°
67°
65°
49°
48°
47°
N
Bas St.-Laurent
Gaspé-Ouest
Gaspé-Est
Matane
Matapédia
Bonaventure
Rimouski
Rivière-du-Loup
Témiscouata
Kamouraska
Gaspésie
Iles-de-la-Madeleine
62°
Grenze der Verwaltungsregion (Région administrative)
Grenze der Region nach Zählbezirken (Région de récensement)
Grenze des Zählbezirks (Comté / engl. County)
Grenze zwischen Gaspésie und Bas St.-Laurent (inoffiziell)
0 10 50 km
Quelle: PROFIL 1976 u.a.
Entwurf: F.N. Nagel Zeichnung: R. von Eitzen

Zum Rückgang der Fischerei tragen viele Faktoren bei, wie Überalterung der Schiffsausrüstung, der gesamten Flotte und vor allem der meist aus Holz errichteten Hafenanlagen. Eine Erweiterung der Häfen, insbesondere an den Flachküsten des St.-Lorenz, wäre also unbedingt erforderlich, zumal die Schiffseinheiten im Laufe der Zeit mehr Tiefgang bekommen haben und sich die anhaltende postglaziale Landhebung möglicherweise lokal als Ungunstfaktor auswirken konnte. Auch Überfischung, Ausbleiben von Fischschwärmen und die Verschmutzung des St.-Lorenz-Stromes trugen zum stetigen Rückgang des Fischereiwesens in der Region bei.

Durch diesen Prozeß der Passivsanierung, der schließlich von punktuell gezielten Investitionsmaßnahmen begleitet wurde, hat nunmehr eine Konzentration des Fischereiwesens auf einige wenige Häfen stattgefunden, die in jüngster Zeit wieder zu einer positiven wirtschaftlichen Entwicklung geführt hat. Hauptsitz der Fischerei ist Gaspé, das über einen modernen, an neuer Stelle errichteten Hafen verfügt. Außerdem ist im Zuge einer Dezentralisationswelle beschlossen worden, verschiedene Ministerien aus Montréal oder Québec auszusiedeln und Gaspé zum administrativen Fischereizentrum der Provinz zu machen.

Dieses Vorhaben verspricht, der Region neue Impulse zu geben und scheint zudem praxisnah zu sein, da die Wirtschaftsregion Est du Québec mehr als 70 % aller Fischer der Provinz Québec beherbergt (rd. 4 000). Hiervon sind rd. zwei Drittel in der Gaspésie ansässig. Während die Zahl der Fischer sich in der Periode von 1961-1966 um 8,4 % verringerte, nahm sie anschließend (1966-1971) um 39 % zu (PROFIL 1976).

Auch die Erträge wurden in den letzten Jahren ständig gesteigert. Sie lagen 1976 in der Provinz Québec wertmäßig bei rd. 15 Mio $ und 1977 bei rd. 20 Mio $. Daran war die Gaspésie ebenfalls mit rund zwei Dritteln beteiligt. Gefangen werden Fische und Schalentiere, wertmäßig an der Spitze liegen: Kabeljau (34,6 % der Erträge in $, 1977), Hummer (19,3 %) und Krabben (11,4 %). Kabeljau und andere Seefische werden hauptsächlich in Gaspé und in anderen Häfen des Bezirks Gaspé-Sud (z.B. L'Anse-à-Beaufils) angelandet. Hummer werden insbesondere in der Baie des Chaleurs gefangen und (neben Gaspé) in den Häfen des Bezirks Bonaventure an Land gebracht, während Krabben (neben Gaspé) insbesondere auch in Matane (Bezirk Matane/St.-Lorenz-Küste) angelandet werden (STATISTIQUES 1977).

Der Anteil des Fischfangs am gesamten Wirtschaftsgeschehen der Region 01 ist jedoch nach wie vor gering (1 bis 2 % des Bruttosozialprodukts, vgl. Tab. 1) und müßte insbesondere auf dem Sektor der weiterverarbeitenden Industrie noch eine große Steigerung erfahren.

Tab. 1: Anteil der einzelnen Wirtschaftszweige am Bruttosozialprodukt (Region Bas St.-Laurent/Gaspésie und Provinz Québec im Vergleich)

	Bas St.-Laurent / Gaspésie		Provinz Québec	
Wirtschaftszweige	1961	1973	1961	1973
Primärsektor	20,8	15,5	7,0	5,7
Landwirtschaft	8,9	1,8	2,6	2,0
Forstwirtschaft	6,9	6,0	1,2	0,9
Fischereiwesen	1,6	1,3	0,1	0,0
Bergbau	3,4	6,4	3,2	2,8
Sekundärsektor	19,0	25,1	36,2	30,9
Verarb. Industrie	9,7	13,0	29,7	24,8
Bauwesen	9,3	12,1	6,4	6,1
Tertiärsektor	60,2	59,4	56,8	63,4
Transport, öffentl. Dienste	18,5	13,0	13,2	11,6
Handel	12,2	9,7	12,3	12,9
Banken, Versicherungen	6,6	6,5	11,9	11,5
Dienstleistungen	19,2	25,0	14,2	20,9
Verwaltung, Verteidigung	3,8	5,2	5,1	6,5
INSGESAMT	100	100	100	100

Quellen: M.E.E.R. 1976 und Ministère de l'Industrie et du Commerce Québec 1977, nach DION 1978, S. 37 u. 38.

Tab. 2: Die einzelnen Wirtschaftszweige nach Beschäftigtenzahlen
(Region Bas St.-Laurent / Gaspésie und Provinz Québec im Vergleich)

	Bas St.-Laurent / Gaspésie		Provinz Québec	
Wirtschaftszweige	1961	1971	1961	1971
Primärsektor	37,2	19,4	11,8	6,2
Landwirtschaft	18,4	9,0	7,6	3,7
Forstwirtschaft	14,6	6,5	2,5	1,1
Fischereiwesen	2,2	1,7	0,2	0,1
Bergbau	2,0	1,7	1,5	1,3
Sekundärsektor	16,4	22,8	34,6	31,7
Verarb. Industrie	9,8	14,7	27,2	25,6
Bauwesen	6,6	9,1	7,4	6,1
Tertiärsektor	46,4	57,8	53,6	62,1
Transport, öffentl. Dienste	9,4	8,8	9,4	8,8
Handel	11,8	12,8	14,4	15,0
Banken, Versicherungen	1,4	2,3	3,6	4,6
Dienstleistungen	20,7	28,2	20,4	26,6
Verwaltung, Verteidigung	3,1	5,7	5,8	7,1
INSGESAMT	100	100	100	100

Quellen: Statistique Canada, Bevölkerungszählungen 1961, 1971

Forstwirtschaft

Die Forstwirtschaft spielt eine bedeutende Rolle in der Gaspésie, obwohl sie nur 6 % am Bruttosozialprodukt der Untersuchungsregion hat. Da Holz und Zellulose jedoch auch die Basis der ansässigen weiterverarbeitenden Industrie bilden (insbesondere Kartonage etc.), ist insgesamt für den "Holzsektor" von einem Bruttosozialprodukt von 12 - 15 % auszugehen.

Die natürliche Zusammensetzung des Waldes besteht aus verschiedenen Koniferen (insbes. Fichten) - und Laubholz-Arten (insbes. Birken). Aufgeforstet wurde bislang fast ausschließlich mit Nadelhölzern, so daß diese gegenwärtig überall dominieren, wo sich nicht durch Samenanflug, z.B. auf Brachflächen, eine subspontane Vegetation bilden kann.

Das Verhältnis von Privat- zu Staatsforst ist etwa 2:1. Regional gesehen befindet sich der Staatsforst auf der Gaspésie-Halbinsel ausschließlich im Nordteil, der Privatforst, soweit er sich in der Konzession großer, durchweg U.S.-amerikanischer Konzerne befindet, im Zentrum und im Südteil. An den Küsten hingegen, also in den gemischt agrarisch-forstwirtschaftlichen Gebieten, ist der Wald in den Händen kleiner Privatbesitzer. Es handelt sich hier also um eine Art Bauernwald oder Interessentenforst. Im Bas St.-Laurent besteht eine größere besitzrechtliche Durchmischung.

Problematisch an der Besitzaufteilung in der Doppelregion Bas St.-Laurent und Gaspésie ist einerseits die relativ geringe Einflußmöglichkeit der Regierung auf eine ökologisch ausgewogene Nutzung der Ressourcen, andererseits die teilweise unglückliche, nicht den Bodenverhältnissen entsprechende Verteilung von Wald- und Ackerland. Auf Seiten der Nutzung hat das dazu geführt, daß der Privatwald zu 123 % (PROFIL 1976) seiner Kapazität ausgebeutet wird - Raubbau -, während der Staatswald nur zu 60 % genutzt wird, also noch 40 % Reserven aufzuweisen hat. Legt man die Gesamt f l ä c h e von Staats- und Privatwald zugrunde, so beträgt die Nutzung 73 % der vorhandenen Kapazität.

Dieses Mißverhältnis wird noch durch die Tatsache erheblich gesteigert, daß der vorhandene Laubwald zu wenig genutzt wird (im Privatsektor zu 46 % der Kapazität, im Staatssektor zu 18 %), weil sich die Industrie bislang noch nicht hinreichend auf die Verwertung von Laubhölzern eingestellt hat und weil die bestandenen Flächen nicht nach forstwirtschaftlichen Gesichtspunkten angelegt wurden. Ein Wandel wird jedoch unumgänglich werden, denn in den Jahren 1972-73 betrug die Ausbeutung des Nadelwaldes im Privatsektor 203 % der Kapazität (Staatssektor 64 %)! (PROFIL 1976, S. 87).

Was nun die regionale Verteilung von Wald- und Ackerland betrifft, so ist diese mehr oder weniger historisch gewachsen und entspricht durchaus nicht überall den optimalen naturgeographischen Voraussetzungen. Wie aus der Karte der "Bodennutzung durch Land- und Forstwirtschaft" (Karte 2) ersichtlich wird, nimmt der Anteil der ertragreichen Böden am gesamten agrarischen Nutzland von W nach O ab. Beträgt er im Bas St.-Laurent 25-75 %, so erreicht er in der Gaspésie nur 5-35 %. Von diesen ertragreichen Böden befinden sich jedoch bis zu 50 % unter Wald, sowohl im W wie auch im O, und das, obgleich im O der Anteil ertragreicher Böden ohnehin schon so gering ist.

Die Nutzung guter Böden auch durch Wald wäre unbedenklich, wenn keine agrarische Nutzung in Betracht käme; doch Karte 2 zeigt, daß in der Gaspésie den ertragreichen Böden unter Wald ein ebenso großer Anteil ertragsarmer Böden mit agrarischer Nutzung gegenübersteht (vgl. auch Karte 4 "Wüstungsprozesse"). Hier müßte eine Lösung gefunden werden, diesen beiden Landnutzungsansprüchen gerecht zu werden und das Land sinnvoll auszutauschen, um so die Situation der resignierenden Agrarbevölkerung zu verbessern. Flurbereinigung und Landtausch zwischen Privatpersonen, Gemeinden und ggf. Holzkonzernen könnten dazu beitragen. Der Zusammenschluß in Cooperativen, auf die an anderer Stelle intensiver eingegangen wird, ist bereits ein Ansatz zur Lösung.

Landwirtschaft

In der Landwirtschaft hat in den vergangenen 15 - 20 Jahren ein starker Strukturwandel eingesetzt. Durch Abwanderung und die Auflassung kompletter Siedlungen ist der Anteil der in der Landwirtschaft beschäftigten Bevölkerung um die Hälfte gesunken. Er liegt dennoch mit ca. 9 % zwei- bis dreimal über dem Durchschnitt der Provinz Québec (vgl. Tab. 2).

Trotz des Schrumpfungsprozesses ist noch keine eigentliche Sanierung in der Landwirtschaft eingetreten. Während die Abwanderung von Landwirten z.B. in Westdeutschland häufig zu einer Passivsanierung führt, indem die verbleibenden Landwirte durch Zukauf oder -pacht von Land eine notwendige Aufstockung ihres Betriebes vornehmen konnten, entfällt diese Möglichkeit in Québec in den meisten Fällen. Da nämlich die verbleibenden Betriebe meist Familienbetriebe sind, in denen die Kinder häufig schon abgewandert sind, ist vom Arbeitsaufwand her oft keine Erweiterung möglich. Wo im übrigen ganze Ortschaften geschlossen aufgegeben wurden, hatten die Nachbargemeinden gar keine Chance, das Land zu übernehmen, da die Staatsplanung auf diesen Flächen Aufforstung vorgesehen hat.Die mittlere Betriebsgröße beträgt in der Region 01 82 ha, davon sind in der Regel 42 ha gerodet und davon wiederum 28 ha unter Kultur.

Eine gewisse Unsicherheit, ausgelöst durch Umsiedlungsvorhaben der Regierung, hat die kleinen Betriebe zunehmend in ihrer Aktivität gelähmt und notwendige Investitionen verzögert. Lediglich mittlere und große Betriebe, vor allem in den Küsten-

Karte 2:

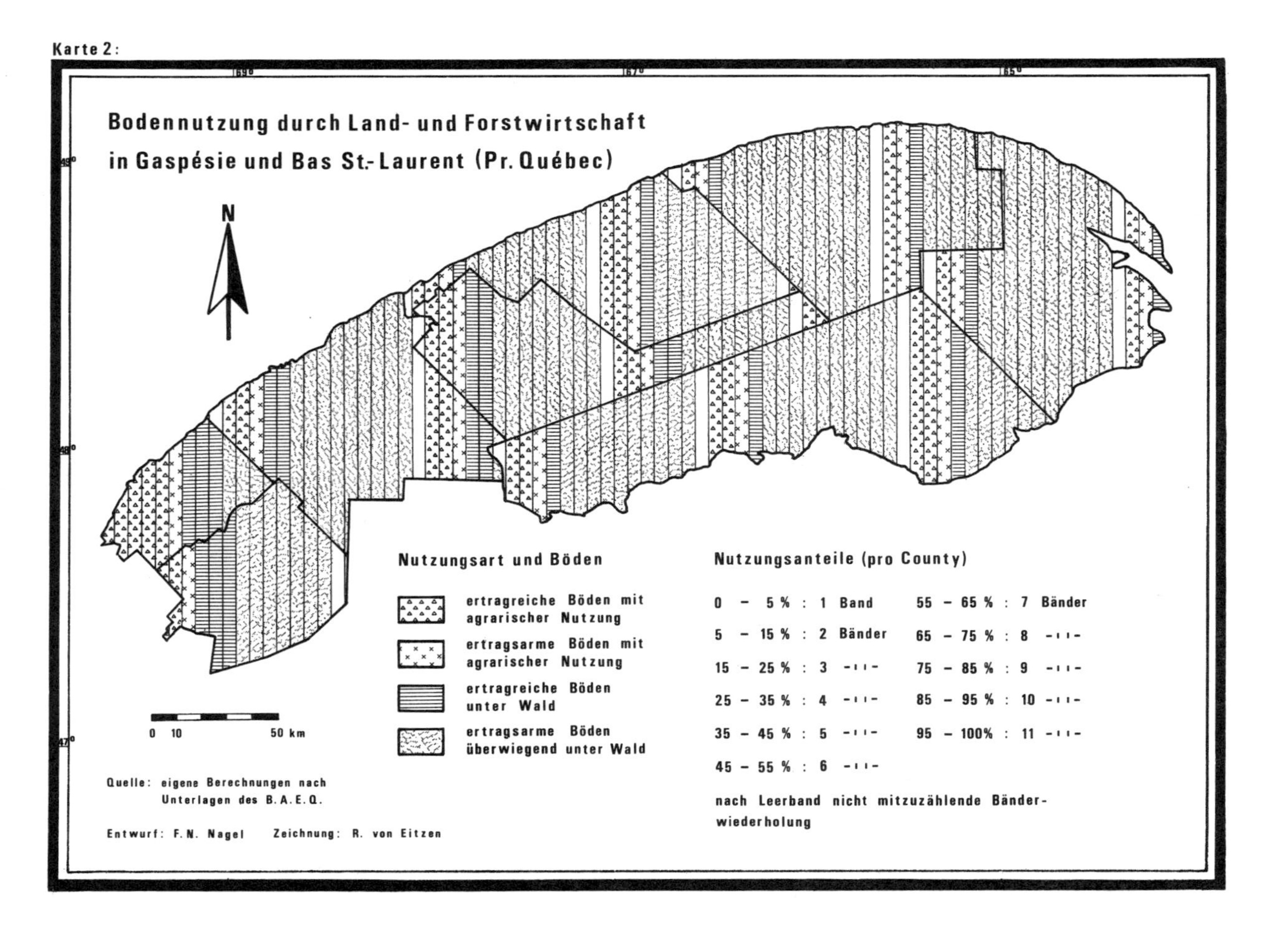
Bodennutzung durch Land- und Forstwirtschaft
in Gaspésie und Bas St.-Laurent (Pr. Québec)
N
0 10 50 km
Nutzungsart und Böden
ertragreiche Böden mit agrarischer Nutzung
ertragsarme Böden mit agrarischer Nutzung
ertragreiche Böden unter Wald
ertragsarme Böden überwiegend unter Wald
Nutzungsanteile (pro County)
0 – 5 % : 1 Band
5 – 15 % : 2 Bänder
15 – 25 % : 3 -''-
25 – 35 % : 4 -''-
35 – 45 % : 5 -''-
45 – 55 % : 6 -''-
55 – 65 % : 7 Bänder
65 – 75 % : 8 -''-
75 – 85 % : 9 -''-
85 – 95 % : 10 -''-
95 – 100% : 11 -''-
nach Leerband nicht mitzuzählende Bänder-wiederholung
Quelle: eigene Berechnungen nach Unterlagen des B.A.E.Q.
Entwurf: F.N. Nagel Zeichnung: R. von Eitzen

ebenen und im Matapédia-Tal, haben gute Überlebenschancen. Während die Kleinbetriebe meist Subsistenzwirtschaft und Polykultur betreiben, haben sich die größeren Betriebe überwiegend auf Milchwirtschaft und Viehzucht spezialisiert. Bei der Milcherzeugung handelt es sich dabei durchweg um "Industriemilch". Trotz staatlicher Stützungsmaßnahmen und Restriktionen in manchen Produktionszweigen, wie z.B. der Milcherzeugung, sinkt die Rentabilität der Landwirtschaft gegenüber anderen Wirtschaftszweigen. Ein Vergleich der Tab. 1 und 2 spiegelt diesen Prozeß wider: während die landwirtschaftliche Bevölkerung "nur" um rd. 50 % schrumpfte (nämlich von 18,4 % der Erwerbsbev. auf 9 % im Zeitraum 1961-1971), ging der Anteil der Landwirtschaft am Bruttosozialprodukt sogar um ca. 80 % zurück, nämlich von 8,9 % auf 1,8 %.

Karte 3, die nach Unterlagen des Agrarministeriums zusammengestellt wurde, zeigt die fast hoffnungslose Situation der Landwirtschaft in der Gaspésie. Eine nennenswerte Anzahl von Betrieben in Expansion befindet sich lediglich im Matapédia-Tal, wo sich ca. 15 % aller Farmen des County Matapédia konzentrieren. Doch über 50 % aller Farmen haben auch hier einen Rückgang der Rentabilität zu verzeichnen oder stehen vor der Totalaufgabe, bzw. sind schon aufgegeben. Auf der Ostspitze der Halbinsel ist die Landwirtschaft mit Sicherheit zum Tode verurteilt: es gibt, mit Ausnahme von Subsistenzbetrieben, die nicht nach marktwirtschaftlichen Gesichtspunkten arbeiten, keinerlei expandierende oder auch nur stagnierende marktorientierte Betriebe mehr.

Bergbau

Der Bergbau ist vor allem an den zentralen Kamm der Appalachen gebunden, der die intensivsten Faltungsphasen und Metamorphisierungsvorgänge mitgemacht hat. Kupfer-, Blei- und Zinkvorkommen sind hier in Intrusivgesteinen vorhanden, auch Silber, Gold und Molybdän werden gewonnen.

In einigen Depressionsmulden, die küstenparallel zum St.-Lorenz verlaufen, konnten sich Moore bilden, in denen Torf abgebaut wird. Er findet vor allem bei Landwirten und Gartenbesitzern Absatz. Des weiteren sind von wirtschaftlicher Bedeutung noch die Ton-, Sand- und Kiesgewinnung sowie die Ausbeutung von Kalk- und Marmorbrüchen.

Wertmäßig steht die Kupfergewinnung mit 80 % bei weitem an erster Stelle. Im Rahmen der Provinz Québec kommt jedoch auch der Tongewinnung besondere Bedeutung zu, da Ton außerhalb der Region 01 nirgends abgebaut wird, und auch für Molybdän und Torf stellt die Region die ergiebigste Quelle für Québec dar.

Karte 3:

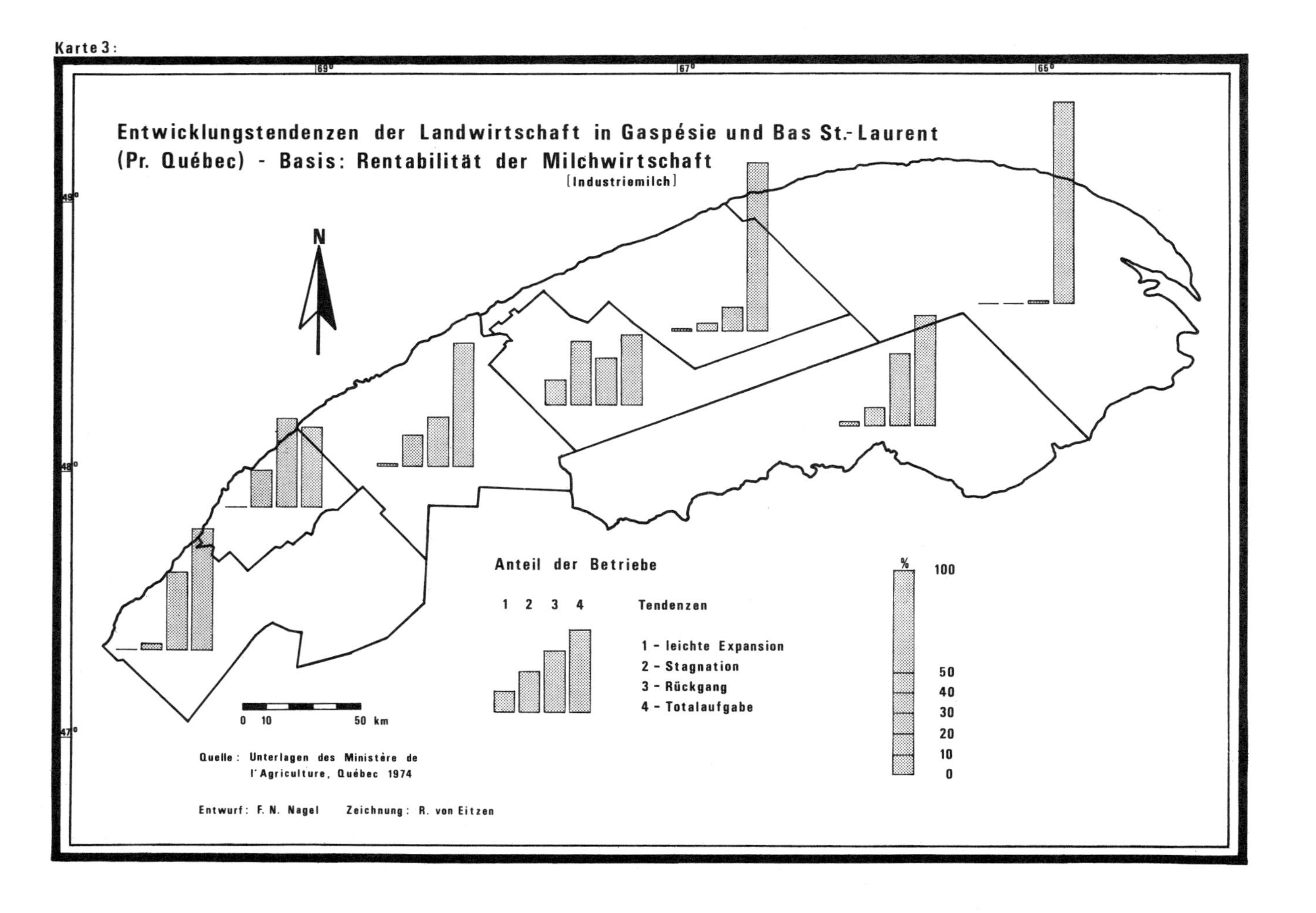

Entwicklungstendenzen der Landwirtschaft in Gaspésie und Bas St.-Laurent
(Pr. Québec) - Basis: Rentabilität der Milchwirtschaft
[Industriemilch]
69°
67°
65°
49°
48°
47°
N
0 10 50 km
Anteil der Betriebe
1 2 3 4
Tendenzen
1 - leichte Expansion
2 - Stagnation
3 - Rückgang
4 - Totalaufgabe
%
100
50
40
30
20
10
0
Quelle: Unterlagen des Ministère de l'Agriculture, Québec 1974
Entwurf: F. N. Nagel
Zeichnung: R. von Eitzen

Der Kupferbergbau ist nicht nur von wirtschaftlicher Bedeutung, er trägt auch zur - wenn auch nur punktuellen - Erschließung des Inneren der Gaspésie bei. Gerade bei der Bevölkerungs- und Siedlungsleere der Gebirgszone kommt z.B. der Bergbaustadt Murdochville (Gaspé-Quest) eine besondere Bedeutung zu. Die Stadt wurde vor 25 Jahren (1953) von der Bergbaugesellschaft "Gaspé Copper Mines Ltd." gegründet und ist seitdem auf 4 407 E (Sept. 1978) angewachsen. Zwar ist die Stadt in hohem Maße abhängig von den Weltmarktpreisen für Kupfer, doch hat, allen ungünstigen Perioden und Prognosen zum Trotz, gerade gegenwärtig die Bergbauindustrie und damit die Stadt Murdochville ein kräftiges Wachstum zu verzeichnen (1961: 2 951 E; 1976: 3 704 E). Murdochville hat im Vergleich zu anderen Städten der Region den niedrigsten Anteil an Arbeitslosen.

Tourismus

Einen weiteren Wirtschaftszweig, der für die Gaspésie charakteristisch ist und zugleich einen nicht unbeträchtlichen Flächenbedarf hat, stellt der Tourismus dar.

Es handelt sich traditionsgemäß überwiegend um einen Sommertourismus, der die Küsten zum Ziel hat, aber auch das Landesinnere mit seinen diversen Möglichkeiten zum Bergwandern, Jagen und Fischen. Obwohl die Region dreizehn Zentren aufzuweisen hat, wo alpiner Skilauf und Lifte angeboten werden, sowie auch Ski-Langlauf in elf Gebieten, bleibt die Wintersaison doch lediglich für den kurzfristigen und überwiegend lokalen Tourismus attraktiv.

Im Sommer bieten neben den Küstenregionen insbesondere die Provinzial- und Nationalparks der Region eine Touristenattraktion. Zu ihnen zählen der Provinzialpark "Parc de la Gaspésie" im Zentrum des Gebirgsmassivs der Chic-Chocs und der neuerrichtete Nationalpark "Forillon" an der Ostspitze der Halbinsel.

Einer Befragung im Parc de Forillon zufolge (PROFIL 1976) kommen ca. 40 % der Touristen, die dort auf dem Campingplatz mindestens eine Nacht verbringen, aus dem Ausland, davon 17,5 % aus den USA. Die Attraktivität der Region drückt sich auch darin aus, daß sie als Besucherziel von Touristen, die nicht in der Provinz Québec wohnen, nach Montréal und Québec (Stadt) an dritter Stelle steht.

Die Beherbergungsformen des Tourismus sind folgende: weit an der Spitze stehen die Übernachtungen im eigenen Zweitwohnsitz (43 %), es folgen ungefähr zu gleichen Teilen Übernachtungen in Hotels / Motels (29 %) und Campingplätzen (26 %). Die übrigen Formen des Tourismus sind kaum der Rede wert. So entfallen auf das (schlecht ausgebaute) Jugendherbergswesen 0,7 % und auf "Ferienfarmen" ("Fermes de hébergement") nur 0,4 %.

Die Form der Ferien auf dem Bauernhof ist vielleicht noch zu wenig bekannt, um sich durchzusetzen. Publikationen mit Beschreibung der einzelnen Farmen, die individuell von jedem Besitzer gemacht wurden, können die Situation vielleicht verbessern (VACANCES 1977). Ein Erfolg wäre gerade unter den vorherrschenden marginalen wirtschaftlichen Bedingungen in der Landwirtschaft sehr wünschenswert, und die Voraussetzungen dafür wären eigentlich in der Gaspésie (Relief, Küstennähe) ideal. Tatsächlich befinden sich auch 32 % aller Ferienfarmen der Provinz Québec in der Region 01, davon 13 in der Gaspésie, 26 im Bas St.-Laurent und 3 auf den Îles-de-la Madeleine. Eine Gesamtzahl also, die durchaus noch ausbaufähig erscheint.

Bevölkerungsbewegungen

Die Bevölkerungszahl der Region Est du Québec hat im Jahre 1961 mit 349 718 E ihren Kulminationspunkt erreicht. Seitdem sind hohe Bevölkerungsverluste durch Abwanderung und Absinken der Geburtenrate eingetreten, die sich auch in absehbarer Zukunft noch fortsetzen werden. Zwar war die Abwanderung auch schon vor 1961 relativ hoch, doch wurde sie bis dahin von einer hohen natürlichen Zuwachsrate überdeckt. Da aber überwiegend die junge Generation abwandert, fehlt es nun auch am natürlichen Bevölkerungszuwachs.

Das mittlere Alter der Bevölkerung stieg von 1961 bis 1976 von 24,7 Jahren auf 30,5 Jahre. Die Einwohnerzahl reduzierte sich auf 318 659 E (PROBLÉMATIQUE 1978). Das ist ein Verlust von ca. 9 %! Damit hat die Region die niedrigste Zuwachsrate bzw. höchste Verlustrate in der gesamten Provinz Québec. Von den insgesamt neun Regionen dieser Provinz hat nur noch eine (Abitibi-Témiscamingue) eine Verlustrate aufzuweisen, die jedoch wesentlich geringer ist; in den übrigen Regionen sind die Bevölkerungsbewegungen positiv.

In peripheren Räumen ist ein Netz zentraler Orte durchweg nur mangelhaft entwikkelt. Die fehlende Attraktionskraft der wenigen vorhandenen Städte bewirkt, daß Abwanderer diese Regionalstädte zugunsten weiter entfernter Metropolen bzw. der Landeshauptstadt "überspringen". Dieses ist auch in der Gaspésie und im Bas St.-Laurent der Fall, wo die Bevölkerung zu über 50 % in ländlichen Gemeinden lebt. Diese ländliche Bevölkerung ist auf 180 Gemeinden verteilt, die nur ein Netz von etwa 15 Klein- und Mittelstädten zur Verfügung hat. Die größte dieser Städte ist Rimouski am St.-Lorenz-Strom mit ca. 30 000 E. Auch sie ist von Lage und Ausstattung her, trotz ihrer Sonderfunktionen (Administration, Dépendance-Universität von Laval / Stadt Québec) bisher kein regionaler Mittelpunkt geworden. Der Hauptattraktionspol ist vielmehr die von Gaspé rund 1 000 km entfernte Wirtschaftsmetropole Montréal.

Der "Entwicklungsplan Bas St.-Laurent-Gaspésie - Îles de la Madeleine" und seine Auswirkungen auf die Kulturlandschaft

Mit der intensiven Abwanderung überwiegend agrarischer Bevölkerung aus der Gaspésie und den angrenzenden Gebieten ging notwendigerweise ein tiefgreifender Kulturlandschaftswandel einher. Zunächst einmal fielen weite Flächen gerodeten Landes brach, wurden immer extensiver genutzt und verbuschten schließlich. Das typische Bild der Sozialbrache, wo intakte Parzellen mit aufgelassenen abwechseln, tat sich auf, in der Gaspésie bald insofern modifiziert, als immer häufiger ganze Besitzeinheiten (großenteils Breitstreifen mit Hofanschluß) aufgegeben und schließlich einige Gemeinden offiziell geschlossen wurden. In diesen Fällen, die mit Abriß der Häuser, Ausscheiden der Fluren aus der Agrarproduktion und Verfall des Wegenetzes einhergehen, handelt es sich um echte Wüstungsprozesse. Um das ganze Ausmaß dieses Wandels richtig erkennen und bewerten zu können, muß kurz auf den "Entwicklungsplan Bas St.-Laurent-Gaspésie - Îles-de-la Madeleine" eingegangen werden.

Seit Beginn der sechziger Jahre hatten die Regierungen von Québec und Ottawa (also Provinz- und Staatsregierung) gemeinsam einen Plan zur Entwicklung der Region Est du Québec ausgearbeitet, der richtungweisend und als Grundkonzept der Raumplanung später auch auf andere Regionen übertragbar sein sollte. Nach einem Vorbereitungsaufwand von 4 Mio $ (Canad.) wurde der Plan am 26. Mai 1968 als "Entente Générale de Coopération Canada-Québec" verabschiedet.

Der Plan hatte zum erklärten Ziel, den Primärsektor (Landwirtschaft, Fischerei, Forstwirtschaft) zu "modernisieren", neue "dynamische" Arbeitsplätze in der Industrie, im Bergbau und im Tourismus zu schaffen sowie eine Umschulung und Weiterbildung der Arbeitskräfte zu realisieren.

Die Durchführung dieses Programmes sollte bis zum 31. März 1973 beendet sein. Die Gesamtkosten wurden mit 259 Mio $ veranschlagt, von denen Québec 46,5 Mio $, der Canadische Staat 212,5 Mio $ zu tragen hatten (1). Die größte Summe war für bessere Ausbildung der Arbeitskräfte vorgesehen ("Développement Social et Valorisation de la Main-D'Oeuvre"), nämlich 114 Mio $ (PLAN 1968).

Als großes Investitionsprogramm angelegt, das zugleich die Rentabilität der Betriebe verbessern sollte, war der Plan theoretisch ein großartiges Vorhaben, aber man hatte weder mit der zunehmenden Wirtschaftsrezession der siebziger Jahre gerechnet, noch mit dem wachsenden Widerstand der Bevölkerung gegen den Plan.

---

1) Drei Jahre nach der Verabschiedung des Programmes, d.h. 1971, wurde die Gesamtsumme auf 411 Mio $ erhöht, die Periode der Durchführung bis 1976 verlängert.

Unter dem Punkt "Urbanisation" waren nämlich folgende brisante Zahlen enthalten: ca. 9 400 Familien sollten den Beruf wechseln, 6 500 ihren Wohnsitz verlassen. Von dieser Anzahl wiederum würden schätzungsweise 2 000 bis 3 000 Familien die Region ganz verlassen, während die restlichen 2 500 Familien in regionalen Zentren eine neue Heimat finden sollten.

Legt man eine Anzahl von vier Personen pro Familie zugrunde, so sollten also innerhalb von fünf Jahren 26 000 Menschen die Region verlassen! Zwar war eine staatliche Umzugshilfe bei Bedürftigkeit vorgesehen, aber die war wiederum an verschiedene Bedingungen geknüpft. Sie konnte maximal 2 400 $ pro Familie (je nach Personenzahl) betragen, wurde aber nur dann in dieser Höhe ausgezahlt, wenn praktisch die ganze Gemeinde geschlossen bereit war, umzusiedeln. In den anderen Fällen sollte die Prämie maximal 1 000 $ betragen.

Es gab zwar keine offiziellen Listen, welche Ortschaften als besonders unrentabel angesehen wurden, aber Beauftragte gingen von Gemeinde zu Gemeinde, um die Bereitschaft zum Umzug zu prüfen. An die sechzig Ortschaften schienen bedroht (BANVILLE 1977). Ein Teil der Bevölkerung geriet in eine Art Panikstimmung, und einige Gemeinden waren schließlich zum geschlossenen Umsiedeln bereit, um die höheren Prämien zu erhalten. 10 Ortschaften mit insgesamt ca. 2 200 E (JEAN 1978) wurden daraufhin in der Gaspésie bis zum Jahre 1971 aufgelassen; dann setzten Protestbewegungen ein, die eine weitere Totalauflösung von Ortschaften zunächst verhinderten.

Verschlechtert hat sich seitdem aber nun erst recht die Situation in denjenigen Gemeinden, in denen nur ein Teil der Bevölkerung weggezogen ist, da die Versorgung der Restbevölkerung noch schwieriger und unrentabler geworden ist. Und so wurden, sozusagen als "Spätfolgen", nachdem der Plan längst ausgelaufen ist, in der Gaspésie noch einige Ortschaften aufgelöst, St. Nil z.B. erst nach 1976. Die weitere Auflösung noch so mancher Ortschaft erscheint unabwendbar. (Lage der aufgelassenen Siedlungen vgl. Karte 4).

Die Fluren der aufgelassenen Ortschaften werden nun allmählich für die Forstwirtschaft vorbereitet oder neue Baumkulturen sind schon angepflanzt. Es handelt sich wiederum überwiegend um Fichten, jedoch werden auch andere Baumarten u.a. die Pappel erprobt.

Noch sind die jungen Aufforstungen größtenteils kaum erkennbar, da die Pflanzen, insbesondere Koniferen, darunter Zypressen, nur in Furchen, die in das verkrautete Brachland gezogen werden, eingesetzt worden sind. Bei den Pappelpflanzungen ist hingegen das gesamte Pflanzland umgebrochen worden, und es wird auch weiterhin zwischen den einzelnen Bäumen umgepflügt, so daß hier eher ein Feldcharakter erhalten bleibt.

Karte 4:

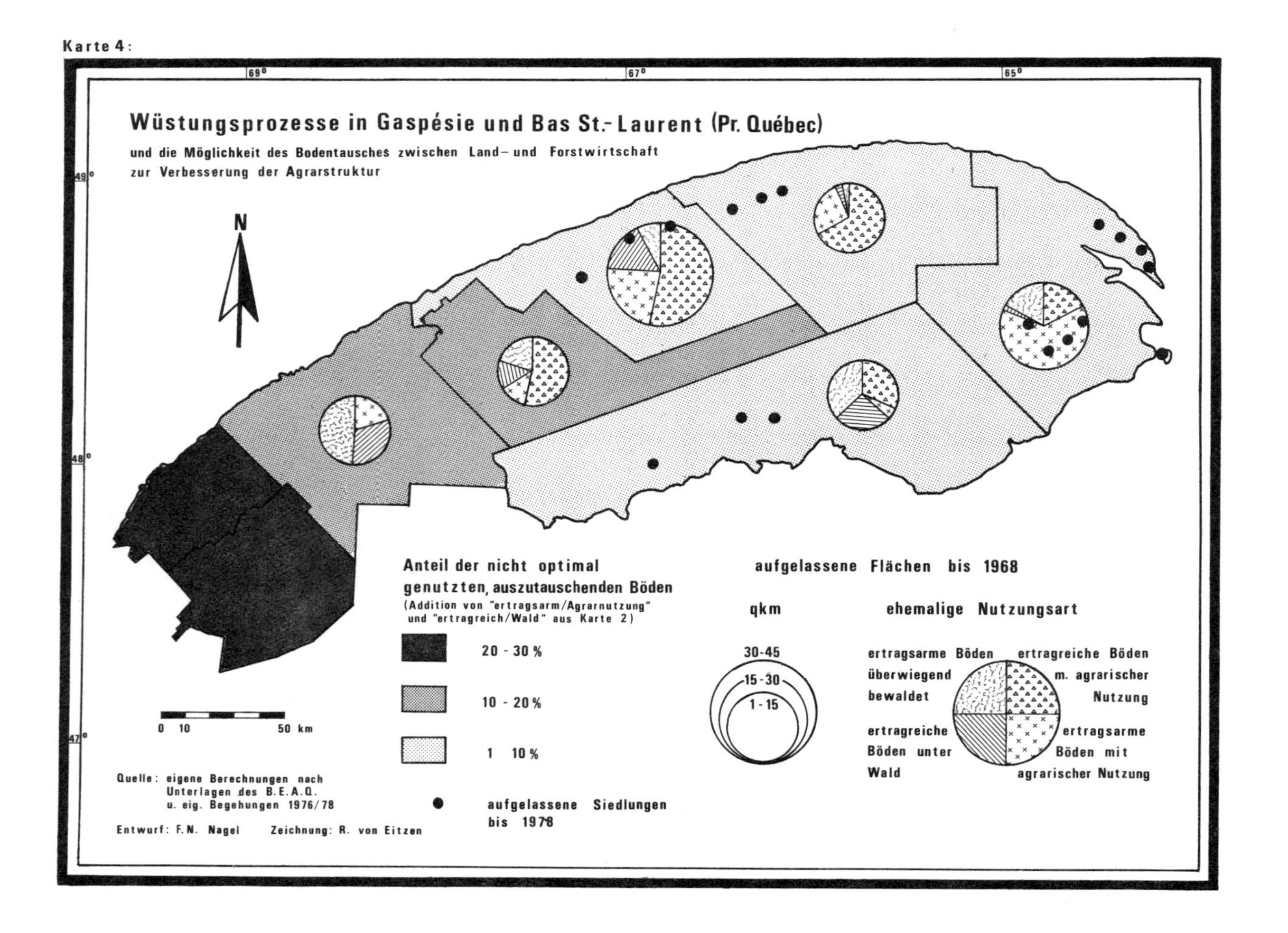
Wüstungsprozesse in Gaspésie und Bas St.-Laurent (Pr. Québec)
und die Möglichkeit des Bodentausches zwischen Land- und Forstwirtschaft
zur Verbesserung der Agrarstruktur
69°
67°
65°
49°
48°
47°
N
0 10 50 km
Anteil der nicht optimal genutzten, auszutauschenden Böden
(Addition von "ertragsarm/Agrarnutzung" und "ertragreich/Wald" aus Karte 2)
20 - 30 %
10 - 20 %
1 10 %
aufgelassene Siedlungen bis 1978
aufgelassene Flächen bis 1968
qkm
30-45
15-30
1-15
ehemalige Nutzungsart
ertragsarme Böden überwiegend bewaldet
ertragreiche Böden m. agrarischer Nutzung
ertragreiche Böden unter Wald
ertragsarme Böden mit agrarischer Nutzung
Quelle: eigene Berechnungen nach Unterlagen des B.E.A.Q. u. eig. Begehungen 1976/78
Entwurf: F.N. Nagel
Zeichnung: R. von Eitzen

Da die Pflanzen selbst in verkrauteten Umgebungen relativ schnell wachsen, wie Vergleichsbegehungen in einem Zeitabstand von zwei Jahren zeigten, wird es nicht mehr lange dauern, bis nur noch die kleinen Friedhöfe oder ein Mauerrest (wegen der Leichtbauweise nur selten vorhanden) von den ehemaligen Siedlungen zeugen.

Im Rahmen der geplanten Förderung des Tourismus ist der obige Entwicklungsplan noch für die weitere Schließung von vier Ortschaften mit der damit verbundenen Umsiedlung der Einwohner verantwortlich. Es handelt sich dabei um vier kleine Bauern- und Fischerdörfer auf der "Pointe du Forillon", der Landzunge nördlich von Gaspé.

Hier sollte im Gegensatz zu den übrigen Siedlungen kein Agrarland in Forstland verwandelt werden, sondern aus den vier Gemarkungen der staatliche Nationalpark "Forillon" entstehen.

In geologisch wie geographisch außergewöhnlich interessanter Lage wurde hier auf einer Fläche von 238 km^2 ein Nationalpark geschaffen, der mit seinem Campingplatz zu längerem Aufenthalt einlädt und die in ihn gesetzten Hoffnungen als Touristenattraktion, wie oben bereits erwähnt, schon jetzt erfüllt. Sein Ausbau ist noch nicht abgeschlossen. Unter anderem soll das an der Südküste der Landzunge gelegene Dorf Grande-Grève, das als einziges der vier vorhandenen die Spitzhacke überlebt hat, als Museumsdorf hergerichtet werden.

Eine ähnliche Entwicklung hat die Insel Bonaventure, die dem Hauptferienort der Gaspésie, Gaspé, vorgelagert ist, durchgemacht. Auch sie war einst besiedelt und bewirtschaftet und wurde vor kurzem zur Vogel- und Naturschutzinsel erklärt. Allerdings gab es hier nur noch ein bis zwei Familien, die es umzusiedeln galt.

NEUE ANSÄTZE ZUR BESSEREN NUTZUNG DES VORHANDENEN POTENTIALS

"Opération Dignité" - Freiwillige Gemeindezusammenschlüsse

Der Entwicklungsplan, der anfangs von der Bevölkerung mit hochgesteckten Erwartungen aufgenommen und später heftig kritisiert wurde, hat die in ihn gesetzten wirtschaftlichen Erwartungen nicht erfüllen können. Vielleicht hätte die Politik der forcierten Umsiedlung in Zeiten wirtschaftlicher Hochkonjunktur zu günstigeren Ergebnissen geführt; ob sie generell als ein geeignetes Mittel der Landesplanung angesehen werden kann, erscheint aber zumindest sehr zweifelhaft. Auf jeden Fall hat das kanadische Beispiel eines gezeigt: erst das drastische Eingreifen der Regierung hat die Betroffenen wachgerüttelt und die ländliche Bevölkerung zur - notwendigen - Eigeninitiative angeregt.

Was in der Gaspésie zuerst als eine Protestaktion gegen die Schließung weiterer Gemeinden geplant war, mündete in freiwilligen Zusammenschlüssen vieler Nachbargemeinden zwecks Förderung von Land- und Forstwirtschaft bzw. Fischerei. Diese Gemeinschaftsaktionen wurden als "Opérations Dignité" bezeichnet, zu übersetzen mit "Unternehmen Menschenwürde".

Die spontanen Zusammenschlüsse, die, unter Führung des Klerus, viel Aufsehen in der Öffentlichkeit erregten, gingen in den Jahren 1970/71 vor sich. Die erste "Opération", später als OD I bezeichnet, ging von der Gemeinde Sainte-Paule (Matane) aus und umfaßte schließlich 14 Nachbargemeinden. Die "Opération Dignité II" (OD II) schloß im County Rimouski 27 Gemeinden zusammen, und die letzte "Operation" (OD III) vereinigte 5 Gemeinden um Les Méchins am St.-Lorenz-Strom (Matane).

Hauptziel der Zusammenschlüsse war sowohl eine größere Durchsetzungskraft der bevölkerungs- und finanzschwachen Einzelgemeinden bei Einkauf und Absatz benötigter bzw. erzeugter Güter als auch eine Hinwendung zu spezielleren Wirtschaftsformen. So wurden beispielsweise nach der OD I zunächst in Sainte-Paule mit staatlicher Hilfe sogenannte "Fermes Forestières" (Forsthöfe) eingerichtet. Andere Gemeinden kämpften für lokale Weiterverarbeitung des Holzes (Cabano, OD II) oder sie spezialisierten sich auf bestimmte Anbauformen (in JAL - Zusammenschluß dreier Gemeinden nach der OD II - auf Kartoffelanbau, in Manseau auf Tomaten), schließlich auf Fischfang und Schiffsbau (in Les Méchins-Capucins, OD III).

Nicht in allen Fällen ist die Entwicklung der zusammengeschlossenen Gemeinden aber so günstig verlaufen wie in den häufig als Musterbeispiel angeführten Gemeinden Cabano und JAL. Wo die Auszehrung schon zu weit fortgeschritten war und Spezialisierungsversuche fehlgeschlagen sind, konnten auch Gemeindezusammenschlüsse spätere Auflassungen nicht immer verhindern. Die Gemeinde St. Nil (Matane, OD I) ist ein Beispiel dafür.

Nach Schätzungen eines der Hauptinitiatoren der OD I, BANVILLE (1) (1977), konnten durch die Zusammenschlüsse etwa 450, allerdings überwiegend saisonale, Arbeitsplätze geschaffen werden. Dies ist wohl eher als Tropfen auf den heißen Stein zu bezeichnen, aber wenn nur die vorhandenen Arbeitsplätze erhalten bleiben, so ist die gesamte Aktion schon als großer Erfolg anzusehen.

Forst-Cooperativen

Große Hoffnungen sind, wohl zu Recht, in den Zusammenschluß des Kleinbesitzes von Privatwaldeigentümern zu setzen. Da der größte Teil dieser Besitzungen bislang

1) BANVILLE war ehemals Pfarrer und ist heute in der Forstwirtschaftsbehörde in Québec tätig.

noch keiner geregelten Forstwirtschaft unterworfen war, bedarf es einer ziemlich langen Anlaufzeit. Prognosen sprechen jedoch von einer zukünftigen Möglichkeit der Ertragssteigerung von bis zu 600 % (PAILLÉ 1976). Dabei erbringt der Privatwald schon heute 25 % des Ertrages der Provinz Québec.

Es gibt mehrere Arten von Cooperativen in der Untersuchungsregion, wie die "Associations coopérative", die "Groupements forestier" oder die "Sociétés d'exploitation des ressources (S.E.R.)". Sie arbeiten alle nach dem Prinzip der Gewinnbeteiligung und schließen eine Vielzahl von Gemeinden zusammen.

Ein Besitzer kann entweder selbst die Forstarbeiten durchführen und ein reguläres Gehalt beziehen, oder er wird anteilmäßig am Gewinn beteiligt (zu einem Drittel des Verkaufspreises bei Spanholz, zur Hälfte bei Stammholz). Als Aktionär kann er bei Gewinnen des Unternehmens mit einer Dividende rechnen. Er kann seinen Waldanteil auch an die Gemeinschaft verkaufen; hiervon macht jedoch kaum jemand Gebrauch.

Wichtigste Voraussetzung der Steigerung der Kapazitäten wäre zukünftig vor allem eine Vergrößerung und Arrondierung des individuellen Besitzes. Dazu ist eine Flurbereinigung erforderlich, die nur von der Regierung vorbereitet werden kann. Als Zwischenlösung stellt die Regierung gegenwärtig den "Forsthöfen" öffentliches Waldland zur Verfügung, wenn es in der Nachbarschaft der Höfe liegt und die Betriebe dadurch rentabler gemacht werden können. Es ist dies die sogenannte Form der "Co-gestion". Ein Forsthof sollte, um zukünftig rentabel zu sein, nicht unter 400 ha Waldland aufweisen (PAILLÉ 1976).

Flächen-Neuordnung in Gebieten mit Nutzungskonflikten

In einigen Gebieten der Region führen divergierende Interessen zu Nutzungskonflikten. Als Beispiel wurde schon auf den Konflikt zwischen traditioneller Land- und Forstwirtschaft und dem Tourismus im Parc du Forillon hingewiesen, der zugunsten des Fremdenverkehrs entschieden wurde.

Eine ähnliche Situation liegt in den meisten schon bestehenden National- und Provinzialparks vor, wo Tourismus und Forstwirtschaft nebeneinander bestehen. Besonders zugespitzt wird die Situation dann, wenn auch noch hochwertige Bodenschätze in einem solchen Park liegen, wie es im "Parc de la Gaspésie" der Fall ist.

Der "Parc de la Gaspésie" liegt im Zentrum des Chic-Choc-Gebirgszuges und wurde 1937 per Gesetz zum Naturpark erklärt. Nachfolgende Konzessionen an die Forstwirtschaft (1938) und an den Bergbau (1943 und 1963) machten einen geregelten Ausbau des Naturparks für den Fremdenverkehr unmöglich.

Durch eine neue Gesetzgebung (1977) soll nun endlich eine Entflechtung der Interessen vorgenommen werden, damit der Naturpark seiner eigentlichen Bestimmung gerecht werden kann. Eine zonale Aufteilung des Parks von innen nach außen soll die zentralen Naturschutzgebiete von den für die Öffentlichkeit vorgesehenen, randlicher gelegenen Erholungsgebieten und Campingplätzen trennen. Die großen Nationalparks Westkanadas, wie z.B. Banff, dienen dabei als Vorbild (vgl. MAI 1972). Im gesamten Gebiet des Naturparks soll Bergbau zukünftig ausgeschlossen sein, weil er den Interessen der Erholungs- und Naturschutzfunktion zuwiderläuft, während die weniger störende Forstwirtschaft in gewissem Umfang erhalten bleiben kann.

Die Durchführung dieser, bisher nur im Entwurf veröffentlichten Pläne (PARC 1978), ist jedoch an folgende Voraussetzung gebunden: die bisherigen Grenzen, die im Osten an die expandierende Bergbaustadt Murdochville stoßen, müssen um ca. 20 km nach Westen zurückgenommen werden. Insgesamt wird dadurch die Fläche des Naturparks von 1 290 km^2 auf 686 km^2 verkleinert. Trotzdem scheint diese Lösung notwendig zu sein, um den bisherigen Zustand der Lähmung aller am Terrain Interessierten zu beenden.

AUSBLICK

Die Zukunftschancen der Region Gaspésie / Bas St.-Laurent liegen in erster Linie in der Forstwirtschaft, dem Bergbau und dem Tourismus. Ansätze zur besseren Nutzung dieses Potentials sind vorhanden und tragen erste Früchte.

Neue Arbeitsplätze konnten in den genannten Wirtschaftsbereichen sowie auch in der Administration, insbesondere durch Maßnahmen der Dezentralisierung, geschaffen werden. Diese Erweiterungsmöglichkeiten sind jedoch begrenzt und die erhoffte Neuansiedlung von Industrie ist bisher ausgeblieben. Stattdessen hat eine stärkere Konzentration auf dem holzverarbeitenden Sektor stattgefunden, der sich insgesamt leicht ausdehnen konnte. Vom Bauwesen abgesehen, sind ansonsten keine nennenswerten Industriezweige vorhanden. Es erscheint daher sinnvoll, auch dem Agrarsektor und der mit ihm verbundenen Agrarbevölkerung in Zukunft wieder mehr Beachtung zu schenken.

Vielleicht kann die zu starke Fixierung auf Milchwirtschaft weiter abgebaut werden, ohne daß deswegen gleich an Totalaufgabe vieler Betriebe gedacht werden muß. Offensichtlich ist die Hinwendung zu spezialisierterer Anbauweise erfolgreich (JAL!); Glashauskulturen sowie die Aufnahme anderer Viehhaltungszweige könnten weitere Verbesserungen bringen. So erscheint die Schafweidewirtschaft erfolgversprechend in Bezug auf die naturgeographischen Gegebenheiten der Region, die wachsende Nachfrage an Hammelfleisch sowie die geringe Arbeitsintensität (gegenüber der Milchviehhaltung).

Bei einem Ausbau der "Fermes Forestières" könnten extensive Agrarzweige wie die Schafhaltung, zumindest aber ein kleiner Subsistenzbetrieb im Nebenerwerb, dazu beitragen, die Eigenversorgung zu verbessern und die Dorfgemeinschaft zu erhalten (im Gegensatz zur semipermanenten Wohnweise der Forstarbeiter!).

Weitere Maßnahmen sollten auf Vergrößerung der Rentabilität des Betriebes durch Flurbereinigung hinzielen, wobei auch ein Austausch der Bodennutzungsarten (Wald-/Agrarnutzung, vgl. Karten 2 und 4) vorgenommen werden könnte. Hingewiesen sei an dieser Stelle auch auf das beispielhafte französische System der staatlichen Gesellschaft S.A.F.E.R., die freiwerdendes Ackerland aufkauft, um es nach Bodenverbesserung, Drainage etc. wieder an interessierte Landwirte zu veräußern. Gleichzeitig wird auf diese Weise der Bodenspekulation vorgebeugt (vgl. NAGEL 1976). Ebenfalls nach französischem Vorbild (und insbesondere in peripheren, unterindustrialisierten Räumen angewandt) könnte eine staatliche Prämie in den agrarischen "Überalterungsgebieten" den Hofbesitzer veranlassen, den Hof an einen Nachkommen zu übergeben, bevor auch der letzte zwangsweise in einen anderen Beruf abgewandert ist.

Alle diese aufgeführten Möglichkeiten erheben keineswegs den Anspruch, wirtschaftliche Rendite nach den Gesichtspunkten einer Kosten-Nutzen-Analyse zu garantieren. Sie verfolgen lediglich das Ziel, der in dieser Region alteingesessenen Bevölkerung eine vernünftige Überlebenschance zu bieten, nach der diese Bevölkerung selbst sucht! Solange sich nicht anderweitig eindeutig bessere Wirtschaftsformen und Lebensbedingungen abzeichnen, kann eine weitere Entwurzelung der Bevölkerung nur zu sozialen Konflikten und damit auch volkswirtschaftlichen Einbußen führen. Am Beispiel der Gaspésie kann das nur heißen: Gegengewichte schaffen, um der Abwanderung und Auszehrung entgegenzutreten und zwar auf allen in Betracht kommenden Wirtschaftssektoren.

Der starke Bevölkerungsrückgang der vergangenen Jahre wird sich zunächst verringern, zumindest, solange auch in anderen Landesteilen Canadas eine hohe Arbeitslosenquote anzutreffen ist. Wenn die Konjunktur sich wieder belebt, ist hingegen auch wieder mit einer höheren Abwanderungsrate zu rechnen. Daher wäre zu hoffen, daß gerade in der Zwischenzeit die genannten Maßnahmen und Lösungsmöglichkeiten angewendet bzw. fortgeführt werden.

Gefahren für eine weitere Schwächung dieser Region sind eventuell im Aufblühen der Bergbau- und Industriestädte in der Nachbarregion "Côte Nord" auf der Nordseite des St.-Lorenz Stromes zu sehen. Schon gibt es eine erhebliche Zahl von Berufspendlern, die nur noch zum Wochenende in die Gaspésie zurückkehren.

Die Auswirkungen einer jüngst eingerichteten Eisenbahnfähre über den St.-Lorenz, die Québec-Matane mit Sept-Îles (Côte-Nord) verbindet, lassen sich noch nicht abschließend beurteilen. Es steht einerseits zu befürchten, daß auch hier, wie in peripheren und schwach strukturierten Regionen häufig zu beobachten, eine Verbesserung des Verkehrswesens den Auspendlerstrom noch verstärkt.

Andererseits könnten sich bessere Verkehrsverbindungen zwischen Nord- und Südseite des Stromes aber als positiv für die Gaspésie und den Bas St. Laurent herausstellen, z.B. im Hinblick auf Folgeeinrichtungen für die im Norden vorhandenen Industrien. Auch die gegenwärtige Neuanlage des Umschlaghafens Cacaouna (Bas St. Laurent) ist ein wichtiger Schritt, um die Attraktionskraft der Region zu stärken.

SUMMARY

Gaspé/Lower St. Laurent is a peripheric region and officially classified as "ressource region". Its main economic ressources are: forestry, dairy-farming, fishery, copper-mining, and tourism. Local industries are not very important and mainly associated with forestry.

Population decrease is considerable and comes to 9 % (30 000 inh.) from 1961 to 1976. The process of depopulation has been pushed partially by the measures of the "Development Plan". With the aim of concentrating people to central places about twenty parishes have been closed. Former agrarian land of deserted villages has been replanted with trees or will be converted into forestry plantations in the near future. Four parishes were dissolved by creating the "Parc de Forillon" (238 km^2) and one of the former villages (Grande-Grève) will be restaured as an open air museum.

General hope for better conditions of life and future economic activities lies in the following: decentralization of administration, extension of forestry (e.g. private owners' cooperatives), enlargement of mining and tourism (new law concerning the "Parc de la Gaspésie"). Proposal of the author is further to pay more attention to the improvement of agriculture by exchange of soil use, creation of greater farm units, diversification of products.

A certain danger might be seen in the amelioration of traffic systems for instance in the new rail ferry link between Matane and Sept-Îles (Côte-Nord), because the Gaspé region could now be even more "drained" by the developing northern industrial towns. However, later on it may turn out to be a mutual economic stimulation.

LITERATUR

BANVILLE, Ch. 1977: Les Opérations Dignité. Québec 1977. (Le Fonds de Recherches Forestières de l'Université Laval. Bull. No. 15).

BÉLANGER, M. 1974: Le Québec rural. In: Études sur la Géographie du Canada - Studies in Canadian Geography: Québec - Quebec. (Publié à l'occasion du 22e Congrès International de Géographie Montréal 1972). Toronto 1972 und 1974, S. 31-46.

BLANCHARD, R. 1935: L'Est du Canada Français. 2 Vol. Montréal 1935.

DION, Y. 1978: L'Économie de l'Est du Québec: bilan et perspectives. In: Possibles, Vol. 2, 1978, No. 2-3, S. 33-48.

DUGAS, C. 1973: Le Développement régional de l'Est du Québec de 1963 à 1972. In: Cahiers de Géogr. de Québec, Vol. 17, 1973, No. 41, S. 283-315.

JEAN, B. 1978: Les "marges" de la périphérie: de la "relocalisation" à l'innovation. In: Possibles, Vol. 2, 1978, No. 2-3, S. 123-139.

LENZ, K. 1972: Wirtschaftsgeographische Gliederung Kanadas. In: Geogr. Rundschau 7/1972, S. 271-282.

MAI, U.W. 1972: Die Nationalparks Kanadas. In: Geogr. Rundschau 7/1972, S. 293-299.

NAGEL, F.N. 1976: Burgund-Bourgogne. Struktur und Interdependenzen einer französischen Wirtschaftsregion (Région de Programme). Hamburg 1976. Kap.: Maßnahmen zur Verbesserung der Agrarstruktur, S. 27-43. (Mitteilungen der Geographischen Gesellschaft in Hamburg, Bd. 65).

PAILLÉ, G. 1976: L'Aménagement des Forêts Privées du Québec. Québec 1976. (Le Fonds de Recherches Forestières de l'Université de Laval, Bull. No.14).

RASTOUL, P. u. A. ROSS 1978: La Gaspésie de Grosses-Roches à Gaspé. Itinéraire culturel. Québec 1978.

SCHOTT, C. 1976: Die Auswirkungen der technischen Revolution in der Landwirtschaft nach 1945 auf die ländlichen Siedlungen Ostkanadas. In: Beiträge zur Geographie Nordamerikas, Marburg 1976, S. 89-110. (Marburger Geographische Schriften, H. 66).

SCHROEDER-LANZ, H. 1977: Kulturgeographische Folgeerscheinungen der Besiedlung und Erschließung Québecks - ein historisch-geographischer, kultur-morphologischer Überblick. In: Beiträge z. landeskundlich-linguistischen Kenntnis von Québec. (Trierer Geogr. Studien, Sonderh. 1).

Geographisches Institut
der Universität Kiel
Neue Universität

VERFASSERLOSE SCHRIFTEN UND AMTLICHE UNTERLAGEN

Vers un nouveau PARC de la Gaspésie 1978: Hrsg.: Ministère du Tourisme, de la Chasse et de la Pêche. Québec 1978.

Le PLAN de Développement du Bas St.-Laurent, de la Gaspésie, des Îles-de-la-Madeleine. (Entente Générale de Coopération Canada-Québec. 26. Mai 1968): Hrsg.: L'Office de Développement de l'Est du Québec (O.D.E.Q.). Québec 1968.

La PROBLÉMATIQUE de l'Est du Québec 1978: Hrsg.: Office de Planification et de Développement du Québec, (O.P.D.Q.). Québec 1978.

Le PROFIL de l'Est du Québec. Région 01 / 1976: Hrsg.: Office de Planification et de Développement du Québec, (O.P.D.Q.). Québec 1976.

STATISTIQUES des Pêches maritimes du Québec 1977-78: Hrsg.: Bureau de la Statistique du Québec. Québec 1978.

VACANCES dans les Fermes du Québec 1977: Hrsg.: Ed. Stanké/Agriculture Québec. Ottawa 1977.

Ergebnisse der Bevölkerungszählungen 1961 und 1971. (Statistiques Canada).

Unterlagen des Bureau d'Aménagement de l'Est du Québec (B.A.E.Q.) Québec 1976 und 1978.

Unterlagen des Ministère de l'Agriculture. Québec 1976 und 1978.

Unterlagen des Ministère des Terres et Forêts. Québec und Rimouski 1978.

Anschrift des Verfassers:

Dr. Frank Norbert Nagel
Institut für Geographie und Wirtschaftsgeographie
Bundesstraße 55
2000 Hamburg 13

STADTNAHE FREIZEITRÄUME QUEBECS IM SÜDEN DES KANADISCHEN SCHILDES

Erholungspotential - Inwertsetzung - Inanspruchnahme

Ingo Eberle, Mainz

Neben den weithin bekannten und zum Teil intensiv genutzten natürlichen Ressourcen - Bodenschätze, Süßwasserreserven und Holzvorräte - besitzt Kanada ein bemerkenswertes Erholungs- und Tourismuspotential, das bislang nur partiell erschlossen wurde. Im wesentlichen basiert dieses auf Wald- und Gewässerreichtum bei geringster Besiedlung (einschließlich der Küstenregionen), dem Relief (Mittelgebirgsrelief des südlichen kanadischen Schildes, Hochgebirgsrelief des Felsengebirges), dem Klima mit seinen meist warmen Sommern und ausgeprägten Wintern sowie den "urbanen" und teilweise historischen Attraktionen der großen Städte wie Québec, Montréal, Ottawa, Toronto oder Vancouver.

Würde man das jährliche Reiseaufkommen von etwa 50-60 Millionen größeren Reisen (d.h. bei Ausländern nur Reisen mit mindestens einer Übernachtung; bei Kanadiern nur Reisen mit mehr als 100 Meilen Entfernung) gleichmäßig auf die Staatsfläche verteilen, so entfielen auf den qkm 5 Touristen. In Spanien käme man bei einem Touristenaufkommen von 38,5 Millionen (1971; vgl. U. ZAHN, 1973, S.19) auf 76 Personen/qkm, in Österreich unter ausschließlicher Berücksichtigung der Ausländer sogar auf 122 Touristen/qkm. (1971; id.). Dennoch braucht die kanadische Fremdenverkehrs-Wirtschaft mit 3,8 Milliarden Dollar Jahresumsatz (1971) - im Jahr 1972 entfielen auf das Beherbergungsgewerbe 1,7 Milliarden Dollar - einen Vergleich mit diesen Ländern nicht zu scheuen, verbucht sie doch gerade auf der Habenseite den Vorteil eines weiten, äußerst dünn besiedelten und wenig belasteten Raumes. Allerdings konzentrieren sich auch in Kanada die Reisenden im wesentlichen auf im Süden gelegene, kleine und gut erschlossene Gebiete, während der Norden ebenso wie weite Teile des südlichen kanadischen Schildes nahezu unberührt bleiben. So kann der gesamte kanadische Norden auf 75 % der Staatsfläche maximal 500 000 Gäste im Jahr beherbergen, was etwa einem Prozent des gesamten Feriengastaufkommens Kanadas entspricht (L.E. HAMELIN, 1974, S. 220). Erste Ansätze zu einer besseren Erschließung dieser Gebiete zeichnen sich nur zögernd ab (vgl. auch H. SCHRÖDER-LANZ, 1977).

Die Hauptreisegebiete Kanadas befinden sich im Süden Ontarios und Québecs mit den großen Städten der Bevölkerungsachse Québec-Windsor (Québec, Montréal, Ottawa und Toronto) und deren näherem Umland, den Niagarafällen, die alleine über 5 Millionen Besucher jährlich anziehen, und dem Süden der laurentischen Masse zwischen Georgian Bay und Frontenac Axis im W und S und dem Parc des Laurentides bei Québec-Stadt im NE. Als weiterer Touristik-Aktionsraum entwickeln sich zusehends der Westen Albertas und Britisch-Kolumbien mit ihren Nationalparken, deren Besuchertageszahl (d.i. die Zahl der Tage, die sämtliche Besucher zusammengerechnet in den Parks verbracht haben) von 7,1 Millionen 1968/69 um 72 % auf 12,2 Millionen 1974/75 anstieg (Voyages, tourisme et loisirs, ..., 1976, S. 220).

Entsprechend dieser Verteilung hielten sich von den 14,6 Millionen ausländischen Touristen, die 1973 Kanada besuchten, 50 % in Ontario auf, 18,6 % in Québec, 11,6 % in Britisch-Kolumbien, aber nur 0,4 % in Yukon und den Nordwest-Territorien. Unter den Ausländern waren 92,5 % US-amerikanischer Herkunft, 2,3 % kamen aus Groß-Britannien und 0,8 % aus der BRD (Voyages, tourisme et loisirs ..., 1976). Steigender Wohlstand und wachsendes Ferienbedürfnis in europäischen Industrienationen sowie die für diese Länder günstige Entwicklung der Wechselkurse lassen Kanada als Reiseland für europäische Märkte zunehmend attraktiver erscheinen, was steigende Touristenzahlen bereits bestätigen. Demgegenüber verhält sich die Zahl US-amerikanischer Besucher allerdings leicht rückläufig.

Im inländischen Reiseverkehr dominiert ebenfalls Ontario, das 1974 33 % der reisenden Kanadier als Ziel nannten, gefolgt von Québec mit 20 %, Britisch-Kolumbien mit 18 %, den Prärieprovinzen mit 15 % und den Maritimprovinzen mit 14 %. Diesen Angaben liegen lediglich Reisen von mehr als 100 Meilen (160 km) Mindestreisedistanz zugrunde, darüberhinaus wurde nur die längste Reise der Sommermonate Juli-September 1974 berücksichtigt (Voyages, tourisme et loisirs ..., 1976, S. 60f.), so daß die Zahl von 5,1 Mio Reisen keinesfalls den gesamten innerkanadischen Sommerreiseverkehr umfaßt (Tab. 1). Dieser erreichte vielmehr ein Volumen von 23 Mio Personen-Reisen über 100 Meilen (durchschnittlich 2,6 Fahrten pro reisenden Kanadier). Die restlichen drei Quartale zusammen vereinigten weit weniger Personen-Reisen auf sich. Allerdings verfälschen diese Angaben den tatsächlichen Anteil, der Québec am Gesamtreiseverkehr zukommt. Hier treten Reiseentfernungen unter 100 Meilen trotz der Größe des Landes besonders häufig auf, da eine unmittelbare Nachbarschaftslage von Bevölkerungszentren und Erholungsräumen gegeben ist. TAYLOR nennt für Gesamt-Kanada 1971 31,5 Millionen Reisebewegungen mit über 100 Meilen und 85,5 Millionen mit weniger als 100 Meilen einfacher Reiseentfernung (1974, S. 285), was die Bedeutung kürzerer Reisen - Wochenendfahrten eingeschlossen - unterstreicht. Der Umfang des Ausflugsverkehrsaufkommens mit einfachen Reiseentfernungen bis 25 Meilen (40 km), das einen Großteil des gesamten Naherholungsverkehrs ausmacht, wurde zahlenmäßig bisher nicht erfaßt.

Der Reiseverkehr Québecs läßt sich auf der Grundlage der verfügbaren Daten folgendermaßen charakterisieren:

Insgesamt entfielen 1971 auf die Québecer Bevölkerung 30-40 Millionen Reisen über 25 Meilen einfacher Entfernung, wobei der Anteil der Reisen mit über 100 Meilen

Tab. 1: Zielgebiete von Reisen kanadischer Touristen, Juli-September 1974 (1)

Heimatprovinz	Zielgebiete						
	Maritim-provinzen	Québec	Ontario	Prärieprovinzen	Britisch-Kolumbien	Kanada	einschl. Ausland
Maritimprovinzen	333	37	61	-	4	447	511
Québec	98	746	186	-	23	1 072	1 562
Ontario	219	187	1 333	91	115	1 948	2 421
Prärieprovinzen	-	6	68	503	346	955	1 172
Britisch-Kolumbien	-	-	22	167	430	640	797
Kanada	685	989	1 671	780	921	5 062	6 461

1) Berücksichtigt wurde nur die jeweils längste Reise; ausgenommen sind Kinder unter 14 Jahre sowie Reisen mit geringerer Entfernung als 160 km zwischen Wohnort und Reiseziel, ebenso Wochenendreisen. (Zahlenangaben in tausend)

Quelle: Voyages, tourisme et loisirs..., 1976, Tabelle 2.5, S. 60/61.

einfacher Reiseentfernung innerhalb von Kanada relativ bescheiden blieb, nämlich ca. 6-8 Millionen; der größte Teil (etwa drei Viertel) verlief in der Provinz Québec selbst. Der Umfang des Naherholungsverkehrs im unmittelbaren Stadtumland (bis 40 km) läßt sich zwar nicht genau abschätzen, ist jedoch beträchtlich. Unterstellt man einmal eine vergleichbare Naherholungsintensität, wie sie für die BRD ermittelt wurde (H. HOFFMANN, 1973), so lassen sich für die Québecer Bevölkerung etwa 60 Millionen Wochenend- und Feiertagsfahrten unterschiedlicher Reiseentfernung annehmen.

Aus den übrigen kanadischen Provinzen reiste etwa eine Million Personen nach Québec (G.D. TAYLOR, 1974, S. 287).

An ausländischen Touristen, die mindestens für eine Übernachtung in Québec blieben, wurden 1973 2,7 Millionen empfangen, darunter 91 % US-Amerikaner (Voyages, tourisme et loisirs ..., 1976).

Hauptreisezeit ist der Sommer mit den Monaten Juli - September, zur Zeit der Laubverfärbung im Oktober nimmt der Ausflugsverkehr noch einmal für mehrere Wochen zu.

Die Hotellerie Québecs bietet 3 150 Betriebe an (1973), von denen 89 % ganzjährig geöffnet sind. Die Zahl von 600 000 Stellplätzen auf 850 Campingplätzen (1973) verdeutlicht das Gewicht dieser Beherbergungsart (Annuaire du Québec, 1975, S. 552 f.).

Die stadtnahen Freizeiträume Québecs im Süden des kanadischen Schildes und ihr Erholungspotential

Das laurentische Massiv bildet den natürlichen Ergänzungsraum für Erholungsnutzung durch die Bewohner der Bevölkerungsachse Québec - Windsor, die im östlichen Teil die Ballungsräume Québec (1971: 481 000 E.), Montréal (2 743 000 E.) und Ottawa-Hull (603 000 E.) umfaßt. Ein Bindeglied zwischen den größeren Zentren Montréal und Québec stellen die benachbart gelegenen Städte Trois-Rivières (98 000 E.) und Shawinigan/Grand Mère (57 000 E.) dar; im nördlichen Umland Montréals werden sie ergänzt durch die unmittelbar am Rande des laurentischen Massivs liegenden Städte (Agglomération de recensement) Joliette (29 000 E.), Lachute (15 000 E.) und Hawkesbury (11 000 E.). Insgesamt lebten in den genannten Städten und Ballungen 1971 4,1 Millionen Menschen (1976: 4,3 Millionen), die 80 % der städtischen Bevölkerung Québecs bzw. 25 % der städtischen Bevölkerung Kanadas ausmachen.

Für den von diesen urbanisierten Quellgebieten ausgehenden Freizeitverkehr steht der südliche Saum des kanadischen Schildes als Aktionsraum sowohl an Wochenenden und Feiertagen (Naherholungsverkehr) wie auch während der Ferien- und Urlaubszeit (Ferienerholungsverkehr) zur Verfügung. Außerdem besitzt er ein vielfältiges Angebot an attraktiven Reisezielen für den innerkanadischen Ferienerholungsverkehr und den Ausländertourismus. Zum bedeutendsten Erholungsgebiet in der Provinz hat sich das Bergland der "Laurentides" nördlich von Montréal entwickelt, wobei die Anfänge bereits in das ausgehende 19. Jahrhundert zurückreichen. Ein ebenso flächendeckendes Erholungsgebiet konnte außerdem nur noch im Gebiet der westlichen Eastern Townships mit seinen vergleichbaren landschaftlichen Voraussetzungen entstehen (vgl. R. BRIERE 1961/62; J.O. LUNDGREN, 1966).

Im Gegensatz zur Bevölkerungskonzentration im St. Lorenz-Tiefland weist der südliche kanadische Schild nur spärliche bzw. fehlende Besiedlung auf. Die hier zu betrachtenden Freizeiträume umfassen einen zwischen 50 und 130 km breiten Streifen des laurentischen Massivs nördlich des St. Lorenz-Tieflandes, der dieses auf einer Länge von gut 400 km zwischen den Städten Ottawa und Québec begrenzt.

In diesem Gebiet, das vornehmlich in seinen Talräumen seit Beginn des 19. Jh. besiedelt wurde und heute durch Stagnation bzw. Auflösungserscheinungen der Landwirtschaft gekennzeichnet ist (P.B. CLIBBON, 1964; H.E. PARSON, 1977), befinden sich nur vier Städte mit mehr als 5 000 E.. Drei davon, nämlich Maniwaki (1971: 6 690 E.), Mont Laurier (8 240 E.) und Ste.-Agathe-des-Monts (5 530 E.) liegen im Westen der Laurentides und dem Outaouais, wo sich die Grenze des geschlossenen Siedlungsraumes am weitesten von den Bevölkerungszentren entfernt. Durch das unbesiedelt gebliebene, höher aufragende Bergland der Laurentides vom Outaouais getrennt, bildet La Tuque (13 100 E.) bereits eine Siedlungsinsel im geschlossenen Waldland. Mit Umlandversorgung, Holzwirtschaft und Fremdenverkehr können diese genannten Städte funktional charakterisiert werden.

Das Erholungspotential des südlichen laurentischen Massivs bestimmen Klima, Relief, Gewässer und Waldbedeckung, während die Intensität der Erholungsnutzung vom Grad der Erschließung, der räumlichen Zuordnung zu den städtischen Zentren und von der Konkurrenz benachbarter Erholungsgebiete abhängt.

Zum St. Lorenz-Tiefland durch eine deutliche Bruchstufe begrenzt, erreichen Laurentides und Outaouais Höhen zwischen 200 bis 500 Metern im westlichen Teil (Outaouais) und nördlich Trois-Rivières. Das dazwischenliegende Bergland der Laurentides nördlich von Montréal erhebt sich bis nahezu 1 000 Meter (Mont Tremblant 968 m) und der 'Parc des Laurentides' nördlich von Québec bis über 1 100 Meter. Das insgesamt ausgeglichene lediglich im höheren Bergland stark akzentuierte R e l i e f verleiht diesem aus präkambrischen Gneisen, Graniten und Schiefern aufgebauten Massiv einen eher gleichförmigen Charakter, der jedoch durch den unerhörten Seenreichtum ständig unterbrochen und aufgelockert wird (in der gesamten Provinz Québec schätzungsweise 900 000 Seen).

Das glazial intensiv überformte Bergland weist in unzählbarer Menge S e e n jeder Größe und Form auf, die zusammen mit ihren Uferzonen im Sommer den wichtigsten Aktionsraum für den Erholungsverkehr darstellen, aber auch im Winter auf ihren Eisflächen die verschiedensten Erholungsaktivitäten ermöglichen.

Mit den Wasserflächen ist der attraktivste, lediglich durch die sommerliche Mückenplage modifizierte Bestandteil des natürlichen Erholungspotentials gegeben. Dies verdeutlicht auch die vom kanadischen Umweltministerium durchgeführte Landesaufnahme, in deren Rahmen u.a. das natürliche Erholungspotential erfaßt und in sieben Eignungsklassen kartographisch dargestellt wurde (Potentiel des terres ..., 1969). Auf den Karten im Maßstab 1:250 000 erscheinen Gewässerrandzonen überwiegend in den Farben der ersten drei Eignungsklassen; mit in die Bewertung eingezogen sind Wasserqualität und -temperatur, Gewässergröße und die Beschaffenheit der Uferzone.

Demgegenüber erreichen die geschlossenen W a l d f l ä c h e n meist nur die Eignungsklassen fünf bis sieben, was ihre vergleichsweise geringen Nutzungsmöglichkeiten für den Erholungsverkehr unterstreicht. Ihre eigentlichen Funktionen sind holzwirtschaftlicher Art, doch spielen sie als Bewegungsraum für Freizeitverkehr und als

Jagdrevier eine nicht zu unterschätzende Rolle unter den Erholungsfaktoren. Besonderen Reiz verleiht den Wäldern des südlichen kanadischen Schildes die Farbenpracht der Laubwaldbestände während der herbstlichen Laubverfärbung, die durch den Artenreichtum (Ahorn, Buchen, Birken) noch verstärkt wird. Nadelgehölze, vor allem die kanadische Rottanne, treten daneben in geschlossener Verbreitung auf, so daß der häufige Wechsel im Waldbild vorteilhaft zur Geltung kommt. Nördlich anschließend erstreckt sich der boreale Waldgürtel mit seinen dunklen, eher Monotonie und Schwere ausstrahlenden Nadelwäldern (J.S. ROWE, 1973). Seine Südgrenze verläuft etwa von Beaupré am St. Lorenz (unterhalb Québec) über La Tuque, das Bergland der Laurentides (Parc du Mont Tremblant) und unter Auslassung des Outaouais bis zur Réserve de la Vérendrye (Karte 2).

Neben Gewässerflächen, Wald und Relief stellt das Klima einen ausgesprochenen Gunstfaktor für den Erholungsverkehr dar, da es eine Vielfalt von Freizeittätigkeiten unter freiem Himmel während des ganzen Jahres ermöglicht und fördert. Bei Januar- und Februarmitteln von unter -10°C beginnt der Winter Mitte bis Ende November und dauert bis Anfang April (Tabelle 2). Bereits im Dezember frieren Seen und Flüsse, so daß spätestens zur Jahreswende zusätzlich zur verschneiten Winterszenerie der Wälder ein unerschöpflicher Aktionsraum für nahezu alle Arten von Wintersport zur Verfügung steht.

Nach einer kurzen Übergangszeit setzt der Sommer (mittlere Tagesmaxima über 18°C) bereits Mitte bis Ende Mai ein und dauert wie der Winter über vier Monate an. Tagesmittel von über 18°C im Juli und August garantieren ausgesprochen angenehme Luft- und Wassertemeperaturen und schaffen damit die Grundlage für intensives Sommererleben mit stärkster Gewässerorientierung (vgl. F.K. HARE u. M.K. THOMAS, 1974, S. 175). Im Herbst werden durch die Waldgebiete vor allem in stadtnahen Bereichen hohe Ausflugsintensitäten hervorgerufen.

Tab. 2: Dauer der Jahreszeiten

	Ottawa			Montréal			Québec		
	Beginn	Ende	Dauer in Tagen	Beginn	Ende	Dauer in Tagen	Beginn	Ende	Dauer in Tagen
Winter	26/11	7/4	133	24/11	3/4	131	14/11	16/4	154
Frühlingstauen	8/4	21/4	14	4/4	17/4	14	17/4	30/4	14
Frühling	22/4	14/5	23	18/4	15/5	28	1/5	23/5	23
Sommer	15/5	24/9	133	16/5	25/9	133	24/5	16/9	116
Herbst	25/9	25/11	62	26/9	23/11	59	17/9	13/11	58

Quelle: Canada, S. 28, Ottawa 1976.

Die Erholungsaktivitäten

Die Fülle der durch das natürliche Erholungspotential im Wechsel der Jahreszeiten ermöglichten Erholungsaktivitäten ist beachtlich.

Erholungspotential und Erholungsaktivitäten

	Sommerhalbjahr	Winterhalbjahr
Relief:	schafft optische Abwechslung, Kulissen und räumliche Differenzierung	alpiner Skisport, Schlittenfahren
Wald:	Spazierengehen und Wandern Fahrten zur Laubverfärbung Jagdrevier im Herbst	Nordischer Skisport Schneeschuhlaufen Schneemobilfahrten
Gewässer und ihre Randzonen:	Wassersport aller Art (Schwimmen, Rudern, Kanufahren, Segeln, Motorbootfahren, Angeln) Lagern und Picknicken Freizeitwohnen und Camping	Eisfischen Skilanglauf und Schneeschuhlaufen Schneemobilfahrten Schlittschuhlaufen bei geräumter Schneedecke
Gesamtraum:	Autotouren vom Frühjahr bis zum Herbst.	

Damit sind die wesentlichen Erholungsaktivitäten sowohl im Rahmen des Naherholungsverkehrs als auch des häufig zusätzlich an Beherbergungsstätten und gastronomische Betriebe gebundenen Ferienerholungsverkehrs (Sommerfrischen- und Wintersportverkehr) genannt und ihre Bindung an die naturräumliche Ausstattung verdeutlicht.

Der Anteil einzelner Erholungsaktivitäten am gesamten Freizeitverkehr weist erhebliche Unterschiede auf. Im Sommerhalbjahr 1972 dominierten Autotouren, die von 69,1 % der Québecer Bevölkerung (im Alter von über 10 Jahren) mindestens einmal unternommen wurden, gefolgt von Pichnick (50,9 %), und Fußwanderungen (48,9 %; Les loisirs, 1977, S. 10). Unter den ausschließlich gewässerbezogenen Aktivitäten stehen Bootsfahrten jeglicher Art mit 44,3 % Beteiligung bei der Québecer Bevölkerung und Angeln mit 33 % an der Spitze. Ausgesprochen hoch ist auch die Teilnahme am Campingverkehr mit 31,9 %, das bedeutet, daß nahezu jeder dritte Bürger Québecs mindestens einmal im Jahr mit Zelt, Wohnwagen oder Wohnmobil unterwegs ist. Baden gehört dagegen mit 20 % Beteiligung zu den etwas weniger häufig betriebenen Erholungsaktivitäten, was überraschen mag, da in Ontario mit 36 % der Anteil der Badelustigen nahezu doppelt so hoch ist (Voyages, tourisme et loisirs ..., 1976, S. 216).

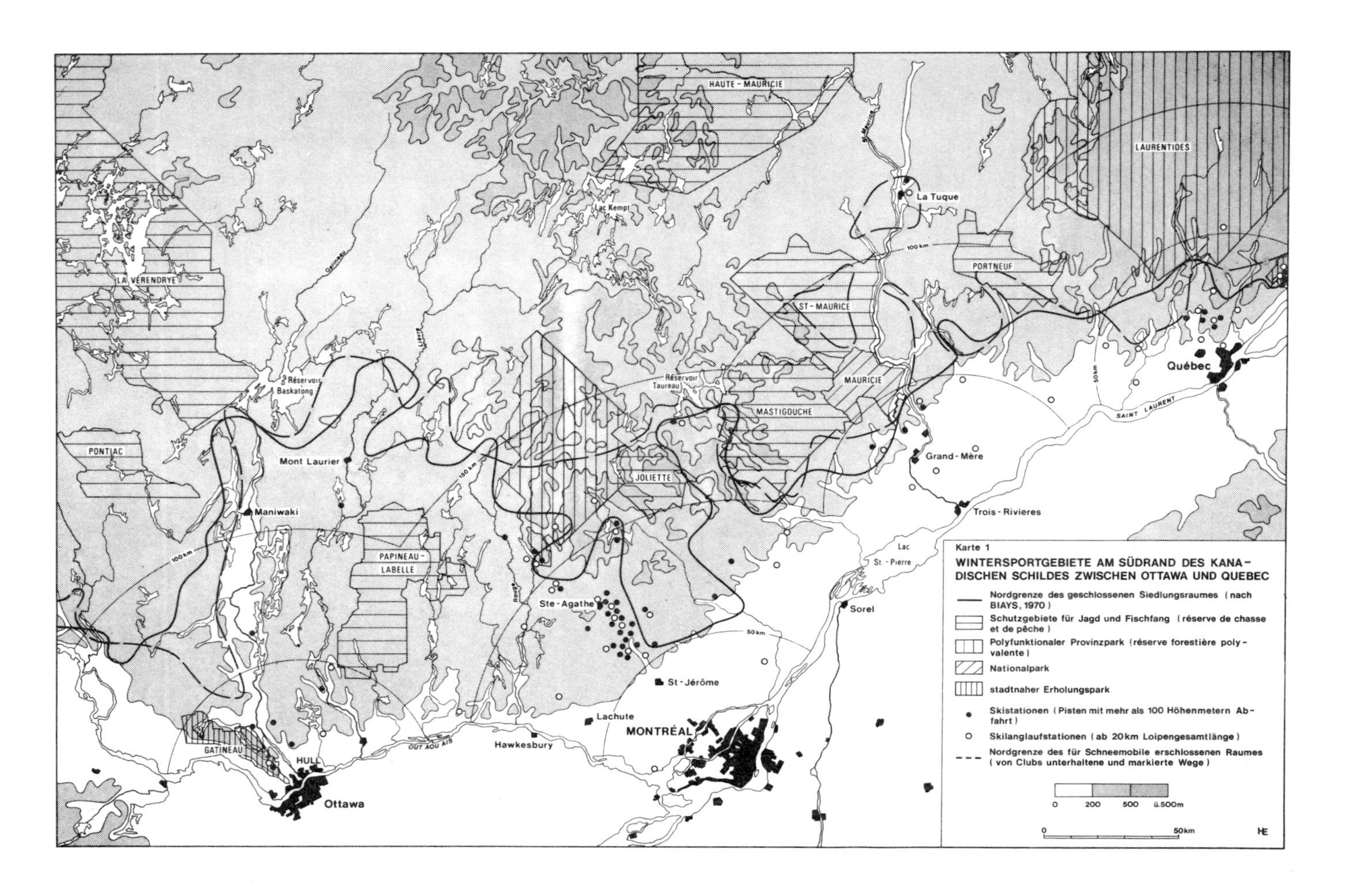
Karte 1
WINTERSPORTGEBIETE AM SÜDRAND DES KANADISCHEN SCHILDES ZWISCHEN OTTAWA UND QUEBEC
Nordgrenze des geschlossenen Siedlungsraumes (nach BIAYS, 1970)
Schutzgebiete für Jagd und Fischfang (réserve de chasse et de pêche)
Polyfunktionaler Provinzpark (réserve forestière polyvalente)
Nationalpark
stadtnaher Erholungspark
Skistationen (Pisten mit mehr als 100 Höhenmetern Abfahrt)
Skilanglaufstationen (ab 20km Loipengesamtlänge)
Nordgrenze des für Schneemobile erschlossenen Raumes (von Clubs unterhaltene und markierte Wege)
0
200
500
ü.500m
0
50km
HE
HAUTE-MAURICIE
LAURENTIDES
La Tuque
Lac Kempt
LA VÉRENDRYE
PORTNEUF
ST-MAURICE
MAURICIE
MASTIGOUCHE
JOLIETTE
Réservoir Taureau
Réservoir Baskatong
PONTIAC
Mont Laurier
Maniwaki
PAPINEAU-LABELLE
Ste-Agathe
St-Jérôme
Lachute
MONTRÉAL
Hawkesbury
GATINEAU
HULL
Ottawa
Québec
SAINT LAURENT
Grand-Mère
Trois-Rivieres
Lac St.-Pierre
Sorel
100 km
150 km
50 km
OUTAOUAIS

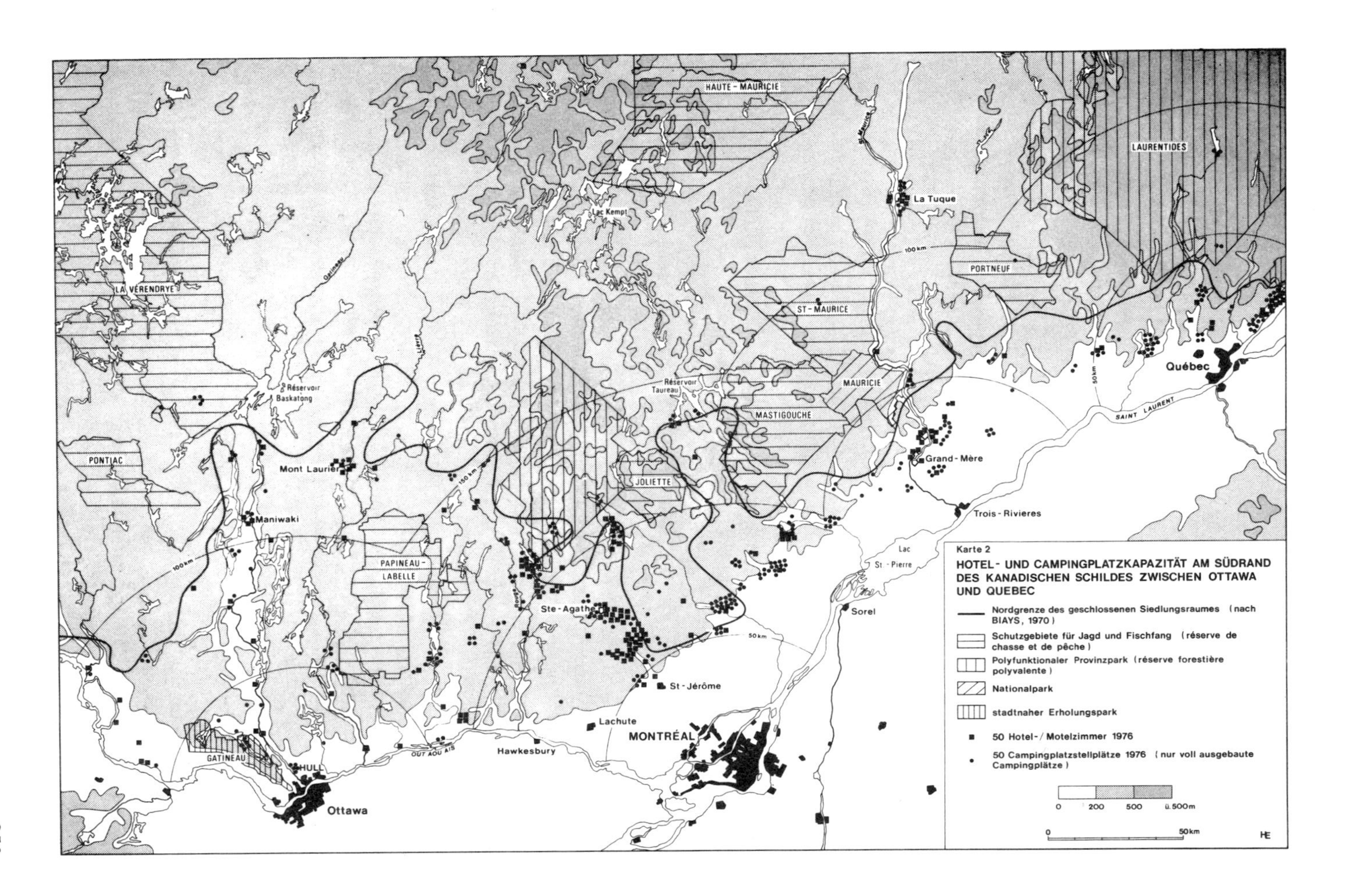
Karte 2
HOTEL- UND CAMPINGPLATZKAPAZITÄT AM SÜDRAND DES KANADISCHEN SCHILDES ZWISCHEN OTTAWA UND QUEBEC
Nordgrenze des geschlossenen Siedlungsraumes (nach BIAYS, 1970)
Schutzgebiete für Jagd und Fischfang (réserve de chasse et de pêche)
Polyfunktionaler Provinzpark (réserve forestière polyvalente)
Nationalpark
stadtnaher Erholungspark
50 Hotel-/Motelzimmer 1976
50 Campingplatzstellplätze 1976 (nur voll ausgebaute Campingplätze)
0
200
500
ü.500m
0
50km
HE
HAUTE-MAURICIE
LAURENTIDES
La Tuque
Lac Kempt
PORTNEUF
ST-MAURICE
LA VERENDRYE
Réservoir Baskatong
Réservoir Taureau
MAURICIE
MASTIGOUCHE
PONTIAC
Mont Laurier
JOLIETTE
Grand-Mère
Québec
SAINT LAURENT
Trois-Rivieres
Maniwaki
PAPINEAU-LABELLE
Lac St.-Pierre
Ste-Agathe
Sorel
St-Jérôme
Lachute
MONTRÉAL
Hawkesbury
GATINEAU
HULL
Ottawa
100km
150km
50km

Freizeitwohnen schließlich nimmt eine führende Stellung ein. 8,2 % aller Haushalte in der Provinz Québec besaßen 1976 einen Zweitwohnsitz für Freizeitnutzung (Equipement menager, 1976), d.h. rd. 150 000 Wochenend- und Ferienhäuser besetzen in den stadtnahen Erholungsräumen Québecs die Uferzonen der Flüsse und Seen und prägen diese entscheidend. Für die städtischen Zentren liegen die Anteilswerte noch deutlich höher: Québec 12 % aller Haushalte, Montréal 9,5 % und Ottawa/Hull 10,3 % (1973, Equipement Ménager, 1973). Damit sind im näheren Umland Québecs 18 000, um Ottawa/Hull 20 000 und im Hinterland Montréals 85 000 Freizeitwohnsitze konzentriert, wodurch Uferzonen von Flüssen und Seen über viele Meilen "geschmückt", verbaut und für andere Erholungssuchende unzugänglich gemacht worden sind. Zahlreiche kleinere Seen werden regelrecht von Ferienhäusern umringt; für entsprechende Ferienhausgebiete Ontarios wurde diese lineare Anordnung ausführlich beschrieben (U. MAI, 1971).

Aufgrund der leichten Bauweise der Chalets ist das Freizeitwohnen als ausgesprochene Sommererholungsaktivität einzustufen, häufig sind Ferienhausgebiete auch im Winter überhaupt nicht mit dem Pkw anfahrbar. In den stadtnahen Wintersportgebieten läßt sich jedoch bereits ein Trend zu winterfester Bauweise feststellen, die eine ausgiebigere und ganzjährige Nutzung des Freizeitangebotes ermöglicht.

Das Winterhalbjahr zeichnet sich durch wesentlich niedrigere Anteilswerte bei Erholungsaktivitäten unter freiem Himmel aus, doch nimmt Québec in dieser Jahreszeit eine führende Stellung ein. 11,7 % aller Haushalte besaßen 1974 ein oder mehrere Schneemobile. In Ontario waren es nur 8,8 % und im gesamten Kanada 9,3 %. Jedes siebte der 2 Millionen nordamerikanischen Schneemobile - nämlich 290 000 gehörte einer Québecer Familie, d.h. rund eine Million Québecer betreiben allwinterlich diesen erst gegen Ende der 60er Jahre populär gewordenen Wintersport (Guide du Citoyen, 1975, S. 266). Eine Skisportausrüstung besitzen 29 % der Québecer Haushalte, in Ontario nur 18,6 % und in Gesamtkanada 20,3 % der Haushalte (vgl. Tab.3). Allerdings machen im Jahresrhythmus nur etwa 12 % der Québecer von ihrer Skisportausrüstung Gebrauch (Les loisirs, 1977, S. 10). Als dritte Massenwintersportart hat sich das Eislaufen entwickelt, an dem ein Drittel der Québecer Bevölkerung im Winter 1972 mindestens einmal teilgenommen hat (Les Loisirs, 1977, S. 10). Allgemein verbreitet ist daneben noch Schneeschuhlaufen sowie Schlitten- und Tobogganfahren. Passionierte Angler lassen sich auch im Winter ihre gewohnte Freizeitbeschäftigung nicht nehmen und harren geduldig an selbstgebohrten Eislöchern auf Seen und Flüssen aus.

Die Aufzählung macht deutlich, daß das naturräumlich bedingte Freizeitpotential des südlichen kanadischen Schildes sommerlichen wie winterlichen Erholungsaktivitäten nahezu unbegrenzte Verfügungsräume und Entwicklungsmöglichkeiten bietet.

Tab. 3: Freizeitorientierte Ausstattung der Haushalte 1976

	Kanada		Québec		Ontario	
	in tausend	in %	in tausend	in %	in tausend	in %
Freizeitwohnsitze	476	6,9	150	8,2	195	7,4
Campingausrüstung	1 628	23,5	357	19,5	566	21,6
Bootsausrüstung	975	14,1	161	8,8	417	15,9
Schneemobile (eins oder mehrere)	678	9,8	201	11,0	244	9,3
Skiausrüstung	1 407	20,3	532	29,0	487	18,6

Quelle: L'équipement ménager, Statistique Canada, Ottawa 1976

Inwertsetzung und Inanspruchnahme des laurentischen Freizeitpotentials

Ausgehend von den städtischen Zentren im St. Lorenz-Tiefland begann gegen Ende des 19. Jh. die Erschließung des laurentischen Massivs für den Erholungsverkehr, doch sie beschränkte sich auf den Südrand und unmittelbar anschließende Areale.

Aus der Gewohnheit wohlhabender Stadtbürger, alljährlich in die Sommerfrische zu fahren und einen Teil des Sommers im eigenen Landhaus zu verbringen, entwikkelte sich seit den 20er Jahren eine Massenbewegung, die wesentlich zur Erschließung des seenreichen Berglandes beitrug. Mit steigender Mobilität, wachsendem Wohlstand und der Diversifizierung des Erholungsangebotes erhöhte sich die Erholungsnutzung der ursprünglich vom Sommerfrischenverkehr geprägten Areale durch ganzjährig stattfindenden Wochenendverkehr. Die in Anspruch genommenen Erholungsräume rückten jedoch nicht wesentlich von den städtischen Quellgebieten ab, so daß auch heute noch die Masse des Freizeitverkehrs in einem ca. 50 km tiefen Umland verbleibt. Lediglich Montréal weist aufgrund seiner 40-50 km Entfernung zum Gebirgsrand und seines wesentlich höheren Erholungsdrucks ein um 50 km weiter reichendes Erholungshinterland auf. Außerhalb dieser in Karte 1 und 2 abgegrenzten Zone erscheinen keine flächenhaften Erholungsräume mehr, vielmehr beschränkt sich die Erholungserschließung einer äußeren, etwa 100 bis 150 km weit reichenden Zone auf einzelne punkthaft oder an größeren Straßen aneinandergereiht gelegene Ziele.

In der inneren 50 km-Zone (bzw. 100 km für Montréal) herrscht reger Naherholungsverkehr mit flächendeckender Erschließung für sämtliche genannten Freizeitaktivitäten - einschließlich Camping und Freizeitwohnen - vor (Karte 1 und 2). Im Bergland der

Laurentides nördlich Montréal kommt noch eine intensive Raumnutzung durch längerfristigen Reiseverkehr hinzu, so daß in dieser Zone, die vom Gebirgsrand bis an die Grenze des Provinzparks "Mont Tremblant" reicht, das einzige bedeutende großflächige Feriengebiet Québecs mit doppelter Saison entstanden ist. Wasserorientierte Aktivitäten im Sommer und der alpine Wintersport schaffen eine solide Grundlage für Hotellerie und Camping.

Bedingt durch den wachsenden Raumanspruch von Naherholungs- und Ferienerholungsverkehr bei gleichzeitigem Rückgang der Landwirtschaft hat ein heute weitgehend abgeschlossener Urbanisierungsprozeß eingesetzt, der den Nord-River-Korridor nördlich Montréal bis Ste-Agathe-desMonts erfaßte und durch den Bau der Autoroute des Laurentides verstärkt wurde. Zu Beginn der 60er Jahre betrug der Anteil des Spekulationslandes an den gesamten verfügbaren Flächen zwischen 60 und 70 % (Abb. 1 bei B. VACHON, 1973, S. 30). Die Folgen dieses Verdichtungsprozesses sind offensichtlich: steigende Umweltbelastung (Luft- und Gewässerverschmutzung) und zunehmende Erholungswertminderung der Landschaft durch Verbauung und Verunzierung vornehmlich im Talraum des Rivière du Nord (P.B. CLIBBON, 1972, S. 25). Darüberhinaus kommt es zu einer allmählichen Ausweitung des Erholungs-Hinterlandes der Ballung Montréal. Diese Ausweitung wird allerdings auch durch die Wasserverschmutzung von St.-Lorenz-Strom und Ottawa-Fluß mitverursacht, deren Uferzonen intensiv genutzte Erholungsräume darstellen.

Die Naherholungsräume innerhalb der 50-km-Zone der Städte Québec und Ottawa-Hull weisen keine ausgeprägte touristische Überformung auf, vielmehr dominieren Erholungseinrichtungen für den Ausflugsverkehr wie Parkplätze, Picknickplätze, Badestrände, Anlagen für nordischen und alpinen Skilauf, Schneemobilwege sowie Freizeitwohnsitze und Campingplätze, auf denen häufig die Mehrzahl der Stellplätze an Dauermieter fest vergeben wird.

Sämtliche Erholungsziele sind ohne Mühe innerhalb von 30-60 Minuten mit dem Pkw zu erreichen. Dies trifft insbesondere für Wintersporteinrichtungen zu; so befinden sich acht der neun Skistationen im nördlichen Umland Ottawas in dieser Zone, bei Québec sind es 18 von 20 (Tabelle 4). In den rein frankophonen Erholungsräumen von Québec und Trois-Rivières läßt sich eine starke Verbreitung des nordischen Skilaufs beobachten, während im vorrangig von Anglokanadiern aufgesuchten Hinterland von Ottawa/Hull trotz geringer Reliefenergie mehr dem alpinen Skisport zugesprochen wird. Fehlende alpenländische Kulisse wird dabei durch entsprechendes Namensgut wie z.B. "Edelweiß-Valley" oder "Motel-Café-Alpengruß" ersetzt.

Innerhalb der Nahzone mit intensivem Wochenendverkehr befinden sich auch die Parks mit vorherrschender oder ausschließlicher Erholungsfunktion: der Parc de la Gatineau bei Ottawa/Hull (1937 gegründet), der Parc du Mont-Sainte-Anne bei Québec (1968) und der Parc Paul-Sauvé bei Montréal (1962), der allerdings im

Tab. 4: Skisportstationen im nördlichen Hinterland der städtischen Zentren

Entfernung zum Zentrum	Ottawa/Hull		Montréal		Trois-Rivières Shawinigan		Québec	
	alp.	nord.	alp.	nord.	alp.	nord.	alp.	nord.
bis 50 km	5	3	-	2	3	6	7	11
bis 100 km	-	1	23	15	-	-	-	2
über 100 km	-	-	5	5	-	-	-	-
Gesamtzahl der Stationen	5	4	28	22	3	6	7	13

(alp. = alpin, nord. = nordisch)

Mündungsgebiet des Ottawa-Flusses in den St. Lorenz-Strom gelegen ist. In diesen Parks besteht während des ganzen Jahres ein vielfältiges Erholungsangebot, das alle beschriebenen Erholungsaktivitäten mit Ausnahme des Freizeitwohnens zuläßt und zahlreiche Besucher anzuziehen vermag. So besuchten 1975 2,1 Millionen Menschen den Parc de la Gatineau; mehr als die Hälfte, nämlich 1,2 Millionen, unternahm dabei eine Rundfahrt auf einer eigens dafür erbauten Ausflugsstraße, 65 000 badeten, picknickten oder wanderten, 35 000 hielten sich auf einem Campingplatz auf und über 200 000 fuhren Ski. 90 % der Besucher kamen im Sommerhalbjahr und nur 10 % im Winter (Alle Angaben sind einer unveröffentlichten Parkstatistik entnommen.)

Die äußere Zone kann im wesentlichen durch einen 100 km-Radius (für Montréal 150 km) - jeweils vom Zentrum der Quellgebiete aus gemessen - bestimmt werden. In ihr liegen nur noch verstreut Campingplätze, an Seen aufgereiht Freizeitwohnsitze und Sommerfrischenhotels. Lediglich am Südrand des Mont-Tremblant-Parcs drängen sich Hotels und Wintersporteinrichtungen zusammen, da dort die höchsten Erhebungen im nördlichen Umland Montréals aufragen. In dieser Zone endet auch der durch Klubs und Parkverwaltung erschlossene Bewegungsraum für Schneemobilfahrer (Karte 1). Nur im nördlichen Outaouais dringt er in Anlehnung an die Grenze des geschlossenen Siedlungsraumes weiter nach Norden vor, doch ausschließlich infolge der Nutzung durch die ansässige Bevölkerung.

Ein Großteil der äußeren Erholungszone wird von Schutzgebieten eingenommen, in denen Erholungsverkehr nur randlich wie im Parc du Mont Tremblant oder im Parc des Laurentides in nennenswertem Umfang entwickelt ist. Das naturnahe Camping ohne aufwendige Versorgungs- und Vergnügungseinrichtungen sowie Jagen und Fischen sind in diesen großflächigen Schutzgebieten möglich. Mit Jagd und Fischfang sind jedoch nur 10-15 % der Québecer Bevölkerung angesprochen (vgl. auch P.B. CLIBBON, 1972, S. 26). Die Hauptnutzung dieser Schutzgebiete wird durch die Vergabe von

Holzkonzessionen bestimmt. Lediglich der Nationalpark der Mauricie nördlich Trois-Rivières dient ganz der Erhaltung der landschaftlichen Ursprünglichkeit des südlichen laurentischen Massivs. Die ältesten Parks Mont Tremblant nördlich Montréal (2 600 qkm) und Laurentides nördlich Québec (9 600 qkm) - wurden bereits 1895 in dem Bestreben geschaffen, eine geregelte Waldnutzung, den Schutz der Pflanzen- und Tierwelt und Erholungsnutzung zu ermöglichen. Sie verzeichnen als einzige regere Besucherströme, während die übrigen Parks als reine Schutzgebiete für Jagd und Fischfang mit minimaler Ausstattung für Camping gelten. Lediglich Schneemobilwege werden in einigen "Réserves" unterhalten. Sämtliche Schutzgebiete befinden sich randlich außerhalb des geschlossenen Siedlungsraumes, wären also leicht erschließbar. Eine Ausnahme stellt die Réserve Papineau - Labelle im Outaouais dar, die sich als unbesiedelt gebliebene "Insel" zwischen die Siedlungsgassen am Gatineau und Lièvre im Westen und Rivière Rouge im Osten schiebt.

Im einzelnen wurden folgende Schutzgebiete ausgewiesen (aus: Annuaire du Québec, 1974, S. 74 ff.):

	Größe	Gründungsjahr
Réserve de Portneuf	800 qkm	1967
Réserve St. Maurice	1 600 qkm	1963
Réserve de Mastigouche	1 800 qkm	1971
Réserve de Joliette	500 qkm	1971
Réserve de Papineau-Labelle	1 700 qkm	1971

Insgesamt kommt den Parks und Réserven bislang noch wenig Bedeutung für den Freizeitverkehr Québecs zu. Nur 20 % der Québecer Bevölkerung über 10 Jahre besuchten 1972 mindestens einmal einen Park (Les loisirs, 1977, S. 10).

Erstaunlich ist die geringe Nutzung des gewaltigen Erholungspotentials für Freizeitverkehr der gesamten recht stadtnah und verkehrsgünstig gelegenen äußeren Erholungszone. Hier bieten sich noch reiche Entwicklungsmöglichkeiten sowohl für den nationalen wie internationalen Reiseverkehr. Erste Ansätze zu einer besseren touristischen Erschließung lassen sich im Outaouais beobachten, wo eine mit weitgehender Handlungsfreiheit und finanziellen Mitteln ausgestattete staatliche Planungs- und Erschließungsgesellschaft der Provinz Québec in den vergangenen Jahren bereits fünf Erholungszentren mit Campingplätzen, Ferienmiethäusern und Wintersporteinrichtungen geschaffen hat.

Nördlich der 100 bzw. 150 km-Zone trifft man lediglich noch im nördlichen Outaouais auf zwei kleinere Erholungszentren (Maniwaki und Mont-Laurier), die jedoch keinen Naherholungsverkehr aus dem St. Lorenz-Tiefland mehr anzuziehen vermögen. Sie fungieren lediglich als Sommerfrischen und Ausgangsorte für Touren in den touristisch nahezu unerschlossenen, lediglich in Angler- und Jägerkreisen und unter passionierten Kanufahrern bekannten Parc de la Vérendrye (13 615 qkm). Im übrigen liegen diese Gebiete bereits im Bereich des borealen Waldgürtels und lassen bislang jegliche touristische Inwertsetzung vermissen.

Die Reichweite der Freizeiträume Québecs im Süden des kanadischen Schildes wird bestimmt durch die Nordgrenze des geschlossenen Siedlungsraumes. Nördlich dieser Grenze findet keine oder nur sehr extensive Erholungsnutzung in den Schutzgebieten für Jagd und Fischfang und den polyfunktionalen Provinzparks statt (Karte 1 und 2).

Innerhalb des geschlossenen Siedlungsraumes lassen sich Gebiete unterschiedlich intensiver Erholungsnutzung ausgliedern. In einem stadtnahen Bereich, der zumeist 50-60 km Reichweite nicht überschreitet, finden sich Einrichtungen des Naherholungsverkehrs und Sommerfrischenverkehrs in geschlossener Verbreitung und landschaftsprägender Dichte. Diese Zone zeigt sich östlich von Montréal weitgehend identisch mit der Ausdehnung des geschlossenen Siedlungsraumes. Nördlich und westlich von Montréal erstrecken sich die Freizeiträume weiter in das Hinterland, doch nimmt die Erholungsnutzung mit zunehmender Entfernung vom Quellgebiet sehr rasch ab. Eine Ausnahme bildet das Bergland der Laurentides als bedeutendes Feriengebiet mit einem nicht ausschließlich auf Montréal ausgerichteten Einzugsgebiet.

Insgesamt fällt die ausgesprochene Distanzempfindlichkeit des Wochenendverkehrs auf, der ähnliche Reichweiten zeigt, wie sie für europäische Verhältnisse typisch sind. Besonders im Winterhalbjahr schrumpft der Aktionsraum des Naherholungsverkehrs und dehnt sich im Sommerhalbjahr wieder entsprechend in das Hinterland aus. Deutlich unterscheidet er sich jedoch von europäischen Gegebenheiten durch seine Geschlossenheit, die bis auf die Waldnutzung durch keine anderen konkurrierenden Raumansprüche wie z.B. Siedlungserweiterung, Industrieanlagen oder Verkehrsflächen beeinträchtigt wird. Aus diesem Grunde genügt auch bereits ein vergleichsweise geringer Aktionsradius für den gesamten kurzfristigen Erholungsverkehr.

Ein weiteres charakteristisches Merkmal der betrachteten Freizeiträume besteht in der starken räumlichen Überlagerung von Naherholungs- und Ferienerholungsverkehr. Zum Teil ist sie auf die Doppelnutzung von Freizeitwohnsitzen für Wochenend und Urlaub, vorrangig jedoch auf die räumliche Einengung des Verfügungsraumes durch geringe Siedlungserschließung des laurentischen Massivs und das Fehlen anders strukturierter Konkurrenzräume für Erholung in erreichbarer Nähe zurückzuführen.

Dennoch ist bis zum gegenwärtigen Zeitpunkt die Erschließung und Frequentierung des Südsaumes des kanadischen Schildes mit Ausnahme des Berglandes der Laurentides (Ste. Agathe, Ste. Adèle, Mont Tremblant) eher als bescheiden zu bezeichnen. Gerade die Erholungsressourcen im mehr als 50 km von den städtischen Zentren entfernten Hinterland sind bisher nur wenig zugänglich gemacht worden und stellen ein gewaltiges Potential für Freizeitnutzung dar.

SUMMARY

Recreational Areas Near the Towns of the Province of Quebec in the South of the Canadian Shield.

Of the Canadian tourist areas, the south of Ontario and the south of Quebec attract the most tourists. The tourists area of activity is limited mainly to the large towns with their local and historical attractions, and their surrounding areas, e.g. the Niagara Falls, as well as the southern edge of the Laurentian Shield between Georgian Bay and Muskoka District in the west, and the "Parc des Laurentides" near Quebec-City. In the Province of Quebec in particular, this edge of the mountains attracts million of visitors because of its nearness to the densely populated St-Lawrence Lowlands, its immense lake sprinkled ares, and its rivers.

The leisure time activities are mainly water and ice based,so that the water surface and its shores are given over in summer to activities like swimming, boating, fishing, picknicking, camping and living in second homes. In winter, these areas take over similar functions for ice-fishing, skiing (cross-country), snow-shoeing, snowmobiling, and skating. The most common outdoor recreation activities are in summer motor car rides, picknicks, walking, and boating, in winter skiing, snow-mobiling and skating, but to a lesser extent.

The landscape is characterized and at the same time burdened by the countless "second homes", which cause many miles of water and shoreline to fall into private hands and frequently become inaccessible to the general public.

The range of the recreational areas of Quebec in the south of the Canadian Shield is determined by the northern border of the already settled areas. North of this border there is either very scattered or no recreational activity in the hunting and fishing reserves and the multipurpose Provincial Parks (maps 1 and 2).

Inside the settled areas, the districts can be classified according to the intensity of usage for recreation. In areas near the towns, generally within a radius of 50-60 km, the facilities for weekend visitors and holiday visitors are in tightly-knit groups, but close enough together to influence the landscape. East of Montreal this area is practically identical with the extent of the settled areas. North and west of Montreal the recreational areas extent further into the hinterland, but the usage of recreation falls off rapidly the further one gets away from the centre.An exception to this are the highlands of the Laurentians as an important holiday district which attracts tourists also from other places besides Montreal and Quebec.

Taken as a whole, it is noticeable how the weekend traffic falls off the further away it gets from its home base, and shows a similar radius of operation to that in similar european conditions. In winter in particular, the radius of operation of weekend visitors shrinks, and in summer reaches out into the hinterland again. It differs noticeably from the european counterpart through its high density of recreational facilities, because apart from normal usage as forestland, it is not impaired by competing claims from e.g. enlargement of settlement areas, industrial plants or traffic considerations. For this reason alone does the relatively small radius of operation serve to satisfy the whole short-term leisure-traffic.

A further chàracteristic of the observed recreational areas lies in the heavy intermixing of weekend and holiday traffic areas. This intermixing is due partly to the use of second homes both as weekend- and holiday-homes, mainly however to the reduction of the area available caused by the low density of settlement in these areas on the Laurentian Shield, and the lach of competing facilities within easy reach.

LITERATUR

Annuaire du Québec 1974, - Québec 1975

BIAYS, Pierre: Le Québec méridional, - in: Le Canada. Une interpétation géographique, S. 298-354, Toronto 1970

BRIERE, Roger: Les cadres d'une géographie touristique du Québec, - in: Cahiers de Géographie de Québec, Jg. 6, H. 11, S. 39-64, Québec 1961/62

Canada 1976, - La revue annuelle des conditions actuelles et des progrès récents, Ottawa 1975

CLIBBON, Peter Brooke: Utilisation du sol et colonisation de la région des Laurentides Centrales, - in: Geographical Bulletin, No. 21, S. 5-20, Ottawa 1964

CLIBBON, Peter Brooke: Evolution and Present Patterns of Land Use in the Laurentides Hills of Québec, - in: Revue de Geographie de Montréal, Bd. 23, S. 39-51, Montréal 1969

CLIBBON, Peter Brooke: Evolution and Present Patterns of the Ecumene of Southern Quebec, - in: Etudes sur la géographie du Canada: Québec, S. 13-30, Toronto 1972

Equipement Ménager, - Statistique Canada, Ottawa 1971 ff

Guide du Citoyen, - Documentation québecoise, Québec 1975

HAMELIN, Louis-Edmond: Région touristiques du Nord Canadien, - in: Bulletin de l'Association de Géographes Francais, Nr. 419, Jg. 51, S. 219-228, Paris 1974

HARE, F. Kenneth u. MORLEY, K. Thomas: Climate Canada, - Toronto 1974

HOFFMANN, Herbert: Der Ausflugs- und Wochenendausflugsverkehr in der BRD, - DWIF-Schriftenreihe, H. 28, München 1973

Les Loisirs, - in: Développement Québec, Bd. 4, H. 7, Québec 1977

LUNDGREN, Jan O.: Tourism in Québec, - in: Revue de Géographie de Montréal, Bd. 20, H. 1-2, S. 59-73, Montréal 1966

MAI, Ulrich: Der Fremdenverkehr am Südrand des Kanadischen Schildes. Eine vergleichende Untersuchung des Muskoka District und der Frontenac Axis unter besonderer Berücksichtigung des Standortproblems, - Marburger Geographische Schriften, H. 47, Marburg 1971

PARSON, Helen E.: An Investigation of the Changing Rural Economy of Gatineau County, Québec, - in: Canadian Geographer, Bd. 21, H. 1, S. 22-31. Toronto 1977

Potentiel des terres à des fins récréatives, - Inventaire des terres du Canada, Rapport No. 6, Ottawa 1969

RAJOTTE, Freda: A Location Analysis of Recreational Facilities in the Québec City Region, - in: Revue de Géographie de Montréal, Bd. 29, H.1, S.69-74, Montréal 1975

ROWE, J.S.: Les régions forestières du Canada, Ottawa 1972

SCHROEDER-LANZ, Hellmut: Zur Optimierung landeskundlicher Information für die Fremdenverkehrsplanung von Québec, - in: Trierer Geographische Studien, Sonderheft 1 (Beiträge zur landeskundlich-linguistischen Kenntnis von Québec), S. 140-188, Trier 1977

TAYLOR, G.D.: Some Spatial Aspects of Travel in Canada. - In: Frankfurter Wirtschafts- und Sozialgeographische Schriften, H. 17 (Studies in the Geography of Tourism), S. 283-291, Frankfurt 1974

VACHON, Bernard: La Création de Canadiac en banlieue de Montréal, - in: Revue de Géographie de Montréal, Bd. 27, H.1, S. 29-39, Montréal 1973

Voyages, tourisme et loisirs de plein air 1974 et 1975, - Statistique Canada, Ottawa 1976

ZAHN, Ulf: Der Fremdenverkehr an der spanischen Mittelmeerküste, - Regensburger Geographische Schriften, H. 2, Regensburg 1973

Anschrift des Verfassers:

Dr. Ingo Eberle
Geographisches Institut der Universität Mainz
Saarstraße 21
6500 Mainz